黒木 亮
Ryo Kuroki

地球行商人

味の素グリーンベレー

中央公論新社

目次

地球

行商人

地球行商人　味の素グリーンベレー

プロローグ

二〇二〇年一月九日——

ナイジェリア最大の都市ラゴスは、夜明け前だった。

季節は冬だが、熱帯モンスーン気候地域で、ギニア湾に面しているため、空気は蒸し蒸しし、肌がじっとりと汗ばんでくる。

味の素の現地法人、ウエスト・アフリカン・シーズニング社（略称WASCO《ワスコ》、現・ナイジェリア味の素食品社）の技術担当取締役、小林健一は、ラゴス空港のチェックインカウンター前の行列に並んでいた。

国内線専用のターミナルビルは混み合っており、あちらこちらに黒い肌の人々の行列ができていた。スーツ姿のビジネスマン、パジャマのような民族衣装姿の男性、頭をすっぽりと布で覆い、ゆったりした原色の服をまとった女性などで、外国人はほとんどいない。

「アッサラーマレイクン（こんにちは）」

「ウェラー・ユー・フロム？（どこから来たの？）」

ナイジェリア人たちは、興味津々の表情で話しかけてくる。破裂音が特徴的な英語や現地の部族語で、アフリカにいることを実感させる。

鮮やかな青色の宗匠頭巾ふうのキャップをかぶり、同じ色の丸首で上着とズボンが一体になった服を身にまとい、サンダルばきの日本人は否《いや》でも目立つ。

小林は、これから向かうナイジェリア北部の主要民族であるハウサ族の民族衣装姿だった。ナイジェリアは二百五十以上の民族が住む多民族国家だ。小林は、会う人々の心を開き、距離を縮めるため、いつも訪れる地域の民族衣装を着ることにしている。

「ギブミー・ユア・ＩＤ。アイル・チェック・イン・フォー・ユー（チェックインしてやるから、身分証を出しな）」

外国人は金づると見て、何人かが寄って来る。

空港の職員でもなんでもない、普段着姿の男たちだ。

約二億の人口を有するアフリカ最大の国ナイジェリアは、日産約一七〇万バレルの大産油国だが、貧しい人々が多く、定職のない人間はチップ稼ぎで糊口をしのぐ。

小林はそのうちの一人にパスポートを渡し、小林を護衛するラゴス警察の私服警官、ローランドが自分の拳銃を航空会社に預けるため、男と一緒にカウンターに向かった。

しばらくすると、チェックイン手続きを終えた男が搭乗券を持って戻って来た。小林は千ナイラ（約三百三円）のチップを渡した。

手荷物検査を通過し、夜明け前の暗い空港を、他の乗客たちと一緒にバスで飛行機へと向かう。

カノ行きのナイジェリアの民間航空会社、エア・ピースの機材は、古びたエンブラエルＥＲＪ―１４５型機だった。青と白の外装で、サンマを思わせる尖った機首を持つブラジル製双発ジェット機で、五十人乗り。米国やメキシコなど、いくつかの航空会社で使われたあと、三年ほど前にナイジェリアにやって来た機材だ。

飛行機が白み始めた空へと離陸すると、間もなく右側の窓からオレンジ色の朝日が差し込んできた。

アフリカの夜明けだ。

眼下に、まばらな樹木と乾いた褐色の大地が広がり、銀色のトタン屋根の家々がどこまでも続いている。

機齢約二十年の中古機の座席は、左一列、右二列。トイレに入ると便座が低い旧式で、老朽化を実感させる。

小林は客室の真ん中あたりにすわり、菓子パンに紙パックのジュースという簡素な機内食の朝食をとる。

五十代半ばだが、やや小柄で、くりっとした目で眉が濃く、少年の面影を残した小林は、四十歳そこそこに見える。東北大学農学部で食品保蔵学を専攻した研究開発畑で、これまで横浜工場技術室、北海道旭川市の油脂会社、ペルー、ブラジルなどで製品改良や新商品開発に携わってきた。

味の素の一〇〇パーセント子会社であるWASCOは、一九九一年の設立。ラゴスに本社と工場、国内三十二ヶ所に支店を置き、従業員数は千五十人という大所帯だ。

警察官のローランドは二つ前の席にすわり、リラックスして朝食をとっている。

ナイジェリアは日中でも強盗が横行する治安の悪い国で、ラゴスは、南アフリカのヨハネスブルグ、ケニアのナイロビと並ぶアフリカ三大凶悪都市ともいわれる。味の素はラゴス警察から警察官をレンタルし、日本人駐在員の警護に当たらせている。

ローランドは胸板が厚く、精悍な雰囲気を漂わせた三十代後半の警官で、陸上競技の五輪金メダリスト、カール・ルイスを少し田舎っぽくしたような風貌である。小林の担当になったのは四年前で、小林が朝家を出て、夜帰宅するまで一緒に過ごす。小林がラゴスのアパパ地区にある工場で執務している間は、玄関のそばの待機所に詰め、国内の出張にはすべて同行する。

機はあまり揺れることもなく、ラゴスからの距離は八三四キロメートルで、東京－札幌間とほぼ同じである。

離陸してから約一時間半後、エンブラエルＥＲＪ－１４５型機はカノの空港に到着し、小林とローランドはタラップを降り、徒歩で空港ビルへと向かった。

一九六〇年の独立前は英国の空軍基地だった空港は広々としており、周囲に山影はなく、空の低い部分が舞い上がる砂埃《すなぼこり》で灰色がかっている。サバンナ気候で、乾季の今は気温や湿度がラゴスより低く、空気が爽やかだ。

カノ市の人口は約四百万人。ラゴスに次ぐナイジェリア第二の都市だ。紀元前六世紀以降盛んになった、アフリカ大西洋岸とナイル川、地中海岸とサハラ砂漠以南を結んだサハラ交易の要衝で、十世紀頃からイスラム化された。現在も国の北部の商業と農業の中心地である。

「オゥ、ハロー」

「ウェルカム・トゥ・カノ！」

小林とローランドは、空港の敷地のゲートを出たところで、ラゴスから二日がかりで陸路をやって来た武装警察官たちと落ち合った。やはり味の素がレンタルしているラゴス警察の三人の警官で、迷彩服に身を包み、ソ連のミハイル・カラシニコフが開発した軍用自動小銃ＡＫ－47で武装していた。

同じ頃、エジプトの首都カイロにある味の素の現地法人、エジプト味の素食品社（Ajinomoto Foods Egypt S.A.E.）では午前九時きっかりに朝礼が始まった。

オフィスは、ナイル川左岸の商業・住宅地であるドッキ地区のビルの一階（日本でいう二階）で、階下は香辛料店と味の素の倉庫になっている。付近はイエメン人が多く住んでおり、イエメン料理店が五、六軒ある。

八人がすわれる執務用テーブルの周囲に、渋みのあるピンク色に白いピンストライプが入った長そでシャツとチャコールグレーのズボン姿で首からＩＤカードを下げたエジプト人の営業マン六人が立ち、リーダーのエジプト人の話を聞く。

「エンナハールダ、ヤズール・ティーム・ワーヒド・インバーバ、ティーム・イトネーン……（今日は、チーム1はインババに行く、チーム2は……）」

テーブルの頂点の位置に立った三十代のセールスリーダーがきびきびと早口のアラビア語で指示し、営業マンたちがメモ帳にボールペンを走らせる。

人の話を聞くとき、必ずメモをとるのは、社内で「グリーンベレー」の異名をとる、海外市場開拓チームの伝統だ。この光景を目にした者は、エジプト人であると外国人であるとを問わず「エジプト人がここまでやるのか!?」と驚愕する。二〇一一年にエジプト味の素食品社を立ち上げ、二〇一九年七月まで同社の社長を務めたグリーンベレーのベテラン、宇治弘晃《うじひろあき》が辛抱強く教え込んだ成果である。

部屋の一方の壁には、ホワイトボードがあり、各営業チームの月間売上目標に対する日々の進捗状況が記され、販売する小袋入りの味の素やその他の調味料が吊るされている。

主力商品は、五十ピアストル（約三円四十五銭）で販売している五・五グラム入りの味の素のサシェ（小袋）である。インドネシア味の素社が、サトウキビの糖蜜（砂糖の搾りかす）からつくったものだ。

「シャハル・ダ、ビヌハッア・タアッドマン・クワイイス・ハッタル・ヨウム（今日までのところ、今月の営業進捗度は順調です）。チーム別達成度は、チーム1が二六・三パーセント、チーム2が二五・七パーセント、チーム3が……」

リーダーが各チームの成績を読み上げ、営業マンたちがうなずく。営業マンの成績は、売上げではなく、伝票枚数（販売件数）で管理されている。

揃いのピンストライプの長そでシャツの左胸には、「味の素」と白抜きされたお椀のロゴと、アラビア語と英語の社名が赤い糸で刺繍されている。

その後、リーダーが景品付き販売の方法、在庫が欠品中の商品の補充の目途、その他の注意事項を話し、〈商談の五つのステップ〉を確認する。

①笑顔で挨拶・店の在庫の確認、②陳列されている商品の整理整頓、③商談、④商品引渡し・陳列、⑤伝票記入・代金受領・笑顔で挨拶、である。

商談に関しては、TST（トーク、ショウ、タッチ）が徹底指導されている。トークよりもショウ、ショウよりもタッチで、喋るだけでなく、見せて、手に取らせて売れということだ。

続いて〈セールス十訓〉の唱和。

「ターアトゥル・カワーイド！（規則の遵守！）」

「ターアトゥル・カワーイド！」

営業マンの一人が大きな声で発声し、全員で唱和する。

「ホスヌッ・ディヤーファット・ウ・イフティラーム・アル・アミール！（店主へのホスピタリティと敬意！）」

「ホスヌッ・ディヤーファット・ウ・イフティラーム・アル・アミール！」

唱和する営業マンたちのそばで、セールス・マネージャー（販売部長）の尾森康人《おもりやすひと》も一緒に声を出していた。

坊主頭で日焼けした顔に銀縁眼鏡をかけたスポーツマンタイプで、年齢は四十歳。東大文学部思想文化学科の卒業生で、エジプト政府の奨学金を得てカイロに留学。現地の女性と結婚し、オマルというイスラム名を持っている。

「イブティハーグ、ビワグハ・ムブタスィム！（明るく、笑顔で！）」

「イブティハーグ、ビワグハ・ムブタスィム！」

空気を震わせ、鬨《とき》の声のように男たちの声が響く。

〈セールス十訓〉は、①規則の遵守、②ホスピタリティ（敬意、礼儀）、③明るく（スマイル、積極性）、④チームワーク（助け合い）、⑤取り扱い店の増加、⑥取り扱い商品の増加、⑦陳列の強化、⑧伝票の使用、⑨商談の五つのステップ、⑩消費者とのコミュニケーションである。

グリーンベレーは〈セールス十訓〉を何百回、何千回と復唱し、野球選手の素振りや相撲の四股・テッポウ・すり足のように、基本動作を身に付けさせる。

同じ頃、ショブラ、トゥーラ（以上カイロ市内）、ミニヤ（エジプト中部）に設置されたデポ（営業所兼倉庫）でも、所属スタッフたちが同じように朝礼を行なっていた。

朝礼が終わると、営業マンたちは手分けして、倉庫から商品が入った大小の段ボール箱を数台の営業用小型バンに積み込む。細い路地にも入って行ける真っ赤なバンの車体には、お椀のロゴと、味の素や唐揚げ用調味料の宣伝が描かれている。

重度の大気汚染で灰色に霞んだ空から朝日が降り注ぎ、付近の通りで車のクラクションが鳴り響き、道端で猫が手を舐め、喫茶店で仕事のない男たちがのんびりと茶を飲んだり、携帯電話を見たりしている。

赤いスズキのバンはドッキ地区を出発し、ゴミが散乱する工事現場のように雑然とした通りを走り、バシティール、コナイエサ、キルダサ（イスラム同胞団支持者が多い地区）など、それぞれの担当するスーク（市場）へと向かう。

スーパーで買い物をするエジプト人は人口の七パーセントに過ぎない。残り九三パーセントの人々は庶民のための市場であるスークで買い物をする。

味の素が商売をしている大きなスークは、カイロ市内に数十ヶ所ある。スークの中の道は、埃をかぶった火焔樹の枝が左右から頭上に延び、どうやったらこうなるのか分からないほどでこぼこである。その両脇に、屋台、露店、間口一間ほどの店が何十軒、何百軒とひしめき、ありとあらゆる食料品と日用雑貨を商っている。

コーランの朗唱が付近のスピーカーから流れ、籠《かご》の鶏がコォーッと鳴き声を上げ、残飯の臭いが漂い、五、六歳の男の子が頭に載せたステンレスの盆でエーシュと呼ばれる平べったいパンを運び、頭をスカーフで覆ったおばちゃんが野菜の屋台のおやじとトマトの値段を交渉し、フール（ソラマメの煮込み）売りの太ったおやじが、銀色の壺形の容器から長い柄のおたまで湯気とともにフールをすいく出し、木箱で売られているフナのような魚から何百匹もの蠅が火鉢の灰をひっくり返したように飛び立ち、食用油の筒型のタンクをロバに曳かせた中年男が通りを行く。日本産の形の悪いサバ、シナイ半島近海のワタリガニ、生きたウサギも売られている。

ここでは米も豆もパスタも少量の量り売りで、おむつも一枚売りだ。庶民はその日暮らしのカツカツの生活をしている。

付近の家々は、表面のコンクリートが剝げ落ち、泥レンガがむき出しで、エアコンどころか窓もない。こうした貧しい地区をターゲットにするのは、低所得層ほど調味料をよく買うからだ。

彼らは、少ししか肉が買えなくても、スープに野菜しか入っていなくても、味の素を入れれば美味しく食べられることを知っている。そういう人々は毎日同じものを食べるので、いったん食生活に入り込めれば、継続的に売れていく。

商品、お椀のロゴが付いた厚紙製の陳列用ハンガー、ビニール・カバーなどを詰め込んだ大きな赤いバッグを肩から下げた営業マンたちは、スークの店を一軒一軒回り、ハンガーからカレンダーのようにずらりとぶら下げられた味の素の小袋にはたきをかける。

大敵は蠅だ。陳列された商品に糞をされると売れなくなる。宇治は営業マンの一人から、蠅は白いところに糞をすると教えられ、見てみると確かにそうだったので、ハンガーも商品の袋も極力白を使わないようにした。

ハンガーにぶら下げられた商品の上から透明なビニール・カバーをかけるのは尾森のアイデアで、商品を長持ちさせ、ライバルのクノールやマギーに差をつける。カバーは一ヶ月で、汚れて真っ黒になる。

営業マンたちは、クノールを置いている店には必ずアプローチする決まりになっている。

「アッサラーム・アライクム（こんにちは）。味の素の五・五グラムが売り切れてますね」

営業マンが、笑顔で店主に話しかける。

「そうだな。五・五グラムのを二パケット（七十二袋）もらえるかい」

セーター姿の五十代の店主が答える。長年商売をやっているだけあって、抜け目のなさそうな顔つきをしている。

「有難うございます。唐揚げ粉はどうします？　半分なくなってますけど」

「唐揚げ粉は、次のときでいいや。うちじゃ、あんまり出ないから」

「ロッズ・ビシャアレーヤ（米飯用ニンニク調味料）は、どうですか？」

「うん、そいつは、二カレンダー（二十袋）ばかりもらっとくか」

カレンダーは小袋を縦につなげて、ベルト状にしたものだ。厚紙製のハンガーに引っかけ、装飾のように店頭に垂らす。空間を有効利用できるので、店に喜ばれる。

「おたくは在庫の賞味期限が来る前に、無料で交換してくれるから有難いよな。こんなことやってくれんのは、味の素だけだぜ」

スークの店主たちは年齢も風貌も性格も様々だ。

灰色のガラベーヤ（丸首の寝巻のような長衣）を着てかぶりものをした陽気な老人、黒縁眼鏡の気難しい中年男、ヨットパーカーにジーンズの若い男、温厚そうな痩身の男性など。出前のお茶を飲みながら、営業マンと話す店主もいる。

「おい、なんで一ヶ月も来ないんだよ！　欠品して困ってたんだぞ」

「二週間に一回来てますけど……。前回は午前十時半に来たんで、まだ開いてなかったんじゃないですかね？」

「ああ、そうかもな。味の素の五・五グラムをひと箱（七百二十袋）もらえるか」

「有難うございます。ちょっと電話します」

セールスマンは、携帯電話を取り出す。

「おう、ガマール。悪いけど、営業車から五・五グラムひと箱持って来てもらえないか？　……うん、スークの最後の方にあるアッタール（香辛料・米穀店）のアブー・アフマド（店名）だ。よろしくな」

商売はキャッシュオンデリバリーだ。

商談が成立し、商品を渡すと、営業マンはその場で伝票を切る。相手に確認のためのカウンターサインをしてもらい、現金を回収し、小さなボディバッグに入れる。

「味の素とは長いこと付き合ってんだから、プライスボード以外に、なにかもらえないもんかね？」

プライスボードは、値段を書いて米穀類に刺す厚紙製の価格表示札だ。形は下が尖った野球のホームベース形である。

「以前、プロモーションのキャップやTシャツは差し上げたと思いますが」

「そりゃもう、ずいぶん前だろ。他社は店の看板とか、鉄のスタンドとかをくれるぜ」

「はあ、またなにかプロモーションがあるときは、真っ先にお持ちしますんで」

一軒当たりの取引額は五十～三百エジプトポンド（約三百四十一～二千四十五円）。

味の素の営業マンが小額紙幣をたくさん持っているのを知っている物売りのおばちゃんが、札を両替してくれと寄って来る。

カイロは日々の最高気温が三十度を超える夏が三月後半から十月前半まで続く。炎天下で毎日数ヶ所のスークを回り、商品を売り歩く仕事は体力勝負だ。営業マンの多くは、口の周りに髭をたくわえ、贅肉がなく、身体が丈夫そうな青年たちだ。学歴はほとんどが高卒である。大卒はプライドが高すぎ、中卒だと計算ができない。

地を這うような行商で味を広め、やがて卸売りやスーパーをつうじた大量販売も行うというのが、味の素が世界中でとってきた独特の市場開拓手法だ。


翌日――

ナイジェリア北部、カノ州の州都カノ市は、朝方の気温が十四度で、肌寒さを感じるほどだった。あちらこちらで鶏がコケコッコーと鳴いていた。

市内にあるWASCOのカノ支店は、体育館のように大きな倉庫で、高さ三メートル半ほどの塀にぐるりと囲まれている。塀の向こうには、緑色のドームを持つモスクや、ドンゴライヨという、火焔樹のように細い葉がマラリアに効くハーブティーの原料になる高木が見える。

倉庫前の駐車スペースに、大小様々なバンやトラック七、八台が停まっていた。バンの車体には、味の素の原料のサトウキビ畑の絵や赤いお椀のロゴ、「Deli Dawa Zabi na Gari Domin Dandanon Gargajiya（デリダワは地元の味にベストのチョイス）」というハウサ語の宣伝文、カラフルな民族衣装を着て、新製品の「デリダワ」に驚く二人のハウサ族の女性などが描かれている。二人のモデルは、ハウサ映画の有名女優、マリアム・アダム・ブースと元女優の実母である。

「デリダワ」は、イナゴ豆（正式名称・アフリカンイナゴ豆、学名・パルキアフィリコイディア）を発酵・乾燥し、粉末状にしたものだ。風味は納豆によく似ており、アミノ酸を豊富に含み、料理にコクとうま味を与える。ナイジェリア国内で広く使われている「ダダワ」という伝統的調味料を初めて工業化した商品だ。

午前七時半頃から、倉庫前に横付けしたトラックやバンに次々と味の素の段ボール箱が手渡しで積み込まれる。その数は千箱以上で、一日でこれだけの量が売れるのかと驚かされる。ナイジェリアは、タイ、ベトナム、インドネシア、フィリピン、マレーシアに次いで、世界で六番目に味の素が売れている国だ。

消費の約九割は、カノを中心とする北部地域とニジェール共和国南部である。この地域は、十三世紀頃までに成立したハウサ族が群雄割拠したイスラム都市国家群の総称「ハウサランド」と、セネガル川流域にルーツを持つ遊牧民族フラニ族が十九世紀にソコトを首都として興したカリフ制イスラム国家、ソコト帝国の領土とほぼ重なっている。

倉庫内は、天井から蛍光灯の光が降り注ぎ、床はコンクリート。食品倉庫にふさわしい清潔さが保たれている。人の背の倍ほどの高さの、動物の檻のような銀色の移動用カートに味の素の段ボール箱がぎっしりと詰められ、図書館の書架のようにずらりと並んでいる。各カートは縦横各五箱・

十五段積みなので、三百七十五箱の味の素が収められている。それが五十くらいあるので、段ボール箱は全部で一万九千箱程度である。

倉庫の入り口近くに管理者用の事務室があり、外の壁にAチームからIチームまで、各営業チームの日々の成績（目標に対する進捗度）がホワイトボードに書かれている。成績は売上げではなく、切った伝票の枚数によるのは、世界共通だ。

午前八時過ぎ、事務室前のスペースに三十人ほどの職員が集まり、朝礼が始まった。職員の多くが、会社の制服である赤い半そでシャツを着て、その上からベストやジャケットを着ている。ズボンはジーンズが多い。

最初にコーランの一節とキリスト教の祈りが唱えられる。カノ州の住民の多くはイスラム教徒だが、ローマ・カトリックの信者もいる。

「デリ！」

祈りが終わると、一人が大きな声を上げた。

「ダワ！」

全員が一斉に応え、倉庫内にどよめきがこだまする。

三日前に発売された「デリダワ」を売るための気勢である。

「デリ！」

「ダワ！」

デリダワ販売キャンペーン用の黄色いベースボールキャップに黄色いTシャツ姿のWASCOの技術担当取締役、小林健一も、拳を突き上げて唱和した。

その後、周辺のいくつかの支店を統括するエリアマネージャーが、各営業チームの実績と目標に対する進捗度を発表し、職員たちが拍手を送る。

エリアマネージャーは、大柄で貫録のある男性で、赤い半そでシャツに茶色いベスト姿。頭髪は短い縮れ毛で、肌はコーヒー色、お腹はやや出ている。物腰は落ち着いており、ボスらしい威厳が漂っている。

営業に関する訓示の後、小林が紹介された。

「ミスター・ケン、ジ・インベンター・オブ・デリダワ！（デリダワの発明者、ミスター・ケンです！）」

小林が職員たちの前に進み出る。

「グッド・モーニング・エブリバディ。ウィ・スターテッド・ザ・デベロップメント・オブ・デリダワ・フォー・イヤーズ・アゴー（おはようございます。デリダワの開発が始まったのは四年前でした）。昨日は、ダダワの製法を教えてもらったダンクアリ・ジュヤ村に行って、新製品の発売の報告とお礼を述べてきました」

村はカノ市の郊外にある農村で、三年あまり前、小林はそこに数日間滞在し、村の主婦たちからダダワの製法を教わった。

「デリダワは、まだ主要な四支店でのみの販売ですが、よく売れています」

職員たちから拍手が湧く。

「今の課題は原料であるイナゴ豆をどう安定的に調達するかです。今回、わたしと一緒にラゴスから三人のスタッフが来て、卸商や穀物市場を訪問して、調達方法を検討します」

イナゴ豆の主要生産地は、ナイジェリア北部である。カノ、カドゥナ、ソコトといった都市がイナゴ豆生育ベルト上にあり、北部最大の都市、カノには大手の卸商や穀物市場がある。

「デリダワの販売を是非推進してほしいと思いますが、メインはあくまで味の素の販売ですので、この点は忘れずに頑張って下さい」

WASCOの取締役らしい言葉で締めくくった。

続いて、ラゴス本社から出張して来た、研究開発、品質管理、購買担当の三人の社員が紹介された。

朝礼が終わると、カノ支店の社員の一人が手拍子と足踏みをして、歌の音頭を取る。

「〽イーツーデモー、ドーコデモー、ワスレーナーイ、アノーコーロー」

ナイジェリア人社員たちは、手拍子をしたり、足踏みをしたりしながら、日本語で歌う。

「アーシーターモ、カワラナァーイ、マイファーミリー、アジノーモトー」

米国の大物ポピュラー歌手、アンディ・ウィリアムスが、一九六九年にテレビCMで歌った『マイファミリー「味の素」』という歌だ。作曲はCMソングの巨匠、小林亜星で、大きな話題を呼んだ。二〇〇五年から二〇〇八年までWASCOに駐在したグリーンベレーの若手、石井滋樹《しげき》らが、現場の士気を高めるため、ナイジェリア国内の全支店で歌えるように指導した。

「〽アト・エニィタイム、アト・エニィウェア、ネヴァー・フォゲット・ザ・モーメント・ウイ・シェア……」

日本語の次は英語で歌う。

ナイジェリア人たちのダンスの上手さは抜群で、みんなで手足を上げて踊っていると、ショーのようだ。

「〽アジノーモートー、ナーヤーリナ、アーコーユナー、サル、チェンジャバ……」

最後はハウサ語。

「アーコー、ヨシー、ザカ、サーメシー」

朝礼が終わると、商品を積み終えたトラックやバンが、涼しい風の中を市場に向けて、次々と出発して行った。

第一章　フィリピン直販部隊創設

アンデス商会時代の金城光太郎氏（提供：ペルー味の素社）

1

一九六五年——

日本が高度経済成長路線を突っ走り、ベ平連（ベトナムに平和を！ 市民文化団体連合）や野党が反ベトナム戦争運動を強めていた頃、フィリピンでは、上院議長のフェルディナンド・マルコスが第十代大統領の地位を摑み取ろうとしていた。

フィリピンの首都マニラは雨季の終わりを迎えていた。夏場に比べると多少過ごしやすくなっていたが、夕方になると雷を伴うスコールが襲来し、排水設備の悪い街は水浸しになった。

この国は、東南アジア諸国の中でも、日本と最も関係が深い。第二次大戦中、日本軍は六十三万人の兵力をマニラがあるルソン島とその周辺に投入し、四十七万人を失った。

大戦末期、マニラでは一ヶ月間にわたって、日本軍と連合軍が市街戦を繰り広げた。アジア、米国、スペインの文化が入り交じり、「東洋の真珠」と呼ばれた国際都市は、廃墟と化し、戦後二十年がたった今も、数多くの建物に弾痕が刻み込まれ、十万人の市民が巻き添えになった戦闘の凄絶さを生々しく伝えている。

マニラ湾に面した、椰子並木のロハス大通りには、ホテルや高級アパートが軒を連ねているが、それ以外の街の大部分は、錆びたトタン屋根の家々がひしめき、廃水の悪臭とココナツ油の臭いとむっとする人間の体臭が立ち込める庶民地区だ。

(飲み物はコカ・コーラ、歯磨き粉はコルゲート、コーヒーはネスカフェか……。要は、これが庶民にとっての定番ということか)

バロンタガログと呼ばれる、襟付きの薄手の長そでシャツの裾をズボンの外に垂らしたフィリピンの伝統的な服装をした日本人の男が、人でごった返す市場を訪れ、屋台ふうの簡素なつくりの店の前で、商いをする店主や陳列されている商品を見つめていた。

(サリサリストアを制する者が、消費者を制するということだろうな……)

店は間口一間ほどで、天井からベルトのようにつながったインスタントコーヒー、調味料、洗剤などの小袋を七夕飾りのようにいくつもぶら下げ、店内には食料品、酒、調味料、生活必需品がぎっしりと陳列されている。「サリサリストア」と呼ばれる、庶民のための零細食料雑貨店だった。

「サリサリ」はタガログ語で「バラエティ」「雑貨」を意味する。

店が小さい分、置かれる商品は厳選されており、庶民にとって絶対に必要で、人気のあるブランドだけが並んでいた。そして置くブランドはほとんど変えないので、一度入り込めば、継続的に売れていく。

「マガンダン・ハーポン(こんにちは)」

日本人の男は、タガログ語で店主に話しかけた。

「ドゥ・ユー・ハヴ・アジノモト？」

「アジモノ……？　ノー、アイ・ドント・ハヴ」

年輩の男の店主は、味の素という商品名も知らない様子。

（やっぱり、味の素は無名なのか）

古関啓一《こせきけいいち》はがっかりした。

（味の素のことを知っているのは、中国出身の華僑くらいじゃないのか……）

二十九歳の古関は、七・三分けで、眉が濃く、両目は黒目がち。引き締まった口元にタフな雰囲気を漂わせた、味の素のマニラ駐在員だった。

昭和十一年（一九三六年）に、満州の奉天で銀行員を父として生まれ、敗戦後の昭和二十一年、内地に引き揚げ、親類が多かった福島県に身を寄せた。事務手続きの混乱で、小学校で同じ学年を二度繰り返すなど、辛い経験をしたが、それが精神の強靭さを培った。

都立新宿高校をへて、東京外国語大学中国語学科を卒業し、味の素に就職した。

当時、味の素は、豊田自動織機や御木本真珠と並ぶ、戦後の日本を代表する輸出企業で、輸出に貢献した業績を認められ、国に表彰されたこともあった。

古関は、貿易部アジア課で四年半近く、味の素の輸出に携わったあと、去る九月にマニラに駐在員として赴任した。

オフィスは、ユニオンケミカルズという、化学品会社のような名前の化学調味料製造会社に間借りしていた。同社は、味の素社から技術指導と商標使用許可を受け、一九六二年以来、タピオカ澱粉を原料に味の素を製造し、フィリピンで販売している。社長は鄭龍渓《ていりゅうけい》という名の華僑で、兄弟で経営にあたっていた。

味の素は、ユニオンケミカルズと合弁（味の素の出資比率は三割）で販売会社も設立していたが、あまり売れないので、ロイヤリティも少ししか入ってきていなかった。販売会社に出向した古関の任務は、味の素の売上げを伸ばし、ロイヤリティを払ってもらえるようにすることだった。

（それにしても、相変わらず、すごい人と熱気だ）

古関は、人でごった返す市場を見回す。

あちらこちらに裸電球が点《とも》り、果物や乾物がむせ返るような匂いを発し、肉や魚がさばかれ、買った品物を籠に入れた人々が行き交い、子どもたちが駆け回っている。

（買い物はやっぱり、五センタボとか、十センタボくらいが多いんだなあ）

古関は、人々が買い物をする様子をじっと観察する。

五センタボは、二十分の一ペソで、日本円で約四円六十銭。

フィリピンの人々は想像していたよりずっと貧しく、なけなしの金を少しずつ出して、買い物をしていた。

この国は、年率三・四パーセントという高い人口増加率、食糧不足、極端な貧富の差、汚職、悪い治安、反政府武装勢力のゲリラ活動など、様々な問題を抱えている。

古関は、市場を一通り見終わると、市場の中にある一軒の露店で夕食をとった。

裸電球の下で、くたびれたTシャツに膝のあたりで切ったジーンズ姿の男が、大きなフライパンや鍋を使って調理し、地元の人々が粗末な木のテーブルにすわって食事をしていた。

「ハウ・ドゥ・ユー・メイク・ディス・テイスト？（この味はどうやって出すの？）」

さっぱりとした酸味の焼きそばを食べながら、古関は、目の前で料理をしている男に訊いた。

「バイ・カラマンシー（カラマンシーでつくるんだ）」

「カラマンシー？　オゥ、イエス」

古関は手帳を取り出してメモをする。

フィリピンで人気がある柑橘類の一種だ。マンダリンオレンジとキンカンの交雑種であるといわれる。

古関は地元の人々と同じ物を食べ、人々の嗜好を摑もうと努力していた。

「ドゥ・ユー・ユーズ・アジノモト？（味の素は使っていますか？）」

「ノー、アイ・ドント」

男は首を振ってにべもなくいい、古関はがっかりする。

食事を終えて市場を出ると、道に小型トラックが一台停まっていて、缶詰やタバコなどの商品をサリサリストアや付近の商店に卸していた。

古関はその様子をじっと見つめる。

（やはり、代金は現金払い……。どうして味の素にあれができないんだ？）


それから間もなく――

ユニオンケミカルズ社に間借りしている古関のもとに本社の幹部から電話がかかってきた。

「古関、お前、ずいぶんしつこいが、どうしてそんなに直販《ちょくはん》にこだわるんだ？」

東京の幹部は非難めいた口調で訊いた。

古関は、本社に何度も報告書を送り、フィリピンに現地スタッフの営業部隊をつくり、小売店に味の素を現金で直接販売する方式にすべきだと具申した。

しかし、本社は猛反対で、従来どおり問屋をつうじて販売するのが最も効率的だとした。当時、海外における味の素の販売方法は、ほとんどの国で輸入代理店（問屋）に一任するスタイルだった。

しかし、古関は諦めず、直販体制が不可欠なことを説明する報告書を何度も送った。

「この国では、今みたいに問屋に卸して、問屋のけつを引っぱたいて、売上げに応じたロイヤリティをもらうような商売のやり方じゃ駄目なんです」

扇風機が回る、古びた部屋のデスクで、受話器にかじりつくようにして、古関は懸命にかき口説く。

「売上げが伸びない理由をセールスマンに訊くと、『問屋に在庫があるから』っていうばかりですよ。何がどうなってるのか、全然見えません」

現在の商売のやり方は、マニラからセールスマンがフィリピン各地に出張し、問屋から注文を取って商品を送り、一ヶ月後にまた行って、集金をして、また注文を取るというものだ。

「直販で、味の素をサリサリストアに置いてもらって、この国の家庭の味として根付かせるんです。そうしなければ、売上げは今のままで頭打ちです。しかも、問屋は金を払ってくれないじゃないですか」

金を払いたくない問屋は、セールスマンが行くと居留守を使ったり、不渡りになるような小切手や、わざと数字を間違えて書いた小切手を渡したりする。古関自身も、何度もそういう目に遭わされ、会社の売掛金も膨らんでいた。

「直販部隊なんかつくったら、コストがかかるだろ？　力のある問屋に任せたほうがよっぽど効率的じゃないか」

　相手がいった。

「でも問屋経由で売ったたって、小売店マージン、問屋マージン、問屋みたいな商店のマージンとか、色々かかるじゃないですか。しかも売上げが増えても、これはなくならないですよね？

問屋経由で販売する場合のマージンは約三割で、売上げが増えてもマージンの比率は変わらない。

「直販でやれば、売上げに対する経費は当初四割くらいですけど、売上げが増えれば、比率は無限に小さくできます」

「売上げが無限大に増えればな」

　相手は皮肉っぽくいった。

「それでお前、商品のパッケージも変えるっていうのか？」

　古関は、販売単位も変えることを提案していた。

「こっちの人はものすごく貧しいんです。現金収入が極端に少なくて、一日二ペソか三ペソで一家五人が暮らしてるんです。調味料に使う金は、せいぜい一日五センタボです」

　受話器に向かって古関は懸命にいった。

「ですから、今みたいに一〇〇グラムの瓶で売ってたんじゃ、金持ちしか買いません。もっと小分けにして、五センタボ硬貨一つで買えるようにしないと、日本のように普及しません」

　すでにペルーでは、沖縄出身の日系一世、金城光太郎《かなしろこうたろう》が経営するアンデス商会が、味の素本社の反対を押し切り、十四年前から、一・六グラムのサシェ（小袋）に小分けしたものを問屋や小売店に直売し、大きな成功を収めていた。味の素は、金城の成功に後押しされ、この二年後にアンデス貿易商会と合弁で南米初の味の素の工場建設（月産一〇〇トン）を決断する。

「お前、本当に、やる自信はあるのか？　日本人はお前しかいないんだろ？　一人で直販部隊を束ねていけるのか？」

相手の口ぶりに、根負けしたような気配が漂う。

「大丈夫だと思います。フィリピンには、働き者の若者がたくさんいます。彼らの力を上手く引き出せる仕組みをつくれば、結果は出るはずです」

同じ頃、フィリピンでは、現職大統領でリベラリストのディオスダド・マカパガルと上院議長でナショナリストのフェルディナンド・マルコスが、現金や銃弾が飛び交う激しい選挙戦を戦っていた。

それを制したマルコスが十二月三十日に第十代大統領に就任し、二十年にわたる権力の掌握が始まった。

翌一九六六年――

高温多湿の熱帯性気候に属するマニラでは、いつものように頭上から強い日差しが照り付けていた。

古関啓一は、商品のバッグを肩から提げたフィリピン人営業マンたちと一緒に、マニラ市内を回っていた。

本社に具申していた直販部隊の創設が実現し、営業活動が始まっていた。

販売しているのは新たにつくった三グラム入りの味の素のサシェで、小売価格は五センタボである。

フィリピンは七千百九の島々からなる群島国家だが、古関は、そこにあるすべての小売店をしらみつぶしに回る「ブルドーザー作戦」を推し進めていた。

「ハロー、ディス・イズ・アジノモト！　ハウ・アー・ユー？」

古関は、地図にも載っていないような市場の店で、店主のおばさんに愛想を振りまき、懸命にセールスをする。

フィリピンは、英語がよく通じる点はいいのだが、今も反日感情が強く、よく後ろから石を投げられた。

ある町では、卸・小売りの会社を経営する老婆から「日本兵に両親と夫を殺されたのに、お前は日本の品物を売れというのか!?」と泣き喚《わめ》かれた。

そのとき古関は、涙を流す老婆の手を両手で握った。

「お婆ちゃん、お気持ちは分かります」

古関は握った手を離さなかった。なんとしてでも、老婆の心を開かせようと決意していた。

「お気持ちは分かります。日本人として心からお詫びします」

精一杯の心を込め、老婆の目を見て繰り返した。

ほどなくして老婆は、味の素を取り扱うようになった。

地を這うようなセールス活動をしながら、古関は自問自答することがあった。

（どうして自分一人が、戦争の責任を背負わされなきゃならないんだ？　しかも、こんな四円六十銭ぽっちの品物を必死に売り歩いて、なんとかなるのだろうか？）

しかし、既存の営業マンから配置転換した者や、新たに採用した者からなるセールスチームは、古関を後押しするかのように、着実に売上げを伸ばしていった。

商売はキャッシュオンデリバリーだ。商品を渡すと、営業マンはその場で伝票を切り、現金を受け取る。現地スタッフ、現物取引、現金の「三現主義」だ。

古関は、営業マンたちに対し、分かりやすく、行動に移しやすい、シンプルで明快な仕組みをつくった。

各人の目標は、売上げではなく、切る伝票の枚数にした。目標は一日四十枚の伝票を切るだけ。そうすれば売上げはおのずとついてくる。もし売上げを目標にすると、営業マンたちはスーパーなどの大型店舗を効率よく回ろうとするので、小売店全体には浸透しない。

一日四十枚の伝票を切った営業マンには、A評価を与え、ボーナスや昇進で報いた。就業時間の決まりはなく、もし一時間で目標を達成できれば、帰宅してもよい。ただし、四十枚の伝票を切るためには、七十軒くらいの店を回る必要があり、楽な目標ではない。

営業マンにはサリサリストアを回ることを徹底させ、小売店に対するセールストークは「これを現金で買って売れば、これだけ儲かります」「もっと買ってくれれば割引しますから、もっと儲かります」と、利益率ではなく、具体的な儲けの金額を訴えるように指導した。

同時に、不正ができない仕組みもつくった。たとえば、まとまった量を購入する客には割引をして、営業マンの不正も防止できるようにした。具体的には、サシェがベルト状につながった「カレンダー」が十本入っているケースの小売価格が仮に百で、小売店への販売価格が九十なら、ケース単位で買ってくれる客には八十八で売った。もし営業マンが、伝票の数を増やそうと、一ケース（カレンダー十本）売れる客に、カレンダーを二本ずつ売ったことにして五枚の伝票を切った場合、割引が適用されず、八十八ではなく、九十の代金を回収しなくてはならない。差額の二は営業マン個人の負担になるので、こういうことをやろうという気持ちは起きなくなる。

古関は、性善説でもなく、性悪説でもなく、人は弱い存在であり、誘惑があれば間違いを起こすこともあるという、独自の「性弱説」にもとづき、二重三重のチェック・システムをつくった。

ある日、古関がマニラ市内でセールスをしていると、一緒に付近を回っていたフィリピン人営業マンが走り寄って来た。

「ミスター・コセキ、また『エビ印』のおひねりを置いている店がありました」

日焼けした顔で、肩に大きな商品のバッグをかついだ営業マンがいった。

「おひねり」は違法な詰め替え品の俗称だ。

「またエビ印か！　このあたりは多いなあ」

古関は踵《きびす》を返し、営業マンがいった店へ向かう。

「これです」

営業マンが店頭に置いてある商品を指さした。

エビのマークが入ったうま味調味料の小袋だった。

一五キログラム程度の缶入りで売っている業務用のバルク（一キログラム超のパッケージ）販売の

味の素に色々な混ぜ物をし、それを小分けして、エビのマークが付いた袋にリパック（詰め替え）したものだった。

ニワトリ印というのもあった。

「ああ、これはラクトースが入ってるなあ」

袋をつまみ上げ、古関が顔をしかめた。

ラクトースは、薬局が薬を増量するために混ぜる白い粉で、害はないが黄色く変色する。

「ルック。ディス・ワン・イズ・イエロー。アジノモト・イズ・スノー・ホワイト（見て下さい。これは黄色です。味の素は雪のように白いんです）。味の素はピュアです。だから美味しいんです」

古関はエビ印の袋を年輩の店主に示し、説明する。

フィリピンでは雪は降らないが、雪が真っ白なことはイメージとして根付いている。

「ザ・シーリング・イズ・ディフェレント・トゥー。アジノモト・イズ・マシーン・パックト（それから、封の部分も違います。味の素は機械で詰めています）」

古関は味の素の小袋を取り出し、エビ印と比べて示す。

味の素はきれいな機械包装だが、エビ印は手作業で詰められていて、シール部分がよれていた。

「お店では、味の素を売って下さい。ユー・アー・シュア・イッツ・ピュア（味の素なら、混ぜ物が入っていないので安心です）」

リパック業者との闘いにおいては、リパック物は混ぜ物が入っていて、品質が低いことを訴えた。

「アジノモト・イズ・スノー・ホワイト」「ユー・アー・シュア・イッツ・ピュア」という分かりやすいキャッチフレーズで説明するよう、営業マンたちに徹底した。

古関は、いちいち試食させて比べるより、白さを視覚に訴えるほうが、効果的だと考えた。リパック業者から価格競争をしかけられることもあったが、挑発には乗らず、本物の実力を浸透させるようにした。

リパック物に「味精」(現地の読み方で「ベッツィン」)という銘柄があったので、「ドント・セイ・ベッツィン、セイ・アジノモト」というキャッチフレーズもつくった。

2

古関は、分かりやすさを重視し、マーケティング活動を行なった。三十秒のコマーシャル・ソングもつくった。「サッサッサッ」という粉末を振りかけるときの日本語の擬音は、タガログ語では「タックタックタック」なので、冒頭は「タックタックタック、アジノモトー」という耳にこびり付くフレーズにした。そのあとは、「アジノモト・イズ・スノー・ホワイト」「ユー・アー・シュア・イッツ・ピュア」というような内容を、地域に応じてタガログ語やセブアノ語やイロカノ語で歌詞にした。

このCMソングを、地元のアマチュア・ラジオ局と契約し、一日二十スポット流し、大衆の間に味の素を定着させていった。フィリピンでは、まだテレビは普及しておらず、人々はもっぱらラジオを聴いていた。

四十枚の伝票を切るため、一日七十軒程度店を回る営業マンたちのセールス活動自体も、よい宣伝になった。現金で買った小売店も、必死になって売った。

古関と営業マンたちの奮闘で、味の素の販売はぐんぐん伸びていった。古関が来る前年（一九六四年）の二五キログラム以上のバルク商品を除く小売り（リテール）の販売量は三三八トン、着任した一九六五年は四七八トンだったが、翌一九六六年は一挙に倍以上の一〇〇一トンに増えた。現金商売なので、売掛金の回収が滞ることもなく、焦げ付きが激減し、販売会社のバランスシートがきれいになった。

古関はマニラを制すると、地方に支店をつくり始めた。

一号店はミンダナオ島のダバオに開設した。次がカガヤン・デ・オロで、パイナップルのプランテーションがある米国の食品メーカー、デルモンテの拠点だった。三つ目がサンボアンガで、イスラム教徒が多く住む地域だった。

各地の支店長には、マニラの営業マンの中から信頼できる人間を抜擢し、それ以外の営業マンや運転手は現地で採用した。フィリピンは地方ごとに言語が異なるので、営業マンは地元の人間でなくてはならない。建物を借り、一階を倉庫にし、二階を支店長の住居にした。味の素の在庫と現金は支店長が管理するので、持ち逃げリスクは常にあったが、古関の人を見る目のおかげで、事故は一度もなかった。

一九六七年十月十八日――

午後五時、台風一過の青空が広がるマニラ国際空港に着陸した旅客機の乗降口から、日本の佐藤栄作首相が寛子夫人とともに姿を現した。

インドネシア、オーストラリア、ニュージーランド、フィリピン、南ベトナムを訪問する第二次東南アジア・オセアニア諸国歴訪の途上で、この日、午前十時半にニュージーランドのオークランド国際空港を出発し、マニラにやって来た。

空港では約五千人の人々が日の丸の小旗を振って二人を歓迎した。

佐藤夫妻が並んでタラップを降りると、地上で白いバロンタガログ姿のマルコス大統領と、バタフライ・スリーブが特徴の「テルノ」と呼ばれる伝統的ドレスを着たイメルダ夫人、閣僚らが出迎えた。

マルコス夫妻の髪の長い娘が、佐藤首相に、生花で編んだ歓迎のレイをかける。ドーン、ドーン、ドーンと、二十一発の礼砲が撃たれ、上空で十数機のジェット戦闘機が歓迎飛行を披露した。

戦後の一九五六年、日本とフィリピンは総額五億五千万ドル（千九百八十億円）の賠償協定に合意し、日本は毎年三千万ドルずつ支払っていた。賠償がらみの汚職が噂され、経済侵略を警戒されながらも、日比貿易は拡大し、フィリピンの最大の貿易相手である米国に迫りつつあった。前年十二月にはマニラにアジア開発銀行が設立され、大蔵省（現・財務省）財務官を務めた渡辺武が初代総裁に就任した。

佐藤は、空港で儀礼兵を閲兵し、マルコス大統領から歓迎のスピーチを受けたあと、声明文を読み上げた。

「日比両国は地理的に近接しているのみならず、アジアの自由主義国として、多くの共通点を持ち、また理想を同じくするものである。両国はこの地域の平和と繁栄の探究にあたり、相互に協力するよう運命づけられている。わたしはマルコス大統領閣下をはじめ、フィリピン政府の指導者の方々と率直な意見を交換することを期待している」

フィリピンは、米国に忠実な世界有数の反共国家で、日本にとっても重要な国である。今回の訪問では、経済協力、日比友好通商航海条約（一九六〇年に締結され、日本は批准したがフィリピンはまだ）、ベトナム戦争などに関して話し合いをする予定になっている。

佐藤夫妻は、空港での式典を終えると、宿舎であるマラカニアン宮殿（大統領官邸）に向かった。途中にある市内随一の目抜き通りであるロハス大通りには、「ＭＡＢＵＨＡＹ（歓迎）佐藤栄作首相」の文字が入った白いアーチが道をまたいで設置され、沿道には日本とフィリピンの国旗が風で波打つ花々のようにはためいていた。

「サトウ、サトウ！」

「フィリピン、ジャパン、バンザーイ、バンザーイ！」

十万の人々が、日の丸の小旗を振り、佐藤夫妻は車の窓から手を振って応えた。

「アジノモトー、アジノモトー！」

「ジャパン、アジノモトー！」

寛子夫人は、沿道の人々が日の丸の小旗を振りながら、盛んに「味の素」と連呼しているのに気づいた。

「ねえ、味の素っていってますよ」

「ほんとだなあ。よく売れているんだろうなあ」

佐藤夫妻は微笑を浮かべ、打ち振られる日の丸の小旗を見ながら、「アジノモト」の連呼に耳を澄ませた。

「アジノモトー、アジノモトー！」

「アジノモトー！　ジャパン、バンザーイ」

古関らの努力によって、日本の味の素はフィリピンの大衆の間に広く知られるようになっていた。

3

古関は、フィリピンに七年間駐在し、味の素の売上げを年間四七八トンから四六三六トンと、十倍近くに伸ばした。全土に三十以上の支店と営業所を開設し、強力な販売網をつくった。

営業部隊の人員は百人ほどに膨れ上がった。持ち逃げ等の事故は皆無だったが、規模が大きくなったので、監査チームをつくった。

味の素の名は浸透し、九割以上のフィリピン人が「タックタックタック」というCMソングを口ずさむようになった。

古関は、全土津々浦々を回り、ある取引先からは「あなたほど全国をくまなく歩き回った人はいない。大統領選挙にでも出馬したらどうか」と冗談をいわれるほどだった。マルコス大統領の故郷であるルソン島の北イコロス州に行ったときには、生ガキを食べて赤痢になったが、なんとか回復し、それ以降、食あたりをしなくなった。

フィリピンでの任期を終えると、一九七二年八月に、赤字続きだったインドネシア味の素の取締役としてジャカルタに赴任し、会社の立て直しと、低所得者層が買いやすい小容量パック品の販売開始や直販部隊の創設を手がけた。現地の服装を身に着け、現地の料理を食べ、インドネシア語で人々と話し、一万三千四百六十六の島からなる国内を忙しく飛行機で飛び回った。赴任した翌一九七三年には、会社は黒字に転換し、古関が駐在した六年間で、味の素の年間売上げ（バルク商品を除くリテール）は八九二トンから六一一九トンへと、七倍近くに伸びた。

なお「リテール」の中身は、行商による直販、外食用、大口問屋向けの合計である。外食用というのは、屋台やレストラン向けで、一キログラム袋が多い。また行商販売を始めても、筋のいい一部の問屋への販売は継続した。これに対し、「バルク」は二五キログラム以上の商品の販売で、主に即席麺メーカーやネスレなど、加工用ユーザーへの販売である。

一九七八年に古関は、東京支店次長として帰任し、販売企画部部長待遇、広島の中国支店長をへて、一九八五年、タイ味の素の取締役社長としてバンコクに赴任した。

タイでは、現地で大量調達しやすいタピオカ澱粉を使って味の素を生産・販売していた。古関が赴任する前の営業は、バンコクから全国に出張し、大量発注する卸店とだけ取引していた。売上げ目標達成のため、無理な押し込み販売を行い、売掛金と市中在庫が急増し、危機的な状況に陥っていた。

古関は、営業体制を抜本的に再構築した。フィリピン、インドネシアと同じように直販部隊を創設し、小売店との現金取引に切り替えた。売上げ目標は廃止し、各営業マンの目標を一日に伝票を四十枚、一ヶ月で千枚切ることだけにした。それ以前は、月末の数日間だけで売上げの数字をつくっていた者もいたが、そうしたやり方はできなくなった。

バンコクからの出張営業は廃止し、全国七十六県を五地区に分け、五十ヶ所以上のデポ（営業所兼倉庫）を設置し、現地密着型の販売体制にした。

古関はタイ人の服装をし、現地の料理を食べ、タイ語で人々と話し、全国を飛び回った。思い切った人材登用を行い、初めて四人のタイ人職員を現地法人の取締役に抜擢した。

日本人マネージャーに対しては「リテールは、単純で正しいことを飽くなき努力で実行し続けなければならない。成果は直線的な右肩上がりには見えてこない。努力し続けても踊り場があって、必ず足踏みを感じる。しかし、諦めたりぶれたりせずに、正しい努力を続けなくてはならない。そうすると、ある時、霧が晴れたように階段を一段上がっていることに気づく」、「人は弱い。弱いから不正を働きたくなる。しかし、不正を起こしにくい仕組みがあれば、不正は回避される。仕組みをつくるのはマネージャーの仕事。従業員が不正を起こしたら、その責任はマネージャーにある」と繰り返し教えた。

古関の薫陶を受け、各国で直販部隊を指揮する日本人社員たちは、やがて社内で米陸軍特殊部隊と同じ「グリーンベレー」の異名をとるようになった。タイ味の素社の販売部門から本社海外食品部うま味調味料グループに一年間出向した現地社員のポンパン・オスタピラットは、グリーンベレーのメンバーの特徴として、①率直さ、②開拓者精神、③会社を代表する気持ち、④文化・慣習・食事などを含む赴任地への適応力、⑤ライフスタイルがシンプルで人柄が強靭、と述べている。

古関はタイ味の素社の社長として、営業体制の再構築以外にも、様々な仕事をした。当時、タイでは労働運動が盛んになり、組合員が味の素に対して法外な要求を突きつけ、ストライキや会社の前で座り込みをしたり、日本大使館前で藁《わら》人形を燃やしたり、古関の家に嫌がらせをしたりした。争いは法廷に持ち込まれたが、古関は「我々はこの国で仕事をさせてもらっている。ロー・プロファイル（目立たないこと）を心がけなくてはならない」という基本姿勢を徹底。組合側の挑発には乗らず、反日を掲げるマスコミには自分たちの合理性を理解させ、冷静かつ周到に法廷闘争を遂行し、勝利した。

また総工費十四億円を投じて、タイ味の素社などが入居する十八階建てのビルを建設したほか、ベトナムにタイ味の素の社員を送り込んで現地法人を設立し、直販体制構築を支援した。ミャンマーでは、現地パートナーと即席麺の合弁事業を立ち上げる交渉を開始した。

タイの元大臣であるタイ味の素の会長を常に立て、懇親ゴルフなどをつうじて関係官公庁と良好な関係を築いた。現地の味の素教育振興財団を充実させ、地方の学校に教材を寄付したり、地方の寺院に寄進をしたりした。

古関は、タイ味の素在任中の一九九一年に本社取締役に栄進し、翌年、日本に帰任した。赴任時に年間九八八二トンだった味の素の売上げ（リテールのみ）は、七年後の離任時には二万七八二〇トンと、三倍近くに伸びた。現金商売なので、当然、回収不能の売掛金はなくなった。

帰国した古関は、味の素や食品関連製品の輸出を手がける子会社、新日本コンマース社長に就任し、翌一九九三年、取締役中国部長となり、中国ビジネスの指揮を任された。

第二章 ベトナム全省踏破

2人の営業マンとベトナムの市場でセールスをするベトナム味の素社社長金剛寺一雄氏（左から2人目）

1

一九九三年夏——

入社八年目の宇治弘晃《うじひろあき》は、いつものように、ホーチミン市内にあるB&Wベトナム社のデポに出勤した。

同社はベトナム味の素社の前身だが、米国による対ベトナム経済制裁が解除されていないため、味の素の社名は使用せず、出資するのに使った香港のペーパーカンパニー、ブローダーベック（B&W）を使っている。

少しくせ毛の頭髪と太い眉が黒々とし、闘志を漲《みなぎ》らせた丸顔に細いフレームの銀縁眼鏡をかけた宇治は三十一歳。身長一六九センチで、がっちりした身体つきである。都立新宿高校時代は、野球部の補欠だったが主将を務め、チームは都大会の準々決勝まで駒を進めた。北海道大学時代はバンカラで有名な恵迪寮《けいてきりょう》に住んだ。東京支店で六年間、味の素商品の量販店向け営業などを経験したあと、「ベトナムの新規市場を開拓する、やる気のある社員を求む」という社内公募に手を挙げた。この年前半、ハノイで三ヶ月間ベトナム語を習い、一ヶ月ほど前の七月上旬にホーチミン市に単身赴任した。

Ｂ＆Ｗベトナム社は、二年前に、地元の即席麺製造会社ＶＩＦＯＮ《ヴィフォン》社との合弁で設立された。出資比率は味の素六〇パーセント、ＶＩＦＯＮ四〇パーセント。本社はホーチミン市の北東二〇キロメートルほどのビエンホア市にある。国内五ヶ所にデポを設置し、ベトナム人社員は約百五十人、日本人は四人。社長は、古関啓一から直接指導を受け、タイで十三年間行商（直販）に携わった金《こん》剛寺《ごうじ》一雄《かずお》である。

宇治が勤務するデポは、市内から空港に行く途中にあった。ＶＩＦＯＮ社の倉庫の一角を金網で仕切り、折りたたみ式の机と椅子、大きな金庫、扇風機などを置いただけの施設だ。室内には、味の素の段ボール箱が堆《うずたか》く積み上げられ、壁には「ＮＯ　ＳＭＯＫＩＮＧ」と「ＴＡＲＧＥＴ　１０００」（目標・伝票千枚）という紙が張られている。チームごとに、一日伝票四十枚、月に二十五日前後の営業（休みは日曜日、祝日、一週間程度のテト休暇）で千枚の伝票を切るのが営業マンの目標だ。隣接するＶＩＦＯＮのラーメン工場からは、牛骨を砕く音とともに、生臭い臭いや廃水臭が漂ってくる。

その日、宇治は、ベトナム人営業マンたちと一緒に、ホーチミン市内の市場の一つに直販に出かけた。

ベトナム人スタッフは、運転手一人と営業マン二人で一つのチームをつくってセールス活動を行う。ホーチミン市のデポには三チームがあり、セールス・マネージャーの宇治は毎日そのうちの一つに同行していた。売る商品は四種類で、三グラム、五〇グラム、一〇〇グラムの小袋と、四五四グラムの大袋（一ポンド袋）である。

車は商品を積むために後部座席を取り払ったワゴン車だ。運転席の背後には金網の仕切りが設けられ、盗難防止のため、後部には窓がなく、鉄格子を嵌《は》め込んである。

（相変わらず、暑いなあ……）

車の後部に椅子を持ち込んですわった宇治は、ハンカチで顔や首筋の汗をぬぐう。

赤道に近いホーチミン市は一年中夏で、冷房がない車はサウナ状態だ。

フロントガラスの先の道をオートバイやシクロが走り、道端には物売りや菅笠にサンダルばきで天秤棒を担いだ人々の姿があり、火焔樹が濃緑色の細い葉の間に燃えるような朱色の花を咲かせていた。

ベトナム戦争は十八年前に終わり、一九八六年に政府は「ドイモイ（刷新）」という自由化政策を掲げたが、米国の経済制裁が続いており、開発の足取りは鈍い。

かつて「東洋のパリ」と呼ばれたホーチミン市だけは、往時の華やかさの名残があるが、それ以外の土地は戦争中の状態に近く、首都のハノイでも夜は真っ暗で、夕方になるとコウモリの群れが飛び交っていた。

ベトナム航空の飛行機は「空飛ぶ棺桶」「落ちるまで使い切る」といわれ、宇治がベトナムに来て間もない頃に乗った老朽化した旧ソ連製のツポレフ１３４型機（七十数人乗り）は、ところどころ座席が欠損していた。

「モイ・チ・ムア・アジノモト（是非、味の素を買って下さい）」

「コンティ・ホン・ドゥオック・ヤム・ヤー（値引きというのは、やってなくて……）」

ホーチミン市内の市場で、ベトナム人営業マンたちが、一生懸命、味の素を売ろうとしていた。しかし、地べたにすわり込んで、自分の周りに並べた商品を売っている百戦錬磨のおばちゃんたちは、ああでもないこうでもないと、からかい半分でまくし立て、まったく相手にしてくれない。

「カム・オン・チ、ラン・サウ・ニェ（そうですか。では次のときに）」

白い開襟シャツ姿の若い営業マンたちは、打ちひしがれた顔つきで退き下がる。

（うーむ、こりゃあ、やっぱり粘りが足りないなあ……）

見ていた宇治は嘆息する。

（そもそもセールスなんて、ベトナム人にとっては未知の職種だしなあ）

つい最近まで社会主義で、しかも戦時の非常体制だったベトナムでは、セールスなどという資本主義の職種は存在していなかった。営業マンたちは、どうしていいのかしょっちゅう戸惑っている。しかも彼らは大卒だ。大学進学率が一〇パーセント以下のベトナムでは、学士はエリートだ。毎日、汗にまみれて重い荷物を背負い、市場のすれっからしのおばちゃんたちに罵られながら、商品を売り歩く仕事は、少なからずプライドが傷つく。

宇治が赴任する前に辞めたベトナム人営業マンの辞表には「このような仕事は日本人にはできるかもしれないが、わたしはベトナム人だ」と書かれ、「I am Vietnamese」という文の下に波線が引かれていた。

これから伸びていかなければならない国の若者が、プライドにこだわることに違和感を覚えたが、これが現実だった。

（やっぱり、身をもって示すしかないんじゃないだろうか？）

これまで宇治は、四年先輩の日本人にならって、営業マンたちの後ろに控えて様子を見守り、あとでアドバイスをするようにしていた。しかし、彼らに粘りを叩き込むには、やって見せたほうが早いと感じた。

「チ・オーイ、ムア・トゥ・ディ。チャク・ラ・バン・ドゥオック！（おばちゃん、試しに買ってよ。絶対、売れるよ！）」

宇治は、営業マンの先頭に立ち、気合をこめて、ベトナム語でセールスを始めた。

北海道大学時代、道内の観光地で客引きのアルバイトをしたり、社会生態学の卒論の調査で大阪に滞在した際に甲子園でビールを売ったりしたので、セールスには自信を持っている。

市場のおばちゃんは、日本人が若干ブロークンなベトナム語で猛烈にセールスを始めたのに、驚きと興味をかき立てられ、先ほどよりも一段と賑やかに反論してきた。

「何いってんの!?　味の素は日本で一番の調味料なんだよ。これを使わなけりゃ、ベトナムの発展はないよ」

宇治は負けじとベトナム語で反論する。

相手の話す言葉が完全に分かるほどベトナム語はできないが、山ほど出てくる買わない言い訳を聞いても仕方がない。一方的に喋って「買うのか、買わないのか？」と迫る「押し売り」に徹した。

この日から、宇治は営業マンの先頭に立ってセールスをするようになった。

初めは怪訝そうな顔つきをしていた営業マンたちも、目の前で手本を見せられ、徐々に粘りが出てきた。宇治だけでなく、五十歳になる日本人社長の金剛寺までもが重い荷物を背負い、商品を売り歩く姿を見て、営業マンたちの考え方も少しずつ変化し始めた。

それから間もなく――

宇治は、ホーチミン市の南西約一五〇キロメートルに位置するメコンデルタ地方に出張した。

同行者は、ヤーワンという名の三十歳の営業マンだ。父親が旧南ベトナムの軍人だったため、大学入学資格を得られず、肉体労働で金を貯め、賄賂を払って受験資格を手に入れ、大学に行った男だ。ベトナムでは履歴書に一九七五年（ベトナム戦争終結の年）以前の親の職業欄があり、旧南ベトナムの軍人の親族は、様々な差別を受けている。

ヤーワンは、やり手というわけではないが、得意先や同僚から好かれ、宇治が来る一年以上前から、メコンデルタ地方を地道に開拓していた。宝くじ売りの子どもや物乞いにごく自然に施しを与える姿に、思いやりのある人柄が滲み出ていた。

メコンデルタは、大河メコン川が南シナ海に注ぐ河口の三角州で、ベトナムきっての豊饒の地である。頭上から、常夏の日差しが燦々と降り注ぎ、見渡す限りの水田に運河が縦横に張り巡らされ、椰子の木々に囲まれた集落が点在している。運河に網を一時間も仕掛けておくと一日分の食料に十分な魚が獲れ、米は年に三度収穫でき、ベトナム全土の米の生産量の半分を占める。

宇治らは途中フェリーを二度乗り継いで、カントー市に到着した。省と同格の政府の直轄市で、メコンデルタ地方最大の都市だ。人口は約二十八万人。メコン川に沿った数百メートルにわたる路上に市場が延び、野菜、果物、魚介類で溢れていた。

翌朝、宇治は商品を保管してあるカントー市内の倉庫で、社長の金剛寺が採用した若い営業マン二人、運転手と初対面した。

（靴をはいてない！）

彼らの足元を見て、宇治は驚いた。三人とも素足にサンダルばきだった。

彼らは、そもそも靴を持っていないようだ。

「あのね、僕らはセールスマンで、市場やお店を回って、物を売るんだよ。靴をはいてする仕事なんだよ」

驚きから立ち直って説明し、三人をいったん帰した。

しかし、道行く人々をあらためて見てみると、靴をはいている人間など一人もいなかった。

（あの三人にとって、自分は初めて接する外国人なんだろうなあ……）

翌日、三人はどことなく嬉しそうな表情で出勤して来た。お世辞にも似合っているとはいえなかったが、ちゃんと靴をはいていた。


二日後、宇治らは、カントーの南西五〇キロメートル弱の国道61号沿いにある、ヴィータインに行商に出かけた。のちにハウザン省の省都となる町だ。

午前中、最初に訪れた問屋に強引に売り込んだところ、全部買ってくれた。町にはあと二軒問屋があり、一トンは売れそうだったので、いったんカントーに引き返し、倉庫から味の素を積んで来ることにした。

カントーで昼食をとり、再びヴィータインへ向かったが、途中の未舗装の道で車のタイヤがパンクした。修理屋のジャッキの調子が悪く、作業ぶりも遅かったので、宇治はその間、散歩をして時間をつぶすことにした。

付近の村は電気も通っておらず、テレビやラジオの音もなく、豊かに水を湛えた運河には平均台くらいの幅しかない橋がかかり、その上で釣り人が糸を垂れていた。道を通る車もなく、道の真ん中に稲藁《いねわら》が並べて干してあり、風がそよぎ、桃源郷のようだった。

外国人が珍しいらしく、人々が集まり出した。宇治は一軒の家に招かれ、お茶をご馳走になった。上は二十歳から下は二歳くらいまでの、一目で兄弟姉妹と分かる子どもが九人おり、持っていたミネラルウォーターの空ボトルをやると、みんなで喜んで眺め回した。

（まるで映画の『ブッシュマン』の世界だなあ……）

一〇キロメートルも行けば、ミネラルウォーターは手に入るが、このあたりは自給自足経済で、買い物をすることもほとんどないようだ。

結局、タイヤの交換が終わって、ヴィータインに着いたのは午後四時半で、二軒の問屋を回ると、帰りは夜になった。途中、小用を足すために車を停めて外に出ると、頭上は満天の星空で、暗闇の地平には無数の蛍が舞っていた。

2

九月中旬――

宇治は、二度目のメコンデルタ出張に出かけた。

親しくなったカントーの倉庫のオーナーのワン氏（Ｑｕａｎ＝ベトナム南部ではＱを発音しない）に、自宅での夕食に招かれた。

四十歳くらいのワン氏は、白髪交じりで、がっしりした体型。大らかな人柄で、味の素の面倒を色々見てくれていた。家では、一気飲み「モッチャム・ファンチャム（一〇〇パーセントの意味）」を二十回くらい繰り返し、皆で歌い、踊り、大騒ぎした。

ワン氏は柔道を習っていて、二段だというので、高校時代に初段をとった宇治は「一度道場に連れて行って下さいよ」と頼んだ。

翌日、宇治がワン氏に案内されて道場を訪れると、日本人の来訪にどよめきが起こった。

かなり大きな道場で、柱や梁に材木と木の幹や枝が用いられ、三角屋根の天井は葦簀《よしず》かバナナの葉のようなもので葺《ふ》いてあった。天井の梁から裸電球がぶら下がり、床は畳の代わりに黒いマットが敷いてある。

五十人ほどが稽古の最中だった。

皆、日焼けして精悍な身体つきである。二十代から三十代が多く、半分は子どもだ。柔道着の胸には「角」とか「桜井」とか書かれており、明らかに日本から送られた古着である。

乱取りのあと、試合になった。

宇治の相手は、二段だという若者だった。同年配で身体が大きく、筋骨隆々としていた。

（どうせベトナムの二段だから、軽く投げてやるか……）

ところが組んでみると、相当強いのが分かった。

相手は宇治に気を遣って手加減してくれて、色々技をかけさせてもくれるが、大外刈りをかけようとしても、軽く足を外されたりして歯が立たない。

そのうち肩車という大技でひっくり返された。

「技あり！」

明らかに「一本」のタイミングだったが、宇治びいきの判定が下された。

周囲からの応援をプレッシャーに感じながら、宇治は懸命に戦ったが、結局、負けてしまった。

しばらく休んで、今度はワン氏と試合。

押し気味に進めたが、ポイントなく引き分けに終わり、「弱くてすいません」と謝ると、「十一年ぶりでは仕方ありませんよ。あなたは強い」と慰められた。

完全に息が上がり、帯を解いて伏して休み、マッサージまでしてもらい、自分ながら情けなかった。

道場では、小さな子どもまで、「礼に始まり、礼に終わる」が徹底されていることに感心した。

この日はいなかったが、少なくとも過去、日本人の指導者がいて、しっかり教えたようである。

稽古の終わりには全員が正座をし、正面に掲げられた嘉納治五郎先生の古い写真に礼をした。

「皆さんの礼儀正しさと気合いに感激しました。日本を起源とする柔道が、同じ文化のベトナムでこんなに盛んなことを嬉しく思います。今日は有難う」

宇治がベトナム語で挨拶を述べると、大きな拍手が湧いた。

帰り際には、歓声を上げげた子どもたちに取り囲まれ、握手攻めに遭った。

メコンデルタ地方で宇治は、それぞれの町で一番販売力のある店を聞き出し、オーナーと美味い飯を食べ、がんがん酒を飲んだ。オーナーも、わざわざ日本人が来てくれることを喜び、歓迎してくれた。宇治は面白い話を次々と繰り出し、一緒にガハハハと笑い、相手の気分がよくなったところで、「ところで明日一トン買って下さい」とささやく。翌朝、一トンを配送し、現金をもらう。このやり方で、売上げをぐんぐん伸ばしていった。

しかし、ベトナム中部ではこのやり方は通じなかった。南部ほど豊饒ではなく、人々も堅実な暮らしぶりの土地柄である。

そこで、小売店を一軒一軒回る地道な活動に徹した。

そんなある日、中南部のトゥイホアにセールスに出かけた。白い砂浜で知られるリゾート地、ニャチャンの北七五キロメートルほどのところにある南シナ海沿いの町で、ニャン山という山の上に二世紀から十九世紀まで存在したチャンパ王国の遺跡がある。

中央市場を訪れると、いつものようにおばちゃんたちが喧《かまびす》しかった。皆、ドーボーと呼ばれる薄い布のパジャマのような服装で、宇治の姿を見ると、面白がって盛んに話しかけてくる。

(はあー、二人の女と一羽のアヒルで市場ができるっていうけど、まったくよく喋るわ!)

外国人が市場を訪れることは皆無なので、宇治をからかうのは彼女たちにとって格好の娯楽だ。

「コー・ヴォ・チュア? (あんた、奥さんいるの?)」

これは必ずかけられる言葉だ。

「チュア・コー (独身だよ)」

本当は、北海道大学時代に知り合った妻と子を日本に残しての単身赴任だが、独身だといえば盛り上がって商品を買ってくれるので、いつもこう答えていた。

おばちゃんたちはウワッと盛り上がり、「アタシはどうだ?」「この娘はどうだ?」と、自分やそばにいる娘を指さす。

「この娘はどうだ?」と指さされた娘は二十代半ばくらいで、美人というほどではなかったが、つつましやかで目立たず、好感が持てた。

「おお、いいじゃない。彼女、俺好みだよ。それに俺と同じ一重瞼じゃない」

ベトナム人女性は二重瞼が多い。

「そうさ。この娘は、ダイハーンだからね」

おばちゃんたちから一斉に大きな笑い声が上がった。

しかし、娘の表情が一瞬曇ったことを宇治は見逃さなかった。

ダイハーンは漢字を当てると「大韓」で、韓国のことだ。ベトナム戦争中、主に中部に派遣された韓国兵は非常に強く、トゥイホアは激戦地だった。その韓国兵とベトナム人女性の間に生まれた「ライダイハン」が中部から南部にかけて一万人とも二万人ともいるといわれる。

九月の終わり——

宇治は、ビエンホア本社のベトナム人営業マンたちと一緒に、中部高原のダクラク省の省都でコーヒーの名産地、バンメトートに行商に出かけた。

成果はまずまずで、バンに四〇〇キログラムくらい積んで行った商品が、半分くらい売れた。

帰路、海辺の町、ニャチャンに一泊し、朝、ホーチミン市を目指して出発した。抜けるような青空の下の土漠のような大地にベトナムの大動脈である国道1号が延び、西部劇を思わせる風景だった。

宇治は、いつものように車の後部の荷台に段ボールを敷いてすわり、揺られていた。

突然、急ブレーキがかかって、宇治は運転席との境にある金網に激突した。車が停止する直前、車体に何かがぶつかったような衝撃があった。

驚いて車窓の外を見ると、左前方に、六歳くらいの男の子が頭から血を流して倒れていた。

（げえっ、事故だ！）

全身の血が逆流するようだった。

宇治は、とっさにドアがロックされているのを確かめた。中東でもタイでもベトナムでも、こういう時、群衆がどっと押し寄せ、轢いた方を叩き殺すという話を聞いていた。

「チョイオーイ、チョイオーイ！」

子どものそばで、母親と思しい中年女性が髪を振り乱し、泣き叫んでいた。「チョイオーイ」は、英語の「オー・マイ・ゴッド」である。

逃げるのかと思っていた運転手と二人の営業マンは、意外なことにすぐに車を降りた。

近所の人たちが、男の子を病院に運んで行った。

運転手と営業マンの一人が警察に行き、宇治ともう一人の営業マンが現場に残った。

閑散とした田舎の集落なのに、もの凄い数の人々が集まり、車と二人を取り囲んだ。皆、険しい顔つきである。こういう時、外国人がいて、ベトナム語を話したりするとろくなことにならないと思ったので、宇治はひたすら黙っていた。

男の子は軽傷だったようで、やがて母親が戻って来た。

（よかった！　大事に至らず、不幸中の幸いだ）

こういう場合、すべては金で解決される。警察官も「あとは示談で」と、引き揚げて行った。

「モッチェウ・ドン（百万ドン＝約百ドル）」

目ざとく外国人（宇治）がいることを見つけた近所の人に入れ知恵をされたのか、母親は相場の三倍をいってきた。

話し合いをして、五十万ドンで金額がまとまり、金を渡して宇治たちが帰ろうとしたとき、一人の男が自転車で駆け付け、男の子の容態が急変したと告げた。

母親が泣き崩れ、運転手が彼女を車で病院に連れて行った。

宇治と営業マンは会社に連絡するため、バイクタクシーを雇って、七キロメートルほど離れた郵便局へと向かった。

郵便局から戻って来ると、病院に行っていた営業マンが帰って来ており、「あの子は死んだ」という。

（し、死んだ……⁉）

宇治の顔から血の気が引いた。

そばで男の子の姉や親戚と思しい人々が泣き喚《わめ》いており、群衆は騒然となった。

（これは、下手すると袋叩きに遭うかもしれない）

外国人がベトナム人とトラブルになり、群衆に袋叩きに遭って、骨折したり、半殺しにされたというような話はよく聞く。長い間外国に支配され、最近まで米国との激しい戦いを強いられたベトナム人の心の底には、強いゼノフォビア（外国人嫌悪）がある。

宇治ら三人は、現場を離れたほうがよいと判断し、バイクタクシーを雇って五〇〇メートルほど離れた食堂に向かった。そこで話し合い、とりあえず会社に戻り、あとで事後処理をしようということになった。

空がかき曇り、雷鳴とともに激しいスコールが降り始めた。

集落に一台だけある車を借りようとしたが、一部始終を見ていた持ち主は、相場の八倍の料金をふっかけてきた。仕方がないのでヒッチハイクで帰ることにしたが、たまに走って来るバスもトラックも満員で乗せてくれない。三人はびしょ濡れになり、一時間後にようやく家族連れのワゴン車に乗せてもらい、二五〇キロメートル以上離れたビエンホア市をへて、ホーチミン市に戻った。

車の中では三人とも重苦しく押し黙っていた。

宇治は、アパートに戻ると、立て続けに缶ビールを三本飲み、電気を消し、亡くなった子どものために般若心経を唱えた。

翌朝、二人の営業マンから話を聞いて、宇治は驚いた。

「えっ、子どもは死んでない!?」

目の前で二人の真面目そうな大卒の営業マンは、うなずいていた。

（おかしいなあ……。聞き間違えたのかなあ？）

しかし、「ビチェット（死んだ）」と「サップチェット（死にそうだ）」を聞き間違えることはないような気がする。もしかすると、動転した営業マンのいい間違いかもしれない。

車と運転手は現地の警察に留置されているので、会社からベトナム人の副社長と総務部長が事後処理に向かった。

結局、男の子は助かり、数日もすれば退院できるという。一晩留置所で過ごした運転手も戻って来た。示談金は二百五十万ドン（約二百五十ドル）で話し合いがつき、あとは保険会社に任せることになった。

十一月初旬――

宇治は、ベトナム中部の中心都市、ダナンに出張した。

人口は約四十四万人で、ベトナム戦争当時は米軍の基地があった町だ。空港には四〇〇〇メートル級の滑走路が二本ある。

空港に着くと、寒いのに驚いた。六月から八月にかけては猛暑が続くが、この時期は、毎日霧雨か豪雨が降り、二ヶ月くらい太陽が出ないという。

てっきり暑いものと思って、半袖しか持って来ていなかったので、ジャンパーを買いに町へ向かった。

表通りの洋品店は高いので、路地裏の露店の古着商を見て回った。

薄汚れたジャージーに「豊南高校」（東京都豊島区の高校）、使い古しの作業着に「太田工務店」の文字が入ったりしている。

（おっ、これはいいな！）

珍しく新品のジャンパーがあり、背中に「全日本高校剣道選抜」、袖に「JR東海」の文字が入っていた。援助か何かで送られた大会関係者用の品物の残りのようだ。シンプルなデザインで見た目もよい。

「カイナイ・バオ・ニュー・ティエン？（これ、いくら？）」

値段を訊くと、十万ドン（約十ドル）だという。

「ザー・ホイ・カオ。ラム・オン・チョー・トイ・モッ・チューット（ちょっと高いね。まけてよ）」

宇治は値切って、六万ドンで買った。


ダナンでセールス活動をしたあと、宇治は二人の営業マンと一緒に、クアンチ省など北中部三省への行商に向かった。

国道1号を北上し、七〇キロメートルほど離れたフエに向かう途中、有名なハイヴァン（海雲）峠に差しかかった。

最高地点は標高四九六メートルで、海のそばまで山が迫り、青々とした海が茫洋と広がっている。快晴の日で、空に白い雲が浮かび、ため息が出るほどの絶景だ。

しかし、カーブが多い坂道には、センターラインもガードレールもなく、道幅も狭い。そこを大型トラックがびゅんびゅん走っているので、危ないことこの上ない。

二時間半ほどで、フエに到着した。一八〇二年から一九四五年まで十三代にわたる阮《グエン》王朝の首都で、世界文化遺産に登録されている。ここもベトナム戦争の激戦地で、街は甚大な被害を受け、王宮は八割が焼失した。

到着するとすぐ、新しくできたという市場に行った。

車を停めると、市場脇の店のおばさんに「商品を見せてくれ」といわれた。

「三グラムの小袋は一カレンダー（三十袋）で四千八百ドン（約五十二円）。五〇グラムは十袋、一〇〇グラムは五袋からで、値段は両方とも一万一千ドンです。今ならボールペン一本、おまけに付けています」

四五四グラムのポンド袋に比べ、小袋は販売に苦戦しているので、ボールペンを付けて販促をしていた。

宇治が説明していると、外国人が珍しいこともあり、買い物客が足を止める。暇な人が多いので、どんどん野次馬が集まり、あっという間にもの凄い数の人々に取り囲まれた。こうなると宇治の独壇場だ。

「ハイ、一万一千ドン！　一〇〇グラム五袋、五〇グラム十袋。今日は特別、日本製ボールペン、プレゼント！」

バナナの叩き売りよろしく節をつけ、ベトナム語と一部日本語で喋りまくる。多少通じなくても気にしない。ボールペンは実は一本八百ドン（約七円八十銭）のベトナム製だ。

群集心理とは恐ろしいもので、普段、しつこく売り込んでも見向きもされない商品を求め、四方八方から我も我もと手が差し出される。

（うわー、これはすさまじい！）

宇治は、内心嬉しい悲鳴を上げる。

集まった人々は、完全に熱に浮かされていた。

運転手も含めて、四人でてんてこ舞いで応対し、わずか二十分で、一週間分に相当する伝票枚数と売上げを稼いだ。さらに騒ぎを聞きつけた卸店の社長が、車に積んであった一トン分の大袋を買ってくれて、四日間の行商用に持って来た商品がすべてなくなった。

（すごい！ ……これだ、これだよ！）

地道な販売もセオリーに忠実なマーケティングも重要だが、五倍ではなく五十倍の売上げにするためには、一種のブームを巻き起こすことが必要だと痛感した。

売る物がなくなったので、運転手と営業マン二人は、車で片道二時間半かかるダナンまで商品を取りに戻り、宇治はフエに一泊し、明朝、ピックアップしてもらうことにした。

街を旧市街と新市街に分けているフォン川（香河）の河畔に建つホテルに泊まり、街を見て歩いた。

阮朝の王宮跡は大規模だが、草ぼうぼうで、崩れかかった造作物も少なくなく、廃墟のようだった。王宮を取り囲む塀の内側に、普通に人々が暮らしており、外側はどこにでもある雑然とした街並みだが、静かで落ち着いた佇まいだった。旧宗主国のフランス人の観光客が目についた。


十一月最終週——

宇治はベトナム中南部、ラムドン省の省都で中部高原に位置するダラット方面に行商に出かけた。

フランス植民地時代、外国人の避暑地だったダラットへの道はよく舗装されていた。全国どこでも同じように、道路に稲藁が並べて干され、時々車がそれを踏みつけて走っていた。ダラットに近づくと、道に、緑や黒の小さな粒が敷き詰めたように撒《ま》かれて干してあった。何かの糞を乾かして燃料にでもするのかと思い、近づいて見ると、コーヒーだった。ラムドン省とその北に隣接するダクラク省は中部高原地帯にあり、コーヒーの産地だ。一九九一年までは旧ソ連・東欧に輸出していたが、今は西側諸国に輸出している。

行商をしながら北上し、ダラットの手前八〇キロメートルほどのところにあるバオロクで一泊した。日本人が技術を教えた緑茶の名産地だ。

青く霞む山々が間近に迫る高原の町で、気候は涼しく、熱帯地方にいるのが嘘のようだった。夕方、いつものように散歩に出ると、下校途中のアオザイ姿の女学生たちが山道を歩いていた。なんとはなしについて行くと、十五分ほどで眺望が開けた。見渡す限りの茶畑の中にぽつんぽつんと民家があり、女学生たちは、山の麓へ続く道を歩いて行く。秋空の下で緑色の茶畑が夕日を浴び、その中に延びる黄土色の道を白いアオザイ姿の女学生たちが歩いて行く姿は叙情《じょじょう》的でため息が漏れるほどだった。

翌日、いくつかの町で行商をしながらダラットに向かった。市場の買い物客の中にしばしば、独特の民族衣装姿の少数民族の人々を見かけた。一様にくたびれ、汚れた衣装を着た彼らは、覇気がなく、怯えたような眼をしていた。ベトナムは五十四の民族からなる多民族国家で、ラムドン省には、マ族、コホ族、ヌン族、バーナー族などが住んでいる。自然の中で自給自足生活を送ってきた彼らは、買い物のとき決して値切らない。これに対して、国の人口の約八五パーセントを占めるキン族は、中国南部に起源を持つといわれ、商才に長けている。ちょうど「アイヌ勘定」で、純朴なアイヌたちを騙した倭人《わじん》のような存在だ。少数民族たちは、キン族に遠慮をしながら、ひっそりと生きている。市場で買い物をして、籠《かご》を背負って裸足でとぼとぼと帰って行く後ろ姿は、自由主義経済が少しずつ押し寄せて来ているベトナム社会のもう一つの貌《かお》だった。

翌一九九四年五月――

インドネシアの現地法人、インドネシア味の素の販売部長、杉山千八《すぎやまちはや》が視察と指導のため、ホーチミン市にやって来た。今は取締役中国部長を務める古関啓一から直接指導を受けたグリーンベレーの「第一世代」で、古関が創設した「リテール教」の伝道師である。夫人はインドネシア人で、本人もインドネシア語はぺらぺらだ。

古関がインドネシアを離任した一九七八年、同国における味の素の年間売上げは六一一九トンだったが、この時点で約一万五〇〇〇トンまで伸びていた。

宇治は営業マンたちと一緒に、ホーチミン市の北にあるソンベー省に泊まりがけで行商に行き、市場で杉山の指導を受けた。

「商品は必ず両手に持って渡す。相手から目を逸らさないこと」

「まず手に取らせる。自分で秤《はかり》にかけさせる。説明する前に陳列してしまう」

「何かいわれたら、別の商品で同じことを繰り返す。一つは買ってくれる」

杉山は四十代前半。ひょろりとした身体に凜とした雰囲気を漂わせ、眼差しも語り口も穏やか。その姿は、日本に初めてキリスト教を伝えたスペイン人宣教師、フランシスコ・ザビエルを彷彿させた。

「寄っていない店があるね。駄目だよ。十回断られても、五十回、百回と繰り返すんだよ。今回は手に取ってもらう。次回は秤にかけてもらう。そのうち買ってくれる」

「いい場所に陳列しても売れないって？　それで諦めたら駄目だ。二年、三年と続けているうちに、少しずつ売れるようになっていくから」

「押しが足りないねえ。気持ちで負けたら、誰も買ってくれないよ」

営業マンたちに向けられる言葉は、宇治に向けられている言葉でもあり、しっかり肝に銘じた。

杉山が「どうしてあの店に寄らないの？」という店は、缶入り飲料三本とタバコ五箱だけを置いた、店と呼べないような店であったり、「こういう道を行くと、おばさんがしゃがんで商売してたりするんだよね。そういう末端から始めないと」といわれた道は、畔道《あぜみち》だったりした。

「ああいう店は、すべてカスタマー候補なんだよ。向こうはこちらの動きを見ているから、スキップすると敵に回してしまうことになる」

杉山が伝えようとするのは、行商ともオリエンテーリングともつかないもので、ベトナムとインドネシアでは事情が違うのでは、と思わないでもなかったが、宇治は、これは「味の素リテール教」という宗教なのだと思って、敬虔な気持ちで教えを受け入れた。

その日は街道沿いの一泊八ドルほどの木賃宿兼連れ込みホテルに泊まり、夜、路上に置かれた風呂屋にあるような低い椅子にすわり、コーヒーを飲みながら杉山から色々な話を聞いた。

「調味料、香辛料、野菜類はいくらの単位で売られているか、その単位と流通通貨の関連を見極めなくてはいけない」

「サシェ（小袋）の基本サイズは流通しているコインの額が決め手になる。消費者が経済的・物理的に買いやすいサイズと価格に設定しなくてはならない」

「これを無視し、自社のブランドを過信して失敗したのが、一九七〇年代後半のインドネシアのＰＴ ＳＡＳＡ社とマレーシア味の素だ」

「味の素ブランドを葵の御紋と過信してはいけない。この種の失敗は、すべてその地域で一番強いブランドが犯してきたのだから」

「バルクサイズ販売は、ユーザーへの直売のみとすること。商店へ納入すれば、リパックの元になる。かつてタイ味の素が、これで痛い目に遭った」

「十袋買っている消費者は木でいえば葉の部分にあたる。三袋から五袋は枝、二袋は幹、一袋買いは根だ。一袋、二袋買いの消費者は、広く深く根差しているから、引き倒すのは容易ではない。しかし、五袋から十袋買いの消費者は比較的摘み取りやすい。他社のシェアを奪うには、まず枝葉を切り落とし、木を枯れやすい状態にして、幹と根を攻略する。これを『木の理論』という」

その後、ホーチミン市に戻り、いくつかの市場で指導を受けた。中華街があるチョロンの市場では、杉山が、言葉も通じないのに、さりげない笑顔でスッと相手に商品を持たせてしまうのには唸らされた。その間合いと気合いには、百戦錬磨の市場のおばさんたちも呑まれていた。

杉山による二度目の指導は、その年の十月、ハノイで行われた。

宇治は、この年四月頃からハノイを中心にベトナム北部へ出張し、十月からは月のうち二、三週間を北部出張にあてていた。

このときは、ハノイ市内の市場で指導を受けた。街の中心部にある主要な市場の一つ、ハンザー市場では、小売店を中心に営業活動を行なったが、「四角い市場を丸く回っているねえ」と注意された。

二日目に、ふと杉山を見ると、市場の隅で頭のてっぺんに濡れタオルを載せ、腕組みして宙の一点を見詰めていた。何事が起こったのかと思って声をかけると、売り方を考えているうちに頭が熱くなってきたので、冷やしているということだった。

3

翌一九九五年初夏――

ハノイは濃い朱色の火焔樹が咲き誇る熱暑の季節を迎えていた。

米国が前年二月にベトナムに対する経済制裁を解除したので、ベトナム味の素社という社名を使えるようになった。

「アイン・ウジー、ディエン・トアイ！（宇治さん、電話だよー）」

ハノイ支店に、大家である倉庫会社の事務の女性が駆け込んで来て、叫んだ。

「オーイ（分かったよ）」

宇治はデスクから立ち上がり、一〇〇メートルほど離れた倉庫会社の事務所へと急ぐ。去る四月に初代ハノイ支店長の辞令をもらい赴任した。

ハノイ支店は、市街地から国道1号を三キロメートルほど南下し、南北統一鉄道の線路を渡ったところにある。一帯は倉庫地帯で、カマボコ型で広さ二〇〇平米の漆喰の倉庫が六つあり、味の素の支店は一番奥の左である。

採算が取れるようになるまで、徹底した経費節減を行なっており、支店の建物はただの倉庫である。電話どころか電気もなく、電話は、倉庫会社の事務所のものを使わせてもらっていた。

電話以上に厄介なのがファックスだ。ファックス機が置けないので、市内中心部のホアンキエム湖畔にある中央郵便局に私書箱をつくり、そこにファックスを届けてもらっていた。ファックスが届くと、郵便局員が「ファックスが届いた」という紙切れをバイクでハノイ支店に届ける。それを受け取ると、自転車で三十分かけて郵便局まで行き、ファックスを読み、その場で返信して、支店に戻る。すると次の「ファックスが届いた」という紙切れが届く。「紙切れを持って来るんなら、ファックスそのものを持って来てくれればいいのに」と、ぼやきながら再び自転車を漕ぎ、郵便局に向かう。三十五度前後の熱暑の中、往復一時間の自転車漕ぎは結構な重労働だ。バイクがあれば楽なのだが、危険だということで会社に禁止されていた。

「おう、宇治君、ちょっと厄介なことが起きてなあ」

倉庫会社の事務所に駆け付け、受話器を耳に当てると、ビエンホアの本社にいる社長の金剛寺がいった。

「えっ、厄介なこと!?」

「警察から連絡があって、ハノイ支店のチーム1のインボイス（伝票）が、木材の密輸に使われたらしいんだ」

インボイスの通し番号は、本社も管理している。

「えーっ、木材の密輸!?」

宇治はのけぞりそうになる。寝耳に水とはこのことだ。

ハノイ支店には営業マン二人、運転手一人の三人からなる営業チームが三つあり、チーム1は、そのうちの一つだ。

「それ、いったい、どういうことなんですか？」

「誰かがインボイスを横流ししたんだろう」

ベトナム政府は徴税を徹底するため、企業のインボイス（伝票、請求書）に国家機関の押印と通し番号の登録義務を課している。輸出などの取引には、買い手に対して発行するインボイスが関係書類の一つとして必要で、それらは船積み港だけでなく、省と省との境にある政府のチェックポイントでも提示が求められる。

そうした提示の際には、係官が賄賂欲しさで書類の粗探しをすることも多い。今回、そうしたチェックか何かで密輸が発覚し、その書類一式の中に、味の素ハノイ支店のインボイスが使われていたのだという。

「とにかく、どういうことが起きたのか、至急調べて報告してくれるか」

「分かりました」

宇治はあとになって知ったが、事件はメコンデルタ地方で摘発されたものだった。

「インボイスの番号はね……」

宇治は、金剛寺が読み上げる番号をメモし、受話器を置くと、ハノイ支店にとって返した。

インボイスの控え帳を調べると、チーム（番号）1の営業マンの文字で、国営デパートへの販売に使ったと記録されていた。時期は、去年の秋である。

（これか……！）

「ちょっと、二人、あとで残ってくれるかな」

宇治は、チーム1の二人のベトナム人営業マンに声をかけた。

ほかの社員たちが帰宅したあと、二人を作業用のテーブルにつかせ、警察から連絡があったことを話した。

控え帳に当該インボイスの使途を記入した営業マンの顔からたちまち血の気が引いた。

「これ、きみの文字だと思うけど、どういうことなのか、説明してくれるかな」

宇治が控え帳を見せ、ベトナム語で訊いた。

宇治は、別の交通事故や税金の関係で、ゲアン省（ベトナム北中部）の省都ヴィンで、警察や税務局に一週間ほど軟禁されたことがあり、そのときベトナム語が飛躍的に上達した。

「いや、これは、その……」

二十代半ばの営業マンは、追い詰められたような表情で口ごもる。

小柄で色が浅黒く、横分けにした髪を格好よくふわっとさせた優男《やさおとこ》だ。大卒社員の中では一番素行が悪く、営業の合間の昼食にビールを飲んでいたこともある。

「実は、運転手が急に、うんこがしたくなったといいまして……」

「はあ？　うんこ？」

宇治は口をあんぐり開ける。

「は、はい……それで、紙がないもので、とっさに伝票を破って渡したんです」

「じゃあ、うんこを拭いたインボイスを誰かが拾って、洗って乾かして、密輸に使ったってことか？」

（そんなわきゃ、ねえだろ！）

「いやあ、そうなんですかねえ……。ちょっと、そのへんまでは、僕には分かりませんが」

細面の営業マンは、落ち着かない表情でいった。

「あのねえ、これは今、警察沙汰になってるんだよ。嘘をいうと、ますます罪が重くなるし、ほかの人たちにも迷惑がかかることになるんだよ」

「……」

「とにかく重大な事態なんだから、よく思い出してくれるかな」


翌日、再度事情聴取をすると、「国営デパートに売りに行ったら、白地のインボイスをくれといわれて渡した」と営業マンが白状した。国営デパートに事情を聞きに行くと、「知らない」「その時いた男は辞めた」というばかりで、本当なのか誤魔化しているのかは分からなかった。

もし営業マンが相手から報酬をもらってやったことであれば、解雇するところだが、その点は確認できなかったので、顧客サービスの行き過ぎとして、厳重注意処分にした。ベトナム味の素社に対しては、当局から注意があったが、罰金等のペナルティはなかった。


九月――

去る六月に、常務取締役海外事業本部副本部長になった古関啓一が、ハノイに視察にやって来た。

五十八歳になった古関は、大きめのフレームの眼鏡をかけ、だいぶ肉付きがよくなっていた。役員らしい風格と共に、人を食ったような雰囲気を漂わせていた。乗って来た飛行機はエコノミー・クラスだった。

宇治は、古関が直販方式を創設した人物だと知っていたが、どういう人間なのかはほとんど知らなかった。ベトナムに赴任する前、当時、新日本コンマース社長だった古関に焼き鳥屋で挨拶をした程度である。

朝一番で、宇治と、ビエンホアからやって来た金剛寺は、市内中心部のリー・トゥン・キエット通りに建つホアビン・ホテルに出迎えに行った。フランス植民地時代の一九二六年に建てられた、六十室ほどの三ツ星ホテルだ。

古関はアジアに出張したときは、必ず朝食をホテルの外で食べるので、宇治は、「フォー・ティン」という、地元では評判の店に案内した。ランニングシャツの気難しそうな親父と、不愛想で胸の大きな女が切り盛りしており、メニューはフォーボー（牛肉入りのフォー）だけ。牛骨と豚骨をじっくり煮込み、味の素をたっぷり使ったスープに、フォー（米の麺）が浸かり、その上を赤身の残った牛肉と大量のネギが覆っており、上からライムを搾って食べる。

朝食後、いったんホテルに戻ると、列柱の立ち並ぶ広々としたフランス植民地風のロビーで、古関が知り合いに遭遇した。

「おお、サワディー・クラップ！（こんにちは）」

古関は、安っぽい色付きスーツに安っぽい色付きワイシャツ、ネクタイ姿の中年のアジア人と親しげに言葉を交わす。どうやらタイの役人のようだ。

「悪いけど、朝飯に誘われたんで、きみら、ちょっと待っててくれるか？」

古関が宇治と金剛寺にいった。

「えっ、でもさっき、フォーを食べましたよね？」

「いいの、いいの。朝飯なんか、二回でも三回でも食えるから」

そういって古関はタイの知り合いと一緒にホテルのレストランに向かい、宇治と金剛寺は、ホテルの外の木の下の露店のカフェでコーヒーを飲みながら待った。

「待たせて悪かったね」

しばらくすると二度目の朝食を終えた古関が戻って来て、三人はタクシーでハノイの主要な市場の一つに向かう。

「宇治君、あれ何て書いてあるの？」

途中、車の中で、古関が道端のベトナム語の看板を指さして訊いた。

宇治が正しく答えると、今度は「ベトナム語の辞書は持ってるの？」と訊く。宇治がいつも携行して使い込んだ辞書を差し出すと、吟味するようにページを繰る。

市場に着くと、ハノイ支店の営業マンたちがセールスをやっていた。

「今売っている五〇グラムねえ、箱単位で買ったときの一袋あたりの値段はいくらになるの？　ベトナム語でいってみて」

セールスの様子を見ながら、古関が訊いた。

「モッギン・ハイチャム・ムォイハイ・ファイ・ナム・ドン（千二百十二・五ドン）です」

宇治が間髪容れずに答えると、古関は「ふーん」といってうなずいた。

午後は、「宇治君のお宅にお邪魔しようかねえ」といって、宇治が住んでいた市街地の南寄りのマイ・ハック・デー（Mai Hac De）通りのアパートにやって来た。

大衆料理店が多い道の薬局とレンタカー屋の間の路地を入った先の三階建ての建物で、見た目は老朽化しているが、ベトナムではごく普通のアパートだ。日本の林野庁からベトナムの林業省に出向していた北大恵迪寮の一年後輩が使っていたが、彼がベトナム人の同僚女性と結婚して退去したので、宇治が引き継いだ。

「ふーん……」

古関は室内を見回す。

壁に、ベトナムの地図と、憶えようとしてことわざや俗語をベトナム語で書きなぐった紙が張ってあった。古関はじっとそれを見ていた。

「ちょっとビールでも飲もうか」

そういって勝手に冷蔵庫を開け、ビールを飲んだ。

華美な暮らしをしていないか、女がいないかなどをチェックしているようだった。この時は知らなかったが、チェックでバッテンがついて、古関が味の素にいる間、浮かばれなかった社員が何人かいたという。

その後、三人で、付近の通りや、チョ・ホムなどの市場を徒歩で見て回った。

「そろそろ晩飯でも行こうか。どっかおススメのところに連れてってよ」

夕方になると、古関がいった。

(本社の常務なんて、偉いか知らないけど、俺たちが毎日どんなもの食べて、現場でどんな苦労をしてるかなんて、全然知らないんだろ)

ちょっと意地悪してやれという気分で、「こちらにいい食堂があります」と、家から四十歩の馴染みの「コムビンザン」に案内した。

コムビンザンはベトナムのどこにでもある大衆食堂で、漢字をあてると「米平民」である。道端や路地に低いテーブルと椅子を並べ、そこに洗面器のような器をいくつも置き、様々な総菜を盛って売っている。客は「これとこれ」と指さして注文する。スープ、料理一品、野菜一品、ご飯でだいたいお腹が一杯になり、ハノイで一食六十円、ホーチミン市で一食百円くらいである。料理の種類は多く、鶏、豚、アヒル、牛、海老、魚、野菜など、数十種類はある。汚い見た目とは裏腹に、味はよく、宇治はハノイでも地方でも、忙しい行商の合間の昼食は、たいてい「コムビンザン」でとっていた。

「古関さん、こちらです」

低い椅子にすわって庶民が茶碗に顔をつけるようにして飯をかき込んでいる店に古関を案内し、どんな反応をするか窺う。金剛寺にも、どんな店に連れて行くかは事前に話していなかった。

（あれ、意外と動じないな……）

こんなところで飯が食えるか、と怒り出すかと思っていたが、古関は特に変わった様子もなく、金剛寺が慌てるふうもない。

メニューは事前に決めてあり、空心菜のニンニク炒め、卵とトマトのスープ、鶏の丸茹で、小茄子の漬物だ。

さすがに常務なので、事前に店に、鶏は当日の何時頃にさばき、他の品も美味いものを用意しておくよう頼んであった。見た目とは裏腹の美味さを、古関がちゃんと分かるかどうか、興味もあった。

三人は、路上に置かれた銭湯の洗い場にあるような低い椅子にすわり、小さなお椀や箸を紙ナプキンで拭き、ご飯をよそう。

「ベトナムの米はぱさぱさですから、スープをかけて食べると美味しいです」

そういって、手にしたお椀のご飯にスープをかけた。

古関も同じように、ご飯に自分のスープをかける。

（結構平気なんだなあ……）

怯《ひる》む様子がまったくないので、多少がっかりした。

古関は箸で空心菜を口に運び、悠々と食事を始めた。

周りではベトナム人たちが、同じようにスープや総菜の汁、あるいはニョクマム（魚醬）をご飯にかけてかき込んでいる。肉料理も魚料理も骨付きのぶつ切りなので、齧った骨はそこらへんに吐き捨てる。飼っているのか住み着いているのか分からない犬がのそのそやって来て、それを掃除する。子どもや老人の宝くじ売りもやって来て、目の前に物もいわずに宝くじを突き出す。要らないよと手を振ると、次の人のところに行く。

「うん、これは美味いねえ！」

古関は嬉しそうに食事をし、ベトナム人と同じように、鶏の骨をそのへんにぺっぺっと吐き出し、それを犬が掃除する。

「古関さん、ビールもいきますか？」

宇治が訊いた。

コムビンザンにあるのは、「ビアホイ」と呼ばれる、タンク売りの、若干気の抜けたようなビールだ。氷を入れて飲むベトナム人も多い。

「うん、いこう、いこう」

コップに注がれたビアホイを飲み、古関は満面の笑みになった。

「宇治君、きみは世界で一番幸せな暮らしをしているねえ！」

（え？　世界で一番幸せな暮らし？）

宇治は、どういう意味なのか咄嗟には分からなかった。あとで人に聞くと、きみはよくやっているという主義で、どこの国でも現地の人と同じものを食べないと現地のことは分からないという主義で、どこの国でも現地の庶民が食べるところで食事をすることを好み、駐在員たちにもそのように指導していた。

しかし、宇治は、そんなことはまったく聞かされていなかった。もしかすると古関は金剛寺に「宇治のテストをやるから、事前に何もいうな。レストランも自由に選ばせろ」といっていたのかもしれない。


これ以降、古関はベトナムにやって来るときは必ずハノイから入り、何度も宇治の営業に同行した。「地方にも行ってみたい」と希望し、中国との国境に近いランソンや、北部の港湾都市ハイフォンに近い、風光明媚なハロン湾（世界自然遺産）での行商に同行した。

ハロン湾の対岸にある市場では、宇治が悪戯心を起こし、「今からブームを起こしますから」と、その辺の店や消費者に直接販売し、人々を興奮気味にさせて、味の素を売りまくった。古関も「こりゃあ、入れ食いだね！」と一緒に売った。この日の伝票枚数二百二十枚は、宇治の最高記録になった。その晩は、地元の漁師と労働者しか来ない、汚いけれども魚介類が非常に美味いコムビンザンで、ベトナム人スタッフたちを交えて夕食をとり、紫色の焼酎を痛飲した。

数ヶ月後――

宇治が、ハノイ支店のデスクで仕事をしていると、営業マンの一人がやって来た。

「ミスター宇治、今月一杯で会社を辞めたいんですが」

若々しい風貌で、贅肉の少ない中背の身体に、清潔感のある白の長袖シャツに黒いズボンの営業マンがいった。よく働く二十代半ばの大卒社員だった。

「うーん、そうなの」

長袖シャツの上に紺のジャンパーを着た宇治は顔を上げ、渋い表情になる。

（また退職か！　今月は、これでもう四人目か……。厄介なことになったなあ）

「理由は何なの？」

相手の口調や表情から、引き留めるのは無理だと直感したが、念のため理由を訊いた。

「転職しようと思います」

「どこに行くの？」

「ユニリーバです」

英国とオランダに本社がある世界的な家庭用消費財（食品、洗剤、ヘアケア、トイレタリー等）メーカーだ。

「そう。やっぱり給料が違うから？」

米国の経済制裁解除を契機に、外資系企業のベトナム進出ラッシュが始まり、それと共に優秀な大卒社員の転職ラッシュも始まった。かつてはベトナムのどこでも月給八十ドルで優秀な大卒社員を雇うことができたが、今や相場はその数倍になった。

「給料もありますが、仕事の内容も……今よりは、まあ、やりたい仕事なので」

「なるほど……」

商品を背負って、炎天下、毎日、七十～百軒もの卸店や小売店を訪問して歩くセールス活動は重労働だ。クーラーの利いた清潔でカッコいいオフィスで働きたいのは誰しも同じである。辞めていった社員は、ペプシコーラ、米国のカミソリ・メーカー、ジレット、ベトナム航空などに転職した。

「やっぱり、今の仕事は……」

営業マンはいいづらそうに、口ごもる。

（こりゃあ、台車の件も影響大なんだろうなあ）

ベトナムでの売上げが増え、大量の商品を運ぶ必要が出てきたため、ベトナム味の素社では「台車」を導入した。当初、旅行荷物用の台車（キャリーカート）を試したりしたが、すぐに壊れるため、鉄製の特注品をつくった。高さは八〇センチほど、下の荷台部分はA3サイズ程度で、車輪が二つ付いており、重さ一八・一六キログラム（一ポンド袋が四十袋入っている）の段ボール箱五箱を積み上げて引っ張ることができる頑丈なものだ。それ以外にも運ぶ量に応じて、二種類をつくった。

ところが営業マンたちは、「俺たちはポーターじゃない」と、猛反発した。ベトナムの市場には、台車を曳いて運ぶポーターたちがおり、教育水準の低い人間の仕事と見なされていた。

しかし、大量の商品を運ぶには、台車は必需品であり、会社側は導入に踏み切った。その反動で、全国で大卒営業マンたちの半数が辞め、販売に支障をきたすようになった。大学進学率が一〇パーセント以下のベトナムでは、エリートの学士がポーターと同じような格好で仕事をするのは、プライドが許さないことだった。

残った営業マンたちも、日本人社員が同行したときは台車を使ったが、そうでないときは使わず、車に積んだ商品を市場で降ろさずに帰って来たりした。

さらに市場でポーターたちとトラブルが起きた。「俺たちの仕事をとるな」とクレームをつけられたのだ。

仕方がないので、宇治自ら、販売部長の浅井幸広、宇治より二年次下で南部担当の日本人、昆《こん》大介と一緒に台車を曳いた。営業マンが辞めた穴も三人の日本人が歯を食いしばって、気合いと根性で補い、新たな社員の採用ができるまで何とか商売を回した。

これ以降、ベトナム味の素社では、プライドの高い大卒を採用するのを止め、高卒に切り替えた。高卒の若者に一から商売を教えるのは大変だったが、台車も次第に定着し、売上げは着実に伸びていった。

地方の営業マンを久しぶりに訪問したときは握手をして、指の付け根に豆があるかどうかを確かめた。豆のあるチームは、同行したときに取引先から感じる信頼感が違っていた。そこで営業マンが台車を必ず使うよう、人事評価に掌《てのひら》の豆を入れた。

4

翌一九九六年――

専務取締役調味料・油脂事業本部長の江頭邦雄がハノイにやって来た。

五十九歳の江頭は、熊本での営業、労働組合委員長、資材部調度課長、冷凍食品部長などを経て、九年前に役員になり、昨年、専務に昇任した。入社九ヶ月後に、たった一人の駐在員として熊本に派遣され、本社からのピント外れの命令に悩まされながら、得意先の仕事を手伝ったり、黒田節に合わせて大盃の酒を飲み干す宴会芸でやんやの喝采を浴びたりしながら、五年間、地元のスーパーや小売店に調味料や加工食品を販売した経験を持っている。労組委員長時代は、長靴をはいて工場を歩き、組合員全員に会って「何でもいってくれ」と、意見を吸い上げ、ぎくしゃくしていた労使関係を正常化した。現場を重視し、人の話をじっくり聞く人間である。

宇治は、金剛寺とともに、丸一日、江頭をハノイ近辺の市場に案内した。昼食は、ハノイ名物のブンチャーの店でとった。米のつけ麺で、ニョクマム・ベースの甘目のつけ汁の中に、炭火焼きのつくね、豚肉、タケノコなどが入っており、ミント、シソなどのハーブ類と刻んだ生姜や赤トウガラシが添えられている。

夕食は、ハノイ市内、フエ通りにある「２０２《ハイ・リン・ハイ》レストラン」に行った。細い縦長のビルのベトナム料理と西洋料理の店で、味はよく、この頃の農村とも都会ともつかないハノイでは一番マシな店だ。ただトイレが汚物で溢れていたりすることがある。

江頭は、「ドイモイ」によって経済が急速に拡大し、味の素の売上げも着実に伸びている市場を見て、満足そうだった。

店内には、中島みゆきの『ルージュ』を『ンゴイ・ティン・ムア・ドン（冬の恋人）』というタイトルで、ベトナム語の歌詞にした曲が流れていた。別れた恋人を想う男の切なさを、女性歌手のニュー・クインが歌って二年前のクリスマス・シーズンに発売し、ベトナム全土で爆発的にヒットした曲である。

「江頭さん、ベトナムはお好きですか？」

相手の機嫌がいい頃合いを見計らって、宇治が訊いた。

「お、おお、好きだよ」

白髪交じりの頭髪をオールバックにした江頭は、宇治の気合いに押され気味で答える。海外駐在の経験はないが、元々海外業務を志望して入社し、冷凍食品部長時代には韓国に冷凍食品事業の合弁会社を設立した経験もあり、海外事業には理解がある。

「この市場は伸びると思いませんか？」

「うん、必ず伸びるだろうね」

「じゃあ、一億円下さい」

唐突にいうと、江頭は度肝を抜かれたような顔つきになった。

隣の金剛寺は、いったい何をいい出すんだという顔で両目を剝《む》いた。

「い、一億円!?　何に使うの？」

「偽物の駆逐に使います」

「偽物の駆逐、うーむ……」

江頭は思案顔になる。

「今、我々が最も頭を悩ませているのが、うちの商品の偽物です」

この頃、ベトナムで一番売れているうま味調味料は、味の素の四五四グラム（一ポンド袋）の偽物だった。中国で印刷した味の素の偽の袋に、安い台湾製の二五キログラムのうま味調味料を詰め替えたものだ。シールが歪んでいたり、重さが足りなかったりするが、消費者は安いほうを買ってしまう。店側も偽物と知っていて、堂々と売っており、経済警察に訴えてもいたちごっこだった。

宇治は、以前、ハノイの東側を流れるホン川（紅河）の向こうのハイズオン省で、偽物をつくっている現場に一人で踏み込んだことがある。しかし、鉈《なた》を振りかざした男に追われ、命からがら逃げるしかなかった。あとで金剛寺に報告すると、そういうときは、日本人は前面に出ないで、行くとしても現地スタッフと二人で行かないと、と注意された。

「一億円あれば、うちの袋に透かしを入れて、偽物と区別可能にできます」

宇治は懸命に江頭を説得する。

「それをテレビで宣伝すれば、消費者にもよく伝わります。透かしとテレビCMで一億円です」

そのこと自体は、前々から金剛寺と「一億円あったら、できるよね」と話し合っていた。

「お願いします。一億あれば、ベトナム（味の素社）は黒字化できます」

ベトナム味の素社は順調に売上げを伸ばしていたが、偽物のおかげで、月商三〇〇トンの壁にぶち当たっていた。

「……分かった。一億円、出そう」

江頭は多少戸惑いながらも、肚《はら》を括った顔つきでいった。

「有難うございます！」

宇治と金剛寺は、深々と頭を下げた。

しばらくして、本社が新規事業に一億円を投資するというスキームが発表され、ベトナムでの事業に適用されることになった。ベトナム味の素社は、日本の印刷会社の技術で透かしを入れた防水性の袋をつくり、テレビCMで偽物との違いを大々的にアピールした。月商三〇〇トンの壁はほどなく突破し、売上げはぐんぐん伸びていった。ただし、一年半後くらいに透かし入りの偽物が現れ、宇治たちを愕然とさせた。

ベトナム味の素社は、偽物との戦いを続けながら売上げを伸ばし、宇治が日本に帰任する直前の一九九八年一月には、月商一〇〇〇トンを突破した。

一九九八年六月、行商でベトナム全省を踏破した宇治は五年間の任期を終え、日本に帰任した。

第三章

中国市場開拓

囲碁の趙之雲先生の家で碁を打つ西村昭司氏（右）と趙氏（左）

1

時間は少し元に戻り、宇治弘晃がベトナムで働き始めた一九九三年、中国では外資による投資ブームが起き、日系大手企業も続々と上海を中心に拠点を開設し始めていた。きっかけは鄧小平の「南巡講話」だ。

中国では一九八九年の天安門事件以来、外資の投資が滞り、国内では、鎖国型社会主義路線を主張する保守派が権力を掌握した。

こうした状況に危機感を抱いた鄧小平は、前年（一九九二年）一月から二月にかけて、武漢、深圳、珠海、上海などを訪れ、改革開放と市場経済を重視し、保守派を非難する談話を発表した。

談話は党中央に強い影響を与え、楊尚昆国家主席、李鵬首相、劉華清党中央軍事委員会副主席などが賛同。三月の全国人民代表大会（略称・全人代）で、保守派トップの陳雲が自身の誤りを認めるに至り、保守勢力は壊滅した。

十月の第十四回共産党大会で「計画か市場か」という長いイデオロギー論争に終止符が打たれ、「社会主義市場経済」路線が確定。市場経済化と外国投資促進に向けて大きく舵を切った。

一九九三年八月の終わり――

西村昭司《しょうじ》は、内装が終わったばかりの味の素上海駐在員事務所から本社に電話をかけた。

三十六歳の西村は、大きなフレームの眼鏡をかけており、横分けにした髪とスリムな体型に大学生のような雰囲気を留めている。笑顔が明るく、素直な人柄を感じさせる。これまで国内営業と組合専従の経験しかなく、中国語も知らなかったが、北京事務所長を務めている労働組合の先輩に引っ張られ、昨年、中国部に配属された。

去る三月からは、上海に長期出張し、一人で事務所設立作業に携わってきた。上海に拠点を構える日系企業の人々に教えを請いながら、複数の役所への申請手続き、事務所の賃貸契約締結、電話の設置、内装工事、什器備品の購入、現地スタッフの採用準備など、様々な作業をこなしてきた。

「あのう、上海事務所の西村ですが……」

受話器を耳にあて、西村はいった。

事務所設立準備が一通り終わったので、経費精算や正式な赴任準備のため、一度東京に戻る相談をしようと考えていた。

「おお、西村君か。きみ、来週空いてるかね？　上海周辺を一緒に回ろうじゃないか」

電話に出て来た古関啓一がいきなりいった。

先月、新日本コンマース社長から取締役中国部長になったところだった。

「はあ……ただ、事務所設立の目途も立ちましたんで、来週は赴任準備で、東京に戻ろうと考えていたんですが……。それに、持って来た現金も使い果たしましたし」

細いフレームの銀縁眼鏡をかけた細面に、困惑の気配を浮かべていった。

「お金は僕が持って行くから、心配は要らんよ。杭州《くいしゅう》（正しくは、こうしゅう）あたりで待ち合わせるか？」

上海の南西一五〇キロメートルほどのところにある浙江省の省都だ。秦の始皇帝が銭塘県《せんとうけん》を置いたことに始まる二千年以上の歴史を有する町で、絹織物と、白居易《はくきょい》や蘇東坡《そとうば》の詩にも読まれた西湖《せいこ》が有名である。

「僕は香港から飛行機で行くから、きみ、空港まで迎えに来てくれたまえ」

「は、はあ、分かりました」

翌週――

西村は、杭州の空港で古関を迎えた。

大きめのフレームの眼鏡をかけた古関は五十六歳。

恰幅のよい身体に、新任取締役らしい精力的な雰囲気を漂わせていた。

「ほれ、きみがお金がないっていうから、大金を持って来たよ」

財布から一万円札を一枚抜いて、差し出した。

（えっ、一万円だけ⁉）

「これだけありゃあ、きみと一週間くらいの旅には困らんだろう」

絶句する西村を尻目に、古関は人を食ったような顔でいい放った。

翌日から、古関と西村の二人旅が始まった。

起床は毎朝六時で、朝食を食べる店を探すことから一日が始まった。

古関は、「ホテルの飯は高くてまずい。一番美味いのは、庶民が行列している店だ。庶民のことを知らなきゃ、商売はできないぞ」と、西村にいった。古関流ＯＪＴの始まりだった。

西村は、客でごった返す屋台の店を探し、古関を案内した。上海に来る数ヶ月前から『ビジネス中国語会話』に載っていた約二千の決まり文句を丸暗記したりしていたが、まだ注文も上手くいえないので、他の客が食べているものを「あれあれ」と指さして注文した。

一人分一元半（二十一円）程度で、肉饅頭や野菜饅頭に海苔のスープなどを注文し、二人で食べた。

「一共多少銭《イーゴン・ドゥオシャオ・チェン》？（全部でいくらですか？）」

食事を終え、何とか勘定を頼むことはできるが、相手のいっていることが分からない。

仕方がないので、十元札を出すと、七元くらいのお釣りが返ってきた。

その様子を見て、古関が微苦笑した。

「きみ、海外に駐在して、ぴったりお金が払えるようになったら、サバイバル期間は終了だよ」

朝食を終えると、二人は市場調査に出かけた。

杭州は、隋の第二代皇帝、煬帝《ようだい》が北京と杭州を結ぶ京杭大運河を開通させたのを契機に、江南地方（淮河《わいが》以南の長江流域）の交通と交易の要衝になった。

二人は、中国人と同じような服装をして市場に行き、売られている商品や陳列状況を見たり、うま味調味料の売れ筋、価格、仕入先などを店主に訊いたりした。ただ東京外語大の中国語学科を出ている古関もそれほど中国語は上手くなく、二人して相手の話していることが分からないこともしばしばだった。

当時、中国には、うま味調味料のブランドが百五十くらいひしめいており、杭州にもメーカーがあった。古関は市場で売られている商品のパッケージにある住所をメモし、飛び込みで訪問した。日本の味の素から来たというと、社長や工場長が出て来て、話を聞かせてくれた。味の素は、戦前、瀋陽、天津、福建省などでうま味調味料「味の素」を製造していたので、味の素の工場から発展した中国のメーカーも少なくない。

(古関部長は、こうやって自分に商売のやり方を教えようとしているのだな……)

西村は古関の姿を見て思った。

夕方になると、さすがに二人ともへとへとになった。

「西村君、ここは西湖が美しいらしいな。せっかくだから、そこで夕日を見ようじゃないか」

市内西寄りにある西湖は、杭州随一の名所である。

東西三・三キロメートル、南北二・八キロメートルの湖で、春秋時代に活躍した越王勾践《こうせん》が呉王夫差《ふさ》に贈った絶世の美女、西施にちなんで名づけられた。

枝垂れ柳の木が生えている岸辺に観光客用のボートが係留され、漕ぎ手たちが客待ちをしていた。

「我们想乘坐你的船《ウオメン・シアン・チョンズオ・ニイダ・チュアン》。你要多少钱《ニイ・ヤオ・ドゥオシャオ・チエン》？(船に乗りたいんですが、料金はいくらですか？)」

西村は、七十歳過ぎと思しい老人に訊いた。

多少値段の交渉をしたあと、二人はボートに乗った。

老人は、ギーコ、ギーコと櫂《かい》を操り、海のように大きな湖に漕ぎ出した。

湖の周囲は緑の木々が生い茂り、湖面には蓮が浮かび、いくつもの島や橋があり、島には先端が尖って上を向いた瓦屋根の東屋があり、旅情溢れる風景だった。

「きれいだなあ。こんな夕日を見られるなんて、俺たちは幸せだなあ」

ボートに揺られながら、古関がしみじみとした口調でいった。

夕暮れの風に吹かれてさざ波立つ湖面が夕日を照り返し、湖の西にある南高峰《なんこうほう》（標高二五六メートル）と来高峰《らいこうほう》（同三〇〇メートル）の向こうに赤い夕日が沈みつつあった。

二人は西湖の遊覧を心行くまで楽しんだ。

「きみ、俺たちをこんなに幸せにしてくれたこのお爺ちゃんにチップをあげなさい」

ボートを降りるとき古関が命じ、西村は思い切って百元のチップを老人に渡した。


二人は翌日、蘇州に行き、やはり中国人と同じような服を着て、庶民でにぎわう屋台で食事をし、市場視察や飛び込み訪問をし、その合間に観光もした。

その後、無錫、常州、揚州と回りながら、古関は西村に、現場を熟知し、行動することの大切さを教えた。


最後の訪問地は南京だった。

上海の西約二八〇キロメートルにある南京市は、江蘇省の省都で、日中戦争の激戦地だ。町を南西の方角から北東の方角に向け、茶色く濁った長江（揚子江）が貫流し、市街地や紫金山《しきんさん》（標高四四八メートル）は川の右岸（東岸）にある。

二人は、市場調査の合間に、南京大虐殺記念館（侵華日軍南京大屠殺遇難同胞紀念館）を訪れた。

日本軍の残虐行為を後世に伝えるための施設で、生存者の証言、当時の写真、旧日本軍の武器、人骨の山の一部などが展示されていた。

「西村君なあ、俺たち駐在員はいろんな物を背負わなきゃいかんのだ」

展示を見ながら古関がいった。

「ご先祖様がアジアに残した傷跡は決して消えとらん」

「はい」

「でもな、俺たちはそれを乗り越えて、色んな国の人たちと商売をしてかなきゃならん。だから、こういう場所も知っておく必要があるんだ」

古関がこれまで仕事をしてきたフィリピン、インドネシア、タイはすべて第二次大戦の戦場で、日本軍が進駐した。特にフィリピンでは反日感情が強く、そうした中で成功するためには、現地の人々の心情から目を背けてはいけないと、古関は部下たちに教えていた。

大虐殺記念館のあと、二人は紫金山の南斜面にある孫文の陵墓、中山陵を訪問した。三百九十二の石段を上り、高さ五メートルほどの孫文の座像や遺体が収められた白い大理石の棺を拝観した。

夕方、西村は、香港行きの飛行機に乗る古関をタクシーで南京の空港まで送った。

「西村君、きみはちょっと頼りないところもあるが、なんとか一人でやっていけるだろう。まあ合格点をあげよう」

空港での別れ際、古関が微笑していった。

ホテル代はクレジットカードで払っていたので、この一週間の二人の交通費と食費は、古関がいったとおり、最初にもらった一万円で足りた。

西村は、古関を見送ったあと、上海行きの便に乗った。

一時間ほどのフライトを終え、上海虹橋空港で機を降りると、あたりはとっぷりと暮れていた。

空港のタクシーは、西村が住まいにしていた日系のホテルまでは、近すぎるといって乗せてくれなかった。仕方がないので、「秋老虎《チウ・ラオフウ》」（虎の秋）と呼ばれるほど蒸し暑い残暑の街を、汗だくになりながら四十分ほどかけ、とぼとぼと歩いた。

上海の街で拓けているのは中心部だけで、舗装もされていない幾筋もの路地に、古い家々や傷んだコンクリートの団地がひしめき合い、窓から電球がオレンジ色に灯る室内が見えていた。道端には縁台が出され、狭い家から逃れて来た人々が団扇を使いながら、お喋りや将棋、トランプなどをしながら涼んでいた。パジャマ姿で散歩をしている人たちもおり、そばを土埃を上げて自転車が通りすぎる。露店では、喉を潤すのにミネラルウォーターより安くて大きなスイカが一個五元（約七十円）ほどで売られていた。


翌日から西村は、職員の採用面接を始めた。

古関からは、二つ注意するようにいわれていた。一つ目は「美人は決して雇わないこと」。いわく「海外で駐在員が起こす過ちは、金か女が必ずからんでいる。発展途上国で働く日本人には誘惑が多い。その女性と一緒に出張することもあるだろう。ましてや君は単身赴任だ」。

上海は美人が多い街だ。背丈は日本の女性より三〜五センチ高く、当時で平均一六三センチくらい。卵型の顔に半月形で切れ長の目、なで肩で脚がすらりと長い。香港や台湾の出資によるお洒落な美容院が次々とオープンし、「ｎｏｎ‐ｎｏ」や「ａｎ・ａｎ」に載っている日本のファッションが流行し始めていた。

アドバイスの二つ目は「秘書と運転手はよく吟味して雇うように」だった。「これから日本からVIPが頻繁に来るだろう。安全は運転手の技量にかかっている。きみは外回りが多いだろうから、事務所の運営や、日本からの来客の足回り、宿回り、飯回りをきちんと確保するためには、気の利いた秘書も欠かせない。日本と違って海外では、仕事以前にこうした生活回りで、トラブルに見舞われることが多い。日本からの来客は、こうした海外の事情に疎いことを前提に対応しなくちゃならん」と古関はいった。

西村は、古関のアドバイスを肝に銘じて採用に取り組んだ。その結果、外勤スタッフとして、区級（区立）病院に勤務していた三十歳の羅平《ルオピン》という名の男性医師と上海外国語大学日本語科を卒業した女性、秘書として、高校を卒業して間もない女性を採用した。運転手は、経費節減のため当面雇わず、タクシーを利用することにした。

区級病院の男性医師は、上海第二医科大学出のエリートだったが、患者が押し寄せる区級病院での過酷な勤務にもかかわらず給料が工場労働者並みというひどい待遇で、新たな人生の活路を求めていた。結果的に三人の中ではこの羅平氏が一番長続きし、独学で日本語も習得し、今や従業員数が約二百八十人にまで拡大した上海味の素調味料社で人事部門の責任者を務めている。

このほか、事務所の掃除などの雑用や倉庫の整理をする女性を雇った。徐《じょ》さんという四十代の女性で、性格が明るく、身体が丈夫な上、力持ちで、重い物を倉庫から出し入れする時など活躍した。一方で、デリケートな仕事が苦手で、何でも力を入れてごしごし洗うので、来客用に日本から持って来たお洒落な薄いグラスを一週間もたたないうちに、すべて割ってしまった。応接室の絹のテーブルクロスもごしごし洗って、三分の二くらいに縮めてしまった。

駐在員事務所が立ち上がると、仕事が本格的に始まった。

事務所の費用を負担する社内スポンサーは、アミノ酸部、医薬部、飼料部、甘味料部だったので、それらの部の製品（医薬用アミノ酸、抗がん剤レンチナン、飼料用アミノ酸リジン、高甘味度甘味料アスパルテーム）の中国への輸出を促進するため、本社の各事業部と中国側輸入企業の連絡役を務めた。

一方、古関からは、三年を目途に、上海市場がものになるかならないかを見極めるよう命じられていた。

九月の終わり――

西村は、眩暈がするようになったため、上海外国語大学卒の外勤の女性に同行してもらい、事務所の近くの上海華東病院に行った。

当時、現地の病院には二種類あり、上海市立の「市級」病院は「上海〇×病院」という名前が付けられ、日本でいえば大学病院級の医療レベルを提供する大きな総合病院である。その下には、区立の「区級」病院があり、一般の人はこちらに行き、そこで手に負えないときは、紹介状をもらって、市級病院に行く。

上海華東病院は、党幹部向けに建てられた特別な病院で、外国人専用病棟も持っている。料金は特別に高く、一般人は普通行けないので、混雑もしていない。

西村を診察したのは、四十代と思しい柔和な女性医師だった。

「あなたは病気じゃなくて、単なる栄養失調ですね」

聴診器での診察や血液検査のあと、白衣の女性医師がにこにこしながらいった。

（えっ、栄養失調⁉）

思いもよらない診断に、西村はショックを受けた。

確かに、元々スリムな体型なのに、体重がこの半年で一〇キロも減っていた。毎日、夜遅くまで仕事をしていたことや、単身赴任のため、複数人で食べる中華料理店に行きづらかったことなどが原因だった。

「もっと食べないといけませんね」

そういって、女性医師は処方箋にペンを走らせた。

処方されたのは薬ではなく、赤ちゃん用の粉ミルクと、二、三の栄養食品だったので、西村は恥ずかしい思いがした。


西村は、仕事オンリーだった生活スタイルの立て直しが必要だと痛感した。

そこで元々の趣味で、アマチュア三段程度の腕前だった囲碁を習うことにした。中国人の友人に趙之雲《ちょうしうん》という先生を紹介してもらい、毎週土曜日の午後通った。

当時五十代の趙氏は、南京西路と陝西《せんせい》北路の交差点の近くの旧英国租界のアパートに、妻、娘と三人で暮らしていた。上海棋院のプロ六段だったが、文化大革命（一九六六〜七六年）で、棋士という職業がブルジョア的だと批判され、南方の農村に下放された。

数年間、過酷な農作業に従事し、上海に戻った時には四十歳を超え、トーナメント棋士への復帰を諦めた。生計を立てるため、レッスンプロになり、囲碁史の研究など数多くの本や新聞の囲碁欄に解説も書いていた。

趙氏だけでなく、当時三十五歳以上の中国人はまず例外なく文化大革命で心に傷を負っていた。

初めての指導碁は、コーヒーテーブル上の碁盤を挟んで向き合い、四子局（四段差相当のハンディキャップ）で教わった。西村は簡単に負かされ、プロの強さをまざまざと見せつけられると同時に、趙氏の打ち回しの美しさに魅了された。趙氏は「人に人格があるように、棋風にも格がある」とよく話した。それは「世の中で大切なのは技術でなく、〝格〟の高さである」という考え方にもとづいており、趙氏の人柄や暮らしぶりに反映されていた。

土曜日の午後になると、趙氏宅には医師、エンジニア、雑誌編集者、さらにはプロ棋士など、色々な人々が三々五々やって来た。当時の上海人は、改革開放の波に乗り、いかに身を立て、金を儲けるかに必死だったが、趙氏宅に来る人々は、稼ぎの多寡は気にせず、心豊かに暮らしていた。

趙氏は時々、来客たちを夕餉の席に招き、酒が入って興が乗ると、中国琴を奏《かな》で、哀愁のある調べを聞かせてくれた。また絵画や書も嗜《たしな》んだ。

趙氏宅で様々な人々と交わることで、西村の中国に対する理解は深まり、中国語も飛躍的に上達した。さらに、国境を超えた友人との絆の大切さも学んだ。

取締役中国部長の古関啓一は、月に二、三回の頻度で中国にやって来て、そのたびに上海に立ち寄り、西村をＯＪＴで指導し、仕事ぶりもチェックした。

「さあ、今回はどこに連れて行ってくれるのかな？」

大きなフレームの眼鏡をかけ、精力的な感じの笑みを浮かべて訊くのが常だった。

二人は上海市内の市場や名所旧跡をくまなく回り、古関はタクシーの中で様々な質問をした。

「米の値段は、今、一キロいくらぐらいなの？」

「コカ・コーラは一本いくら？」

「上海に、外国投資はどれくらい入って来てるの？」

「今、どんなファッションが流行ってるの？」

「テレビ番組で人気があるのは、どんな番組？」

どれも日頃から地元に密着した生活をし、情報収集をしていないと答えられない類の質問だった。

古関はまた「西村君、新しい町に行って、本当のことを教えてくれるのは、タクシーの運転手と飲み屋の女の子だよ。経済統計なんかは、まったく当てにならん」とよくいっていた。


ある時、二人は豫園《よえん》を訪れた。

外灘《バンド》から五〇〇メートルほど南に行ったところにある上海随一の伝統的中国式庭園だ。明代につくられたもので、約二万平米の園内には、瓦屋根の端が反って上を向いた古い建築様式の楼閣、池、築山がいくつもあり、その間を迷路のような回遊路が延びている。園内東部に置かれている奇石「玉玲瓏」は、宋の徽宗皇帝が天下から集めた花石綱の遺物と伝えられ、江南三大名石の一つに数えられている。

西村は、まず切符売り場に行った。

入場料は外国人が四十元、中国人が十五元だった。

「外宾《ワイビン》、两 帐《リアンジャン》（外国人、二枚）」

そういって、百元札を窓口に差し出した。

窓口から二枚の切符とお釣りが返ってきた。

検《あらた》めると、外国人切符が一枚、中国人切符が一枚、お釣りが四十五元だった。

それを見て、古関が我が意を得たりといった表情でうなずいた。

「西村君、きみはもう、どこから見ても立派な中国人になったんだねえ」

部下が現地に着実に溶け込んでいることを喜んでいる様子だった。

西村は、妻子を呼び寄せる許可を古関にもらい、上海に赴任して一年がたった一九九四年三月、妻と二人の小学生の娘が上海にやって来た。

2

一九九五年春――

西村が上海に赴任して二年がたった。

街は、変貌を続けていた。海外から最も注目されていたのが、黄浦江の対岸の浦東《プートン》新区だ。北京の中央政府は、ここを世界の経済・金融センターにする方針で、上海中心部と結ぶ長大な橋や高速道路を建設し、あちらこちらに立ち上がった高層ビルにも入居が始まった。日本の森ビルも、高さ四九二メートルの超高層ビル「上海环球金融中心」（上海ワールド・フィナンシャル・センター）の建設に着手した。

一方、国有企業の経営は悪化の一途を辿り、賃金未払い、労働者による座り込み、経営破綻が激増していた。

朱鎔基副首相が、インフレ退治のために一九九三年秋に発動した厳しいマクロ管理政策にともなう金融引き締めや、「親方五星紅旗」で非効率な経営を行なってきた国有企業が、流入する外資との競争に敗れるようになったためだ。中央政府は、国有企業改革の一環として、この年、全国で八十三社を倒産させる方針を表明した。

職を失った人々は、親戚から借金をして自由市場で商売を始めたり、「溶接」「タイル張り」「コック」といった自分の特技の看板を前に道端で求職するようになった。

西村が輸出促進に努めていた、上海事務所の社内スポンサー各事業部の商品は、中国における潜在需要が非常に高く、昨年は約千二百万ドル（約十二億円）を成約した。ただ中国製のライバル商品も現れ始め、競争は厳しくなりそうな状況だった。

この頃、西村は、古関から上海に味の素の販売会社を設立するよう命じられた。

古関は、中国部長になった五ヶ月後の一九九三年十二月、河南省項城市に蓮花味の素社を地元の蓮花味精廠と合弁で設立し、トウモロコシ澱粉を原料に、うま味調味料の生産を開始していた。しかし、販売は「蓮花」ブランドで、卸売店に対する掛け売りだったため、焦げ付きが増加していた。

古関は、合弁パートナーに「味の素」ブランドで販売することを認めさせ、北京、上海、広州で販売会社設立に踏みきった。

販売会社の設立に関して、古関が西村に与えた指示はシンプルなものだった。

「なに、難しく考える必要はないよ。とにかく現金でモノを売ればいいんだ。現地スタッフを雇って、現場に行って、現金で売る」

「とにかくアウトレット（販売店数）の数がポイントだ。小売店をこまめに回って、アウトレットの数を着実に増やしていくんだ」

「営業の評価は売上げでやっちゃいかん。インボイスの数でやるんだ。真面目にコツコツ、一日四十枚のインボイスを営業マンの目標にすること」

それから間もなく――

西村は、フィリピンのマニラにあるフィリピン味の素社を訪れた。本社が西村のために、一週間の研修を企画してくれたのだった。

フィリピンにおける味の素の売上げ（リテール）は、古関がいた頃の年間四六三六トンから一万三六六一トンに増え、支店の数は九つになっていた。各支店の傘下に三ヶ所程度営業所があり、全国で百人弱の営業マンが働いていた。

現地法人の本社は、マカティ地区ギル・プヤット大通りのビルに移転していた。どこかの官庁かと見まがう、横幅のある堂々とした五階建てのビルだった。

「ハロー、ミスター・ニシムラ！　ウェルカム！」

西村の研修を担当する男が、笑顔で現れた。

短髪で日焼けした、臼のような頭の中国系の男は、フェリックス・チューという名の福建華僑の末裔だった。一九六〇年代に古関の下で直販営業をやった草分けの一人で、年齢は五十歳前後。南ルソン支店長で、サン・パブロ、バタンガス、ナガの三つの営業所を統括している。背格好も仕草も古関そっくりで、道を歩けば他人がよけてくれる堂々とした体軀で、足元は雪駄ばきだった。


フェリックスが西村のために選んだ研修場所は、マニラから九〇キロメートル弱南の方角に行った、サン・パブロ市だった。南ルソン支店兼サン・パブロ営業所がある場所である。

西村は、フェリックスとともに乗用車で現地に向かった。

マニラからの舗装道路には、乗用車、トラック、トライシクル（トゥクトゥク）などが走り、道端には掘っ立て小屋のようなサリサリストアや露店が立ち、時おり教会が現れ、熱帯地方らしい濃い緑の林が続き、その上に高い椰子の木々が突き出している。

途中、戦争犯罪者収容所が置かれ、マニラ軍事裁判で処刑された山下奉文《ともゆき》大将ら十七名が葬られたモンティンルパ市を通り、左手にバイ湖という、ティラピアがたくさん獲れる海のように大きな湖が見えた。

「ミスター古関は、いい営業マンがいたら、『カムカム、ユー・ビカム・マネジャー（おいでおいで、あなたはマネージャーだ）』と、どんどんチャンスを与えたね。チャンスを与えると、人は育つものだ」

後部座席に西村と一緒にすわったフェリックスは、道すがら、英語と中国語のちゃんぽんで、古関と働いていた頃のことを話した。

「社員の給料をケチったら駄目だよ。これは不正をさせないためでもある。それから仕事を通して、社員が将来の展望を描けるようにすること。業績を上げるには、モラルが大事だからね」

「支店長の仕事で一番大事なのは、営業マンの回訪ルートづくりだ。これで販売量が決まる」

回訪ルートは、各営業マンがどのマーケットをどんな頻度で回るかのガイドラインだ。

「現金売りなら焦げ付きがないし、販売店も金利を考えれば、掛けで仕入れた商品より現金で買った商品を優先的に販売してくれる」

「焦げ付きが十出るということは、単に十の損をしたということじゃない。利益率が一〇パーセントだとすれば、百の売上げがふっ飛ぶということ。この点を分かっていない営業マンが多い」

「問屋を使うと、一五パーセントから二〇パーセントの問屋マージンを取られる。我々が多額の費用を使って宣伝をして、商品の売れ行きが伸びると、自分たちの販売努力のおかげだといってマージンは下げない」

「お客さんとファースト・ネームで呼び合うのは大事なことだよ。相手の家族や商売のことを気にかけてあげれば、共感をよんで、強い絆をつくることができる」

（うーん、これは古関さんそっくりだな……！）

フェリックスが話す内容は、古関がいつも話すこととまったく同じだった。しかも古関同様、すべてが具体的で分かりやすい。西村は、古関の思想がフィリピンにしっかり根付いていることに感銘を受けた。

サン・パブロ市に到着したのは、夕方だった。

バナハウ山（標高二一七〇メートル）の麓に位置し、農業が行われている、のどかで小さな町だった。

営業所から一番近いホテルに案内されたが、部屋には小さな電灯が一つあるだけで薄暗かった。シャワーからはお湯が出ず、井戸水を引いたものだったので、初夏だというのに身震いするほどの冷たさだった。

「明日は、営業所の前に朝五時半集合だ。遅刻しないようにね。遅刻すると朝飯抜きがルールだから」

そういってフェリックスが引き揚げて行った。

翌朝、西村は朝五時に起床した。集合時刻の十五分前にサン・パブロ営業所に着いたが、営業マンたちはそれより早く来て、ワゴン車に商品の積み込みを終えていた。

支店の建物は倉庫で、中に事務所があり、営業マン二人と運転手一人からなるチームが四つ、そのほか会計係など内勤の女性が二人いた。

「なぜ早起きをするか、分かるかい？」

市場に向かうワゴン車の中で、フェリックスが西村に訊いた。

「いや、ちょっと……、どうしてなんです？」

「市場に一番乗りして、一番いい場所に車を停めるためなんだ」

フェリックスは、にやりとしていった。

訪れた市場は、車で十分もかからない場所にあった。

サン・パブロ市で一番大きな市場で、小さな店が二、三百軒入っており、ありとあらゆる食料品や日用雑貨品で溢れ返っていた。

到着するとすぐ、大きなショルダーバッグを肩から下げた営業マン二人が飛び出して行った。

二人は、通路を行き交う買い物客の波や地面にしゃがみ込んで野菜や乾物を売っている女たちの間を縫うようにして店を一軒一軒回り、注文を取り始めた。

西村は彼らのあとについて回る。

「ハーイ、イザベル、ハウズ・ビジネス？（イザベル、商売はどうだい？）今日は、海外からお客さんが来ていてね」

肌が浅黒く、敏捷そうな営業マンは、愛想笑いを振りまきながらファースト・ネームで年輩の女性店主に呼びかける。

間口一間ほどの店で、手前の陳列台の上の空間にも商品を吊るして売っていた。

「ミゲル、そりゃあ、大変だねえ。今日は、五〇グラムを一箱もらおうかね」

白髪で浅黒い肌に皺が刻み込まれた女店主がいった。

「有難うございます！」

ミゲルという営業マンは素早く伝票を切り、代金を受け取ると、次の店に行く。運転手が注文された商品をワゴン車から運び出し、次々と店に届けていく。その連携プレーの手際よさに西村は舌を巻いた。一軒にかける時間はせいぜい二、三分で、商品を買ってくれない店にもちゃんと挨拶をして通りすぎて行く。

「この市場は、毎週火曜日に来るから、一週間で消費者に売れる分しか売らないのがコツなんだ」

セールスをする営業マンたちを見ながら、フェリックスがいった。

市場では、二時間ほどですべての店を回り切った。

その頃には、全員、腹ペコになっていた。

「レッツ・ハヴ・ブレックファースト！」

フェリックスが笑顔でいい、全員で市場の中にある露店に向かった。店は味の素の客でもあり、鉄板の上で麺、鶏肉、野菜などを炒めていた。周りで蠅が飛び回っていたが、郷に入れば郷に従えで、西村はまったく気にならず、皆と一緒に焼きそばを頬張った。

食事を終え、ワゴン車に戻るために市場を出ると、別の一台のワゴン車が駐車場に入って来るところだった。

「あれ、見てみな」

フェリックスがその車を指さしていった。

車はコカ・コーラの販売車だった。

駐車場がほとんど一杯だったので、市場からだいぶ離れた場所に駐車した。

「分かっただろう、早起きの理由が」

西村のほうを向いて、悪戯っぽい顔でウインクした。

その日、西村らは、いくつかの市場を回った。

サン・パブロから少し離れた町では、フェリックスが「この町は戦時中、日本軍による虐殺があった場所だから、くれぐれも日本人だと気づかれないように」といった。第二次大戦中、日本軍はマニラだけで十万人以上の民間人を虐殺し、サン・パブロでも大戦末期の昭和二十年（一九四五年）二月二十四日、中華系住民を中心に七百人以上を教会に集めて殺害した。軍事裁判で一連の事件の責任を問われた山下奉文大将は「自分は知らなかった。しかし、自分に責任がないとはいわない」と述べ、一九四六年二月二十三日、モンティンルパ南方のロス・バニョス郊外のマンゴーの木の下で絞首刑に処せられた。西村は、古関が南京の大虐殺記念館に自分を連れて行った意味を肌で実感した。

夕方、西村はフェリックスに案内され、営業所の近くにある営業マンたちの独身寮を訪問した。古い木造二階建てのアパートで、広い庭があり、営業マンたちがサッカーをして遊んでいた。当時のフィリピンの大学進学率は約二九パーセントだったが、八人の営業マンたちは全員大卒で、マニラからの単身赴任だった。

「あの女性は？」

独身寮の中で、若い女性が手洗いで洗濯をしていた。

「支店の会計係の女性だ。いつも洗濯を手伝いに来てくれるんだ」

清楚で真面目そうで、とても印象のよい女性だった。

古関は常々「美人は雇うな。トラブルの元になる。『性格美人』を雇え」といっているが、まさにそんな感じだった。

「彼女はまだ二十五歳なんだけど、一人で一家の生計を支えているんだ」

フェリックスが洗濯をする女性を見ながらいった。

西村が彼女に挨拶すると、女性は「あなたの下着も持って来て下さい。洗濯しますから」と優しくいった。

翌朝、戻って来た下着には、丁寧にアイロンがかけられていたので、西村はますます感心した。

ある日の夕方、西村が営業マンたちに夕食を奢ろうと思って独身寮に立ち寄ると、前庭に蛍がたくさん飛んでいて、北陸の田舎で育った頃の記憶がよみがえった。

サン・パブロで西村が見たものは、日本人がとうの昔に忘れた、人々が寄り添い、助け合って暮らす生活だった。西村は、これから上海につくる会社もそんな会社にしたいと思った。


フィリピンから戻ると、西村は、早速、販売会社設立に取りかかった。

まず新聞広告で社員を募集し、営業マン四人、運転手二人、会計係など内勤の女性二人を雇った。営業マンたちは、二十代後半から三十代前半で、前職は、先行きのなさそうな国有企業勤務、トラック運転手、外資系の小売りの営業マン、自分で商売をやって失敗した者だった。皆、やんちゃなほど、エネルギーを持てあましていた。

そのほか、アシスタント・マネージャーとして、囲碁の趙之雲先生の家で知り合った、陳という名の男性を採用した。囲碁の腕前がほぼ互角の好敵手で、知り合って一年半以上がたち、誠実で信頼のおける人柄だというのが分かっていた。陳氏は、勤めている会社の経営が行き詰まり、自宅待機になっていたこともあって、二つ返事で入社を承諾してくれた。年齢は五十代初めで、長い間、国営企業の総務・人事に携わっていたので、諸事情に詳しく、営業許可の申請手続きなど、様々な事項に関して活躍した。

新会社の資本金は百万元（約千四百万円）で、経営不振で生産を停止した国営の教材工場を賃借し、一階を倉庫、二階を事務所にした。営業用の車両は二台購入した。


翌一九九六年一月――

上海の販売会社、蓮花味の素上海分公司（現・上海味の素調味料社）が、うま味調味料の味の素の直販を開始した。

当時、上海のトップ・ブランドは、上海産の「仏手《フ・ショウ》」で、シェアの約半分を握っていた。それに次ぐのが広州産の「双橋《シュアン・チァオ》」で、上海で起きていた広東料理ブームに乗り、シェアを急拡大中だった。三番手が江蘇省張家港市で製造されていた「菊花《ジュ・ファ》」で、「仏手」そっくりのパッケージで「仏手」より安く販売していた。

西村は、毎日、営業マンたちに同行した。

上海の人々は標準語のマンダリン（北京語）とは異なる上海語を話す。「わたしは日本人です」はマンダリンでは「ウォ・シー・リーベンレン（我是日本人）」だが、上海語では「ゴー・ズー・ザッペンニン」である。上海語は、声調が六つ（マンダリンは四つ）あり、抑揚の幅がマンダリンより狭く、発声のために使う口の場所もマンダリンより前（マンダリンは口の奥や喉を使う）で、日本語に近い。西村は、現場で徐々に上海語を学び、「ロベ、ヨザン・ホヴァ？（社長、稼いでいるかい？）」が、商売人同士の挨拶であることも知った。なお学校教育はマンダリンで行われるので、上海の人々もマンダリンを解する。

営業マンたちには、古関に教えられた通り、伝票の数を目標として与えた。しかし、元気のいい営業マンたちは売上額でも競おうとし、互いの担当領域を侵犯したりして、喧嘩になった。西村が同行すると、営業マンたちは車の中で盛んに他の営業マンの悪口をいったりもした。

そういう時は、陳氏が、互いの言い分を辛抱強く聞き、たしなめ、和解させた。陳氏は人間ができていたので、やんちゃな営業マンたちもいうことを聞いた。

営業マンたちは、給料日前になるとしきりに会計係の女性に「今、会社の銀行口座にいくらあるのか?」と訊いていた。西村は「そんなこと心配しなくていい」と彼らにいっていたが、当時、中国では社員にまともに給料を払わない会社が多かった。給料日になって、金を手にした営業マンたちはご機嫌で、普段仲が悪いのが嘘のように、互いの身体に触れ合い、無邪気にじゃれ合っていた。


ある日の夕方――

営業から戻って来た営業マンたちが日報を書き、売上げ代金を会計係の女性に渡していた。

会計係の女性は、受け取ったすべての札を銀行から買った偽札発見器に通していた。中国では偽札が横行しており、銀行に持って行くと没収される。その場合、会計係が個人で負担することになる。

「このお札は受け取れません!　偽札です」

会計係の女性が毅然とした態度で、一人の営業マンに百元（約千三百円）札を突き返した。

「えっ、これ偽物!?　嘘!?　俺、ちゃんと見たんだけどなあ……」

若い営業マンは困惑顔で札を受け取り、検《あらた》める。営業マンたちは普段から気を付けてはいるが、偽札製造技術は日進月歩で、月に一枚か二枚は掴まされてしまう。

「代わりのお札をお願いします」

会計係の女性は、掌《てのひら》を上に向けて差し出す。

「ちぇっ、しょうがねえなあ」

営業マンは渋い顔で、自分の財布から百元札を取り出して渡す。偽札を掴まされた損は、営業マンがかぶる。そういうとき彼らは、タクシー代など別のどこかで使って処理する。

「やーい、偽札掴んだ！　やーい！」

ほかの営業マンたちが囃し立て、偽札を掴まされた営業マンは「次はお前らの番だ！」と悔しそうにいい返す。

偽札だけでなく、商品に関しても、損失が出れば担当者が負担するのが決まりだ。売れ残った商品は、毎日、倉庫担当の女性に返し、在庫管理がされる。しかし、たまに常連客から「今日は現金がないけど、明日、支払うから、商品を置いていってくれ」といわれることがある。店主を信用するかどうかは営業マンの目利き次第だが、翌日、店主が商品とともにとんずらすることもある。そういう場合、倉庫担当の女性は、営業マンに有無をいわせず商品の代金を支払わせた。

西村は、ほかに五十代の女性を雇った。勤めていた国有工場が経営破綻し、病気がちの夫と障がいのある息子を抱えて収入が必要な人だった。朝は一番早く会社に来て掃除をし、出社した営業マンたちと一緒に荷物の積み出しをし、その後、販促物品の整理などをし、内勤者のために昼食をつくった。昼食代は一人五元（約六十五円）だったが、何を食べても美味しく、特に、スープ料理が得意で、ワンタン麺や冬瓜と塩豚のスープが絶品だった。真面目で気立てが優しく、どんなに面倒な仕事でも丁寧にこなし、きれい好きで会社の中をいつもぴかぴかにしていた。

春——

西村が忙しくも充実した日々を送っていた頃、囲碁の趙之雲先生の夫人から電話がかかってきた。

「……うちの人が、気分がよくないといって、お医者さんに行ったら、即、入院になってしまって……」

末期の肺がんだという。

西村はショックを受けたが、すぐに元医師の部下、羅平に相談した。

「羅平、僕の囲碁の先生の趙さんという人が、かなり進んだ肺がんになったそうなんだ」

西村は重苦しい表情でいった。

中国では親しくなると、さん（先生）を付けずに相手に呼びかける。

「えっ、そうなんですか!?」

三十歳過ぎの羅平が驚く。

「うん。それでどこかいい病院を紹介してあげたいんだけど」

羅は、抗がん剤レンチナンの輸出促進を担当しているので、数多くの病院にツテを持っている。

「そうですか。……それなら上海肺科医院が一番だと思います」

上海で最も権威のある肺専門の病院だという。

「あそこに、廖美玲《リャオメイリン》っていう、肺がん治療で有名な女性医師がいます」

「頼めるかい？」

「大丈夫だと思います。電話してみましょう」

西村と羅の取り計らいで、趙之雲氏は廖医師の診察を受けることができた。

しかし、名医をもってしても、趙氏の肺がんはもはや手の施しようのない状態だった。

夫人は趙氏を退院させ、自宅で看病することにした。

レンチナンは免疫療法の薬で、末期がん患者にも広く使われていたので、西村は夫人に提供した。

この頃の中国ではがんが見つかっても本人に告知しないのが普通だった。見つかったときは、ほとんどの場合、末期であることが理由だった。趙氏は少し体調がよいとき、家にあったレンチナンを見て、「なぜ抗がん剤があるのか？」と訊いたという。

自宅療養が始まってから一ヶ月もたたないうちに、趙氏は亡くなった。

当時、中国では日本のような葬儀場を使った大がかりな葬式はなく、自宅で通夜をしたあと、家族だけで火葬場に行くのが慣わしだった。囲碁関係の友人たちが三々五々、焼香にやって来て、遺族に哀悼の意を述べ、遺体に花を手向けた。一連の弔いは、生前の趙氏の暮らしぶり同様、質素なものだったが、気高い雰囲気が漂い、氏の人生の格の高さが投影されているようだった。

西村は納骨にも参列したが、大勢の参列者がいたので、夫人はバスを用意した。

夫人は、香典を全額、上海の子どもの囲碁教育のために寄付し、そのことが上海の新聞に写真付きで大きく報じられた。

趙氏の一人娘は日本のアニメが好きで、上海の大学でデザインを勉強したあと、日本の専門学校でアニメ制作を学び、今も日本で働いている。日本での保証人は西村が務めている。


十一月——

前年六月に常務取締役海外事業本部副本部長になった古関啓一の提唱により、ベトナムのホーチミン市で、第一回の「アジア・リテール会議」が開催された。味の素のリテール販売を行なっているアジアの各法人から出席者が集まり、販売ノウハウを共有するためのものだった。

西村も出席し、ホーチミン市の中心街、ドンコイ通りの真ん中にある一泊約二十ドル（約二千百円）のボンセン・ホテルに他の参加者たちと一緒に宿泊した。

味の素は現地化が進んでいるので、タイの味の素販売会社の社長、マレーシアの販売担当役員、フィリピンの人事担当役員、インドネシアからの出席者などは皆現地スタッフだった。彼らの多くが華僑だったので、西村は英語に中国語を交えて話すことができた。

朝は、他の出席者たちと一緒にホテルのそばの露店で「バインセオ」を食べた。ターメリックで黄色く着色した米粉とココナッツミルクを混ぜて焼いた皮に、豚肉やエビ、モヤシ、タマネギ、緑豆、香草などを挟んだものである。ベトナム南部の名物料理で、中国の煎餅《ジエンビン》に似ていた。

露店の店主は、ベトナム人ではなく、中国人の夫婦だった。西村が「どうしてベトナムくんだりまでやって来て、商売をしているんですか？」と訊くと、「元々は中国大陸の町で生まれ育ったけれど、日本軍がやって来たので香港に逃げて、そこからさらにベトナムに逃げて来たんだ」という。西村は自分は日本人だともいえず、食べ物も喉を通らなくなった。

会議では、ホーチミン市内の市場の視察にも出かけた。市場にある店は、どんな小さな店でも清潔で、どこでもごみをぽいぽい捨てる中国との違いに感心させられた。女性の店主たちは、戦争で夫を亡くした人たちも多く、ベトナム味の素社の若くて恰好いい営業マンたちの回訪を心待ちにしていた。

夜になると、厚化粧をした水商売の女性たちがバイクの荷台やシクロに乗って暗い道を出勤して行く風景が印象的だった。

3

一九九七年――

上海での営業開始から一年がたち、市内に百ヶ所程度あるすべての市場に、味の素が行き渡った。この頃、中国政府は外資の力を借りて、社会主義の供給経済型流通システムを改革する方針を打ち出し、手始めに上海から実施した。メトロ（独）、カルフール（仏）、ジャスコやローソン（日）、台湾のスーパーなどが、二年ほど前から進出しており、西村はこれらにアプローチした。

スーパーで商品を取り扱ってもらうためには、バイヤーによる商品会議をパスし、商品ごとに一万元とか二万元のエントリーフィーを払わなくてはならない。また、定期的な特売を行うための費用もかかり、受注の翌日には発送できる効率的な配送システムも整備する必要があった。

テレビ広告を打って、知名度をアップすることも取引の条件だった。西村は生まれて初めて、広告代理店と一緒にテレビCMをつくった。訴求ポイントを絞り、①品質がよいこと、②世界で愛されるブランドであること、③高品質のイメージがある日本発の商品であること、の三つにした。

そして各国の味の素の法人がやっているテレビCMを集め、了解を取った上で、ベトナム、ブラジルなど三、四ヶ国のCMを繋ぎ、赤いお椀のマークとともに世界中で愛されているブランドであることを前面に打ち出した。CMの最後は、上海で有名な主婦的なイメージの中国人女優が地球儀を持って回し、「赤いお椀のピュアな味の素」という言葉で締め括った。

CM戦略に熱心な古関も、「キーメッセージは韻を踏む」「モデルは笑顔と清潔な歯が大事」「キーメッセージのとき、モデルの顔は正面を向いて。流し目は駄目」「ジングル（CM用の短い楽曲）は、最後が上がる音で終わらないと耳に残らない」「リズムは速く、セリフは少なく、歌詞を簡単に」「低制作コストで高頻度のCMをつくる」など、様々な助言をした。

同じ頃、東京の本社は激震に襲われていた。

三月に、総会屋に利益を供与した商法違反容疑で総務部長と同部の課長が逮捕されたのだ。社長の稲森俊介は、連日テレビカメラの前で頭を下げ、再発防止のために社内調査委員会が設けられ、専務の江頭邦雄が委員長に指名された。翌月、稲森が六月の株主総会で辞任し、江頭が次期社長になることが内定した。江頭は総会屋との決別、「長老」といわれていた社長・会長経験者の取締役会への出席取り止めといった改革を断行し、会社を立て直していった。

上海では、西村らがつくったテレビCMが予想を上回る大ブレイクをした。一年もたたないうちに、味の素は上海人なら誰もが知っているブランドになり、商品はすべてのスーパーに並んだ。売上げは爆発的に伸び、知名度が上がったことで優秀な人材が応募して来るようになった。

西村は、次のステップとして隣の江蘇省、浙江省への販路拡大を計画し、それに必要な高卒の新入社員の採用を開始した。また、より大きな事務所と倉庫スペースを確保するため、引っ越しをした。当初採用した四人の営業マンたちは順次セールス・マネージャーに昇格させた。

一九九八年秋——

西村は、翌年一月に上海で、第四回の「アジア・リテール会議」を開催したいという連絡を本社から受けた。会議の発案者である古関は、前年六月に専務に栄進していた。

同会議は、ホーチミン市で第一回が開催されたあと、第二回がフィリピンのマニラで、第三回がインドネシアのジャカルタで開催されていた。

一九九九年一月——

蓮花味の素上海分公司近くの中級ホテルで、第四回「アジア・リテール会議」が開催された。上海に赴任したとき、三十五歳だった西村は、四十一歳になっていた。

フィリピン、インドネシア、タイ、マレーシア、ベトナムなど、味の素の直販をやっている各国の現地法人から約三十人が出席し、英語で話し合いが行われた。

冒頭、蓮花味の素社に出向し、副総経理を務めている鈴見《すずみ》満喜《みつのぶ》が基調講演と中国での販売活動に関するプレゼンテーションを行い、その後、出席者全員でディスカッションをした。

各国の現地法人からの出席者は華僑が多かったので、皆、祖国を懐かしむような気持ちでやって来て、昼食に供された上海料理を美味しそうに食べていた。

翌日は、各国からの参加者たちが、上海のいくつかの市場でのセールスの様子を見学した。ちょうど春節の休み前で購買需要が高まっていたこともあり、商品は飛ぶように売れ、参加者たちをうならせた。その頃、広告媒体の一つとして新型でお洒落な路線バスのボディーの全面を使った大きな広告も展開していたので、参加者たちが市場を回訪しながらそれを何度か目にして、「あれはいい広告だね」と感心した。

「西村サン、立派に成功したね」

セールスの様子を見ながら、フィリピンからやって来たフェリックスがいった。

西村は、研修で世話になったフェリックスに是非、自分たちの姿を見せたいと思い、蓮花味の素上海分公司が旅費を負担して彼を会議に呼んだ。

「本当に、おかげさまで。最初は従業員も十人ほどだったけど、今は五十人になったよ」

西村は英語と中国語のちゃんぽんで、事業立ち上げから今日に至るまでの経緯を説明した。

「ところで、フェリックス……」

西村がふと思い出していった。

「僕がサン・パブロで研修していた頃、独身寮に洗濯にやって来ていたあの女性は、今も元気なの？」

明るく、働き者で、思い出すたびに、温かな気持ちになる女性だった。

フェリックスは、一瞬間を置いてから、口を開いた。

「あの娘はねえ、亡くなったんだよ」

「えっ、亡くなった!?」

思いがけない答えに、西村は愕然となった。

「うん、がんでね」

「本当に……!?」

フェリックスは沈痛な表情でうなずき、西村はそれ以上言葉が出なかった。

（まだ二十代後半くらいなのに……何ということなんだ！）

洗濯をする女性の明るい笑顔や、独身寮の前庭にたくさん蛍が飛び交っていた幻想的な光景を思い出した。

（人生は、なんと儚《はかな》いものなのか……）


同じ頃、古関啓一が専務を退任し、子会社の味の素ゼネラルフーヅ（現・味の素ＡＧＦ）の社長に転じた。米国クラフトゼネラルフーズ社との合弁の、コーヒーを中心とする飲料メーカーである。


この年の十月の終わり、西村が最も信頼し、浙江省と江蘇省の市場開拓を任せていたセールス・マネージャー、李宗浩が、仕事中に自動車事故で亡くなるという悲劇が起きた。

中国では死亡地で遺体を火葬しなくてはならないという決まりがあったが、上海から駆け付けた十人ほどの遺族は断固として遺体を上海に連れ帰ると主張した。

西村らは地元の警察と丸一日交渉を行い、西村の元囲碁仲間で総務担当の陳が、李の叔父で国営企業の総経理（社長）という実力者と協力し、どうやったのかは分からないが、上海の死亡証明書と霊柩車を用意した。その上で西村が責任はすべて会社で持つという書面にサインをし、遺体を上海に連れ帰った。

こうした事故が起きた場合、遺族は会社との補償交渉が終わるまで葬式を行わない。西村は最初から世間相場以上の補償額を提示したが、李の婚約者の父親が問題だった。中国では婚約したときに婚姻届を出すので、婚約者の女性は法律的には妻になっていた。

補償交渉は、会社の会議室で、西村と陳、二人の両親との間で一週間も続けられた。その間、会社が近所のアパートの一室を借り、社員が二十四時間・三交代で蠟燭を灯し、通夜を営んだ。

この種の交渉において中国では当たり前の態度とはいえ、婚約者の四十代の父親が、時間を引き延ばすことで、少しでも多くの金を手にしようとしたため、話し合いはなかなかまとまらなかった。

世知に富む国営企業の総経理である李の叔父は、味の素が提示した補償額については最初から納得しており、状況を見るに見かね、西村に電話をかけてきて、「ちゃんとした弁護士を雇って交渉したほうがいい」と弁護士を紹介してくれた。

紹介されたのは中年の弁護士で、派手な白い服を着て派手な車を運転する、一見ヤクザふうだったが、難しい案件を数多く乗り越えてきた、きわめて有能な男だった。婚約者の父親にほとほと悩まされた西村が「多少彼のいい分を聞いてあげても……」といったりすると「それだけは絶対に駄目だ！　そういう態度を見せると、交渉がどんどん長引いて、ふんだくられる！」と叱りつけ、当初提示した内容から一歩も譲らなかった。

仕事のかたわら徹夜で通夜を営む社員たちは、日に日に疲労感を募らせ、口には出さなかったものの、早く交渉が終わってほしいと全員が願っていた。李の両親も高齢で、特に父親のほうは心臓病を抱えていたので、長びく交渉は負担になった。

永遠に解決しないのではないかと思われた話し合いは、最後に劇的な幕切れを迎えた。

ずっと黙っていた李の母親が、婚約者の父親に向かって「あんたはうちの息子の遺体を腐らせる気か!?」と怒りを爆発させたのだ。

それまでごねていた婚約者の父親は、その激しい剣幕に驚き、その後は、弁護士が示す補償内容を黙って聴くようになった。そこで弁護士はあらかじめ用意していた書面を出し、各当事者にその場でサインをさせた。

十二月――

西村らは李の弔いのため、営業マン全員が販売目標を達成するまで帰社しないと決めた。

毎日、全員が歯を食いしばってセールスに邁進し、十二月二十五日のクリスマスを迎えた。

雷鳴が轟く土砂降りの日で、午後からずっと停電し、暖房もなくなった会社では数十本の蠟燭を点し、内勤の社員たちが営業マンたちの帰りを待った。

最後の営業マンが帰社したのは午後八時すぎで、誰かの「(月間売上げの)新記録が出たぞー!」の叫びで、全員が泣き、女性たちが用意してくれていたクリスマス・ケーキをほおばった。

翌二〇〇〇年三月――

本社社長の江頭邦雄が上海にやって来た。市内松江工業区に設立した上海味の素アミノ酸有限公司の医薬（輸液）用アミノ酸精製工場の開業式典に出席するためだった。

江頭は上海市内の市場視察もした。

「うん、よく売れているねえ。西村君、本当にブランド力をつけたねえ」

市場で味の素が飛ぶように売れているのを見て、江頭は満足そうにいった。

西村は、かつて東京支店次長だった江頭に、新人営業マンとして仕えたことがあった。江頭は一橋大学の後輩でもある西村に当時から目をかけてくれていた。

「ところで江頭さんは、ご自身で経験のない、例えば海外事業なんかに関して判断をするとき、どのようにされているのですか？」

移動の車の中で、西村は個人的興味から質問をした。

「よく見聞きすることだね。判断力の物差しには普遍性があるんだよ」

西村の隣にすわった江頭がいった。社長になって三年近くが経ち、社長・会長経験者のいわゆる長老の経営への関与を廃止し、食品・アミノ酸という会社の得意分野に絞って世界企業を目指すという戦略で、着実に経営を立て直していた。

しかし、この翌年、インドネシアでのハラール事件という、予期せぬ大問題に直面することになる。

七月——

西村昭司は、思い出多い上海での勤務に終止符を打ち、北京にある中国事業の統括会社、味の素

（中国）社の総経理（社長）として旅立った。

赴任したとき、三十五歳だったのが四十三歳になり、見た目も中国語も中国人のようになっていた。妻とタクシーに乗ると、運転手に「あなたの奥さんは日本人なのか？」と訊かれたり、空港で台湾人と談笑し、中国人が台湾人と親しくするとはけしからんと思ったらしい警官に「身分証を見せろ」といわれたりした。そのときは、西村が日本のパスポートを出して見せると、警官はばつが悪そうにそそくさと立ち去った。

味の素は「仏手」「双橋」とトップシェア争いを繰り広げるようになっていた。

第四章

ナイジェリア再建請負人

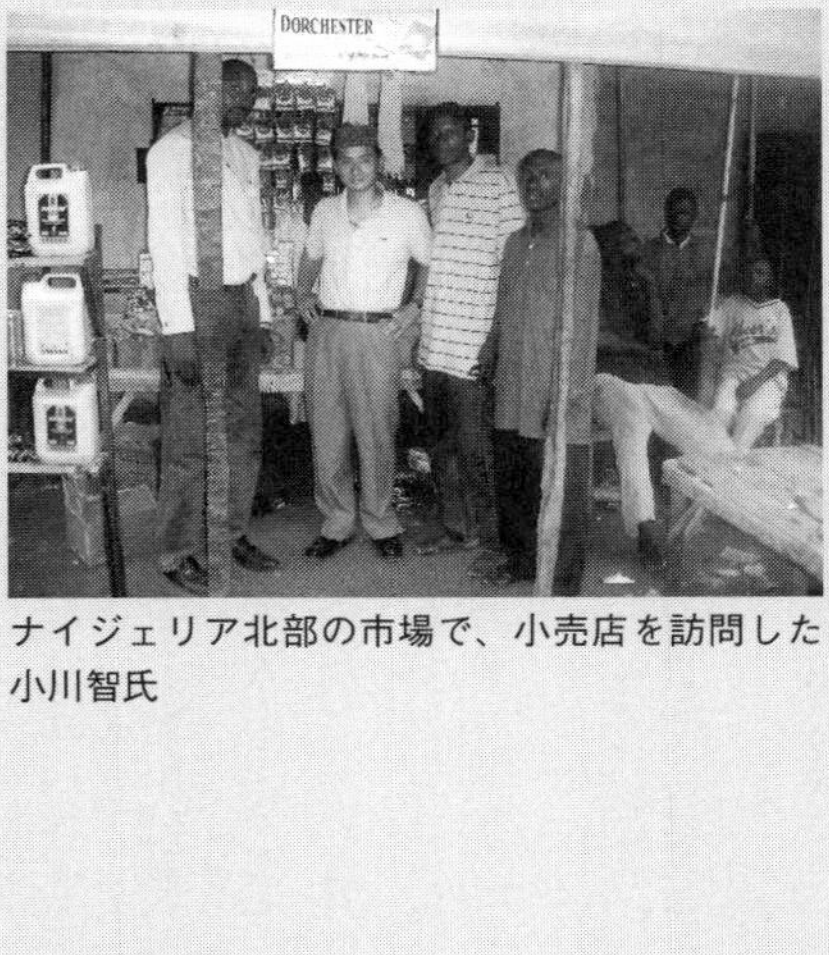

ナイジェリア北部の市場で、小売店を訪問した小川智氏

1

西村昭司が北京に赴任する数ヶ月前、ナイジェリアのラゴスに本社を置く、ウエスト・アフリカン・シーズニング社（WASCO《ワスコ》）で営業部長（General Manager, Sales and Marketing）を務める小《お》川《がわ》智《さとし》は、同国北部の中心都市カノの道をトヨタのハイエースで走っていた。

WASCOは、一九九一年に、フランスのうま味調味料メーカー、オルサン社（Orsan SA、本社・ソンム県メニルサンニケーズ市）との合弁で設立された味の素の現地法人で、一九九四年に味の素がオルサン社の持ち株を買い取り、一〇〇パーセント子会社にした。

車窓の外には、陽光と貧しさと原色に溢れた風景が広がっていた。埃っぽいアスファルトの道を、黄色い車体に幌を付けたオート三輪タクシー、乗用車、トラック、バイクなどが走り、傷んだ路肩をパンや野菜を頭に載せた女たちが行き交い、野生のヤギが残飯をあさり、紫に近いピンクのブーゲンビリアが咲いている。家々は建築中なのか壊れているのか分からないものが多い。

道に沿って木の台の上に商品を置いた露店が並び、バケツに入れたイモや果物や野菜、ジュース、ビスケット、菓子、豆類、雑誌、ゴム草履、ボール、玩具、ぬいぐるみ、靴下、ビニール製の茣蓙《ござ》など、様々な物が商われている。

空気は砂塵混じりで、道端の木々も砂埃をかぶっている。ナイジェリア北部は日本人には馴染みのないサバンナ気候で、一年の約半分は乾季でカラカラに乾き、残りは雨季で大量の雨が降る。乾季の毎年十月末から三月にかけては、北のサハラ砂漠から細かい砂を運んでくる「ハマターン」と呼ばれる砂嵐が吹く。

三十五歳の小川は、クルーカットの細面で、眉と目元に芯の強さを漂わせ、引き締まった中背の身体である。名古屋支店での営業や本社海外部での勤務をへて、直近はミャンマーで約二年間行商に携わった。ＷＡＳＣＯが年間売上げ約六億円、単年度の赤字額が約二億五千万円という業績不振に喘《あえ》いでいるため、八年次上の石井正の右腕として経営立て直しのために送り込まれた。

ハイエースはやがて、建物、トラック、バイク、人々、荷物でごった返す一帯に入った。

ゴミが散乱する通りで大勢の男たちが、後ろから押す鉄製の大きな荷車で荷物を運んだり、小型のトラックに商品の段ボール箱を積み込んだりしており、熱気が渦巻いていた。のんびりしている人間は一人もおらず、子どもたちは頭に商品の大きな包みを載せて運び、大人は商品の段ボール箱を自分の背丈ほども頭の上に積み上げて運んでいる。

視線を遠くにやると、散乱するゴミと埃が舞い上がっていくため、空の低い部分が、青っぽい排ガスと薄茶色の埃が混じり合って霞んでいた。

「ミスター・オガワ、ウィ・アライヴド・イン・ザ・シンガー・マーケット（小川さん、シンガー・マーケットに着きました）」

ワゴン車に一緒に乗っていたＷＡＳＣＯのカノのデポ（営業所兼倉庫）に所属するナイジェリア人男性スタッフがいった。車には、ラゴスから一緒にやって来たラゴス警察の護衛の警察官も乗っている。フェリックスという名の身長が二メートルを超す大男で、常に拳銃を携帯している。

「これがシンガー・マーケットか……」

小川は、人間のエネルギーが渦巻いているような混沌とした風景に視線を向ける。

シンガー・マーケットはナイジェリア北部最大の卸売市場で、北部各地の小売商や、国境を越えてニジェールからやって来た商人たちが、商品を買い付けている。

「レッツ・ルック・アラウンド（降りて、歩いてみましょう）」

ナイジェリア人スタッフが降り、ワゴン車の扉を開けた。

三人は、ごった返す一帯を歩き始める。

道の両側には不揃いな建物が建ち並んでいる。黄色く塗装されたコンクリートづくりの三階建ての商店兼倉庫のようなビル、民家のような煉瓦づくりの二階建て家屋、コンテナを改造したような鉄製の壁の建物、商店とも倉庫ともつかない掘っ立て小屋など、統一性は皆無である。ナイジェリアではメンテナンスという発想が乏しいので、壊れかけた建物も少なくない。

「あそこに入ってみましょうか」

ナイジェリア人スタッフが、建物の一つを指さした。

コンクリートづくりのビルで、二つある出入り口から男たちがひっきりなしに出たり入ったりしていた。彼らの三分の一くらいは、色々なデザインの幾何学模様が入ったイスラム帽を頭にかぶり、丸首の長衣を着ている。ナイジェリア北部は、イスラム教が支配的な地域である。

小川らが建物の中に入ると、左右に注文カウンターがあり、各地からやって来た商人たちがひしめき合っていた。ここで注文伝票を書いてもらい、奥にある金網の付いた窓口で代金を払い、領収証を持って来て、商品を受け取る仕組みである。

天井からは、コーヒーなどの粉末飲料、調味料、洗剤、菓子などの色とりどりのサシェのカレンダーがぶら下がり、壁の棚には箱や缶に入った食料品や日用雑貨が並べられ、彩り豊かで賑《にぎ》やかである。

暦は二月だが、日中の最高気温は三十度を超える。店内の壁のあちらこちらに扇風機が取り付けられ、汗臭い空気をかき混ぜていた。

（うーむ、うま味調味料は、味丹《ベダン》ばっかりだなあ）

小川は、天井からぶら下がったサシェのカレンダーに視線をやる。

台湾製のうま味調味料である味丹の三グラムのサシェがずらりとぶら下がっていた。味の素によく似た透明な袋に赤い横長の長方形に白抜きで「味丹」の文字が入っている。ラゴスに住んでいる台湾人女性が経営する会社がコンテナで輸入しているものだ。

店を出て、ごった返す通りを再び歩き始めると、「味丹」の文字が入った段ボール箱を大型トラックの荷台に次々と積み上げていたり、路地にある掘っ立て小屋のような店の卸商が奥に大量の味丹の段ボール箱を積み上げ、小売商と商談をしたりしていた。

味丹以外では、中国製のうま味調味料が多く、取り扱われている量は、ラゴスの市場に比べると桁違いに多い。しかし、味の素を扱っている店は非常に少ない。

（やはり、ナイジェリア北部には巨大なうま味調味料の市場があるというのは、間違いないな……）

小川はその光景を脳裏に焼き付ける。

ＷＡＳＣＯはこれまで卸売店向けの営業しかやってこなかった。全国に十二のデポを置き、卸売店から注文が入ったら、商品を送るという単純な商売で、一九九六年頃にナイジェリア市場に参入した味丹にじわじわシェアを切り崩されていた。

状況を打開するため、昨年九月、石井正が経営立て直しのために社長含みで着任した。折しも、ナイジェリアが五年半にわたる軍事政権から民政に移管して数ヶ月後のことだった。

石井は、三ヶ月かけてナイジェリア全土を回り、着任の少し前から始まっていた直販体制の構築を強力に推し進めた。イバダン、オンド、ベニンシティ、オニチャといった、ラゴスに比較的近い南部の都市や、カノ、ソコト（北西部の主要都市）などで営業マンを総勢約六十人に増やし、訓練を行い、直販を拡大している。また従来の三グラムのサシェに代え、現地で需要がある一七グラムのサシェ（小売価格五ナイラ＝約五円三十九銭）を導入することも決めた。

四月——

ラゴスは雨季を迎え、雨の多い日が続いていた。

七百二十五万の人口を有するナイジェリア最大の都市は、摑みどころのない巨大な町だ。灰色のラグーンを隔てて各地区が中州のように浮かび、漁で糊口をしのぐ人々が劣悪な環境で暮らす、世界最大級の海上スラム、マココもある。大きなビル、鉄が剝き出しの変電所や石油タンク、道端の掘っ立て小屋や屋台の店など、景色に統一性がなく、ほとんど補修されていない町は、荒々しさを感じさせる。緑の木々は一様に埃をかぶり、古い建物はコンクリートの壁に湿気で黒い染みができ、通りは恐ろしく渋滞し、車の警笛や排気音が絶えない。動きが取れなくなった車の窓を「ガーディアン」「ヴァンガード」といった地元紙を手にした売り子や一回百ナイラ（約百八円）で運勢を見る占い師が叩く。道路の水はけが悪いので、大雨が降ると大きな泥水の穴ができ、車が落ちると抜け出せなくなる。道端にはバナナや商品を頭に載せて運ぶ人々が歩いている。人々はおしなべて明るく大人しいが、貧しく精神的に追い込まれた男たちは、目つきも表情も険しく、危険な匂いを放っている。


ある日、小川は、ラゴスにあるＷＡＳＣＯの本社兼工場で仕事をしていた。

場所はラゴス市内の南寄りで、国内最大のアパパ港があるアパパ地区である。工場、倉庫、オフィスビル、地方の村をそのまま持ってきたような一群の掘っ立て小屋などが建ち並ぶ殺風景な一帯を高架道路が絡み合うように延び、船舶用の大型コンテナを載せたトレーラー、トラック、タンクローリー車などが数珠つなぎで走っている港湾・工業地帯だ。

ＷＡＳＣＯの建物は元々水産会社の倉庫で、ブラジル味の素社から輸入している味の素を三グラムのサシェにリパッケージする工場が併設されている。工場の従業員は三十人ほどで、合弁時代から働いている現地雇いのフランス人が副社長兼工場長を務めている。そのほか、卸店向け営業、ラゴス地区の直販営業、総務、会計、運転手など四十五人ほどの現地社員がいる。日本人は間もなく退任する元商社マンの社長、石井、小川の三人である。

その日、小川が一階（日本でいう二階）にある自分のデスクで仕事をしていると、ナイジェリアの国営電信電話会社であるナイテル（ＮＩＴＥＬ＝Nigerian Telecommunications Limited）から電話がかかってきた。

「ハロー、イズ・ディス・ミスター・オガワ？　ディス・イズ・ナイテル（こんにちは、小川さんですか？　ナイテルの者です）」

「イエス、オガワ・スピーキング」

小川は、ラゴスに赴任してから、前任のフランス人営業部長が使っていたフラット（マンション）で三ヶ月間暮らし、最近、外国人が多く住むイコイ地区のフラットに移った。建物の二階（日本でいう三階）で、広さは百五十平米ほどある。車で五分ほどのところに石井が夫婦で住んでいる。来月には妻と二人の子どもを呼び寄せる予定で、会社の総務を通じてナイテルに電話開設の申し込みをしていた。

「ミスター小川は、電話回線の申請中ですよね？　わたしは御社のミスター石井の家の作業も担当しました」

（ああ、石井さんの家もやったのか）

石井の名前が出たので、小川は相手を信じ込んだ。

「今日は金曜日ですけど、今日中に作業をご希望ですか？　それとも来週でいいですか？　費用は五千ナイラ（約五千三百九十円）です」

「今日中にお願いします。メールをしたいので」

「分かりました。では二十時に伺います。念のため、ご住所と部屋番号を確認させてもらいます……」

相手が確認のためにいった小川の住所とフラットの部屋番号も正しかったので、ますます信用した。

その晩、フラットで待っていると、午後八時に呼び鈴がピンポンと鳴った。

「ナイテルの者です。作業に伺いました」

オレンジ色の作業服姿の男が、愛想よくいった。

「電話機と差込口はどこですか？」

男に訊かれ、小川は部屋の一角に案内する。

男は、電話機の差込口のところで何やら作業を始め、「暗証番号はどうします？」などと訊き、小川が答えると、うなずいてまた何やら作業らしいことをする。

間もなく作業を終え、工具類をバッグの中にしまった。

「これで明日から電話回線が使えるようになりますよ」

男はにっこりしていった。

「費用は五千ナイラと交通費五百ナイラです」

交通費のことは聞いていなかったが、少額なので支払った。

「では、ハヴ・ア・グッド・ウィークエンド！」

金を受け取ると、男は笑顔で去って行った。


翌朝、小川は「さあ、メールするぞ」と勇んで、ダイヤルトーンを確認するため受話器を取り上げた。

（ん？　うんともすんともいわない……どうしてだ？）

耳を澄ましたが、まるで真空のように何の音も聞こえない。

（おかしいな……）

首をかしげ、電話機のボタンをカチャカチャ押したり、ケーブルが差込口にちゃんと入っているか確認したりしたが、やはり受話器はうんともすんともいわない。

その日、会社に行って、事の次第を現地社員の一人に話すと、「ミスター小川、やられましたね。それは４１９《フォーワンナイン》ですよ」といわれた。

ナイジェリア刑法四百十九条に詐欺罪が規定されており、現地では詐欺のことを「４１９」と呼ぶ。

国営電信電話会社であるナイテルから詳細な顧客情報が当たり前のように漏れていることに小川は唖然となった。


やがて、正規ルートで電話回線が開設され、電話やメールがようやく使えるようになった。

五月には、妻と二人の子どももナイジェリアにやって来て、電話やファックスで日本の実家とやり取りをするようになった。

ある日、妻の実家から連絡があり、「なんか、ナイジェリアのプレジデンシャル・ヴィラからファックスが届いてるんだけど、英語なので読めない」といってきた。プレジデンシャル・ヴィラというのは、大統領府のことだ。

いったい何事かと思って、ファックスを転送してもらうと、大統領府のものらしい紋章があり、「I, Olusegun Obasanjo, President of Federal Republic of Nigeria（わたしはナイジェリア連邦共和国大統領、オルシェグン・オバサンジョである)」という文章で始まっていた。

読んでみると、「あなたの家族がナイジェリアでしかるべき税金を払っていない。このままでは逮捕される可能性があるが、わたしが助けるべく手続きをするので、安心してほしい。ついては○×まで連絡してほしい」と書かれていた。明らかに419で、ナイテルを利用した国際電話やファックスのコンタクト先が詐欺グループに漏れているようだった。日本人は英語が分からない人が多いので、なかなか引っかからないが、米国、英国、オーストラリアなどの英語圏では被害者が結構いるという。

別の日には、ラゴスの街を車で走っていて、壁に「This house is not for sale」と大きな文字で書いてある家が多いのに気付いた。不思議に思って、同行していた営業マンに「for sale なら分かるけど、なぜわざわざ not for sale って書いてあるの?」と訊くと、「ミスター小川、それは419防止のためです。勝手に登記書類を偽造して、他人の家を売り飛ばす輩《やから》がいるんです」という。


それから間もなく――

小川は、一階にある大きな社長室の石井のデスクの前にすわり、打ち合わせをした。

「……とにかく、北のほうは物がよく動くんで、デポの新設より、人を雇うのが先決だと思います」

涼しげな白いポロシャツに黒っぽいズボン姿の小川がいった。しょっちゅう営業マンたちに同行しているので、顔も手もすっかり日焼けしていた。

うま味調味料の一大消費地である北部で直販を始めたおかげで、売上げはぐんぐん伸び、人手が足りなくなっていた。

ナイジェリアでは、うま味調味料の九割程度が北部で消費されている。これは北部に住むハウサ族、フラニ族をはじめとするイスラム系の人々の食生活が、うま味調味料との親和性が高いことが大きな理由だと考えられる。

一方、大航海時代以降、ヨーロッパから宣教師が多く入り、教会や学校を建てていった南部は、伝統的にネスレのマギーブイヨンが強い。「味の素は洗剤で、料理に使うと下痢をする」というデマも流れており、ライバル社の営業マンの仕業だとみられていた。

「そうだな。とにかく、カノのチーム増強が最優先課題だな」

石井が鋭い視線で手元の資料を見ながらいった。

四十歳の石井は大阪支店や東北支店で営業を経験したあと、ペルー味の素社で四年間、直販営業に携わった。一九九六年十二月に起きた日本大使公邸占拠事件では、二日間ほど人質になったこともある。細身で見た目もスタイリッシュだが、常に緻密に仕事のことを考え、部下にも厳しく、強力なリーダーシップで経営再建を推進していた。

「あとは、イバダン、ソコト、マイドゥグリあたりか」

マイドゥグリは、ナイジェリアの北東の端、チャド、ニジェールと接するボルノ州の州都で、うま味調味料の消費が多い。この二年後に、イスラム系武装組織ボコ・ハラムが結成され、のちに同州南部で女子生徒二百四十人が拉致された物騒な土地でもある。

「はい。あと、カツィナ、バウチ、ミナー、イロリンあたりだと思います」

カツィナはニジェールと接する北部の州、バウチは北東部の州、ミナーは中西部のナイジャ州の州都、イロリンは西部のクワラ州の州都だ。

小川は、数枚の手描きの地図を手にしていた。土日も含めて一つ一つ各地の市場を訪れ、小売店の数を数え、様々な聞き取りをし、市場の場所、自分で測った市場間の距離などを入れて日々描き足している地図だった。

売上げが伸びると、既存の営業チームの移動距離がどんどん伸び、それをカバーするため、デポの開設が必要になる。デポを開設し、営業マンを置くと、回訪ルートを設定し直さなくてはならない。

それぞれの地図は、デポの場所を中心に、回訪ルートが四方八方に延び、ルートを示す線の上に小さな丸で各市場の場所が示されていた。市場ごとに、地名、開かれる曜日、小売店の数などが記され、あたかも蜘蛛の巣のような形に広がっていた。

毎日開かれない市場も多いので、小川は月曜から金曜まで、地図を舐めるように見ながら、営業マンをいかに効率的に回訪させるか知恵を絞っていた。また商品の輸送をどのような段取りやルートで行うかも考えなくてはならない。

一度、マイドゥグリの奥で市場を探していたとき、道に迷ってなかなかホテルに戻れなくなり、携帯電話も通じないエリアだったので、石井とも連絡が取れず、あとで叱責されたこともあった。

「不正は、相変わらず多いな……」

石井が資料のページを繰って、厳しい表情になる。

営業マンが多くなると、不正も多くなり、信頼できるデポ長らと連携しながら、対策を打たなくてはならない。たとえば、タイヤがパンクしたといって、タイヤを高い値段で業者から買い、リベートをもらうのを防止するため、タイヤは本社が一括して買い、各デポに供給する制度にしたり、ガソリン代のごまかしを防止するため、毎日の走行距離をチェックし、ガソリン使用量と突き合わせたりする仕組みをつくり、運用したりしていた。

４１９が当たり前の国では、単なる注意は役に立たず、不正を防止する具体的な仕組みが必要だった。


それから間もなく――

北部の町に出張し、一日セールスに同行した小川は、白いトヨタ・ハイエースで、二人の営業マン、護衛のラゴス警察の警察官と一緒に、デポに戻る途中だった。

すでに時刻は午後六時をすぎ、風景を染め上げている夕日も徐々に沈み、家々からは煮炊きの煙が立ち昇っていた。あちらこちらのモスクのスピーカーからは、日没の祈りを呼びかける声が聞こえてくる。

(こりゃあ、今日は、かなり遅くなるなあ……)

ハイエースの座席で揺られながら、小川は思案する。

これからデポに戻り、伝票をチェックして日報を書き、売上げの現金を確認するのに最低でも二時間はかかる。

営業マンに視線をやると、二人ともさすがに疲れた表情をしていた。

(今日はちょっと、モチベーション・アップが要るな。……確か、このあたりには、焼き肉の露店があったはずだが)

小川は、暮れなずむ道の前方に視線をやる。

「えーと、プリーズ・ストップ・オーヴァー・ゼア（あそこで停まってくれるかな）」

小川は前方を指さし、背後から運転手に声をかけた。

「レッツ・ハヴ・ア・クイック・バイト。アイル・インヴァイト・オール・オブ・ユー（ちょっと軽く食事して行こう。僕のおごりで）」

営業マンや警官は、皆、嬉しさで目を輝かせた。

車は一軒の道端の露店の近くに停まった。

金網の上で、羊や鶏の肉が、食欲を刺激する香りと煙を立てながら炭火で焼かれていた。

「鶏肉でいいかな？　……オーケー、じゃあ、モモ肉の大きなやつを一人一本で」

小川は、肉を焼いている男に注文した。

運転手、二人の営業マン、警察官と一緒に、立ち食いでモモ肉にかぶりついた。ちょっとスパイシーでうま味たっぷりのタレをつけて焼き上げられていて、ナイジェリア北部の料理が味の素によく合うのが実感される。

「うーん、デリシャス、イズント・イット（美味しいね！）」

小川がいうと、モモ肉にかぶりついていた四人は嬉しそうな表情で片手の親指を立てた。皆、それほど裕福でなく、肉もしょっちゅうは食べられない。

皆で食事を終えると、車は暗くなってきた道を走り、デポに到着した。

倉庫の一角にある事務所に入ると、電気が通っていないので真っ暗だった。営業マンが蠟燭を灯し、古い木の机で売上げの集計と伝票の確認作業が始まった。

日報は、営業マンごとに、商品（サシェやパケット）の種類別に、販売先やインボイス番号を記入し、販売数量や販売額を合計し、在庫の増減を記載する。ディスカウントの対象にした数量、販促のための景品を渡した先や数量なども記載する。

この日は、二トンのハイエースに積んだ味の素を完売し、三十万ナイラ（三十二万三千四百円）ほどの売上げがあった。受け取る紙幣は二十ナイラ（約二十一円五十六銭）札が大半なので、全部で一万五千枚くらいある。

小川は、二人の営業マンと一緒に、使い古されたナイラ札を蠟燭の明かりで数え、一定額ごとに輪ゴムで束にしていく。

営業マンも疲れをこらえて一生懸命数えていた。

（頑張れよ。こういうふうに毎日きちんと勘定を〆《しめ》る習慣をつけることが大事なんだから）

勘定や在庫を〆て、初めてその日の仕事が終わるのは、日本でもナイジェリアでも変わらない。しかし、文化が違う現地スタッフは、きちんと教え込まないと、やらずに帰宅してしまう。

使い古されたナイラ札は湿ってくたくたで、埃やありとあらゆる細菌にまみれている。もし指に傷があったりすれば、ばい菌が入って化膿しそうだ。

三人とも無言で、室内には札を数える紙が擦れる音、電卓を叩く音、日報にボールペンを走らせる音がするだけだ。時々プーンという羽音を立てて蚊が飛んでくるので手で追い払う。

ようやく作業が終わりに近づいたとき、時刻はとっくに午後九時を回っていた。

「ミスター・オガワ、イット・ダズント・タリー（集計が合いません）」

蠟燭の明かりの中で、営業マンの一人が疲れた表情でいった。

「えっ、合わないの⁉」

（参ったなあ……！）

小川は顔をしかめたいのを我慢する。ここで自分が挫けた様子を見せては教育にならない。

「ちょっと貸してみて」

小川は日報と一定額ごとに輪ゴムで束にした山のような札を受け取り、どこが間違っているか見つけるために電卓を叩き始めた。

（こりゃ、今日も、ホテルに戻ったら、へとへとだな）

内心ぼやきながら日報に並んでいる数字に目を凝らす。

そのホテルというのも、建物自体は大きいが、カーペットにカビが生えていたり、トイレの便座が割れていたり、トイレの水が出ないのでボーイが黒いポリタンクで水を持ってきて、「これで流せ」といわれたりするような代物だ。蚊取り線香は持参しなくてはならない。


六月――

ラゴスの地平線のあちらこちらから、禍々《まがまが》しい黒煙が立ち昇り、普段から物騒な街は、異様な緊張感に包まれていた。

昨年五月に就任したオバサンジョ大統領が、ＩＭＦ（国際通貨基金）から経済改革として各種の補助金削減を求められ、先週、ガソリンなど燃料価格を五〇パーセント値上げすると発表した。これに対し、四百万人以上の組合員を有する労働組合の上部団体「ナイジェリア労働会議」がゼネストを呼びかけ、ラゴスなど南西部の地域でストライキが発生し、街は混乱状態に陥っていた。

政府は軍に対して、ナイジェリア全土の政府関係の建物を守備し、警察の治安維持に協力するよう要請した。警察は、ラゴス市の北にあるイケジャ地区で騒ぎに乗じてバスを待つ通勤客たちに強盗を働こうとした二人組の男を射殺し、七十九人を逮捕したと発表していた。新聞は、今回のゼネスト関連の死者数はこれまでで少なくとも十人に上ると報じていた。

ラゴスの街のあちらこちらで高々と立ち昇っている黒煙は、値上げに反対する人々が古タイヤを積み上げて燃やしているものだ。日本では見たことのない不穏な光景に、小川は全身に緊張感を覚えた。

「オーケー、レッツ・ゴー」

小川は、会社のランドクルーザー・タイプの車の運転手にいった。

街は普通ではない状態だが、セールス活動を行なっている営業マンたちの様子を見に行かなくてはならない。

この日はたまたま護衛の警察官が付いていなかった。

少し走って高速道路の入口の手前まで来たとき、運転手が車を停めた。

「ミスター小川、ちょっとここで待っててもらえますか。ゼネストに関して中立であるのを示すために、車に緑の葉っぱを付ける必要があるので、取ってきます」

身長が一八五センチ以上ある大柄な運転手は、そういって車を降りた。

車窓から見ると、確かに緑の葉が付いた木の枝などをワイパーに挟んでいる車が多い。

数分後、どこかで手に入れた木の枝を手に運転手が戻って来て、運転席に戻ろうとしてドアを開けた。

その瞬間、突然三人組の男が背後から運転手に飛びかかった。

「ウガァッ！」

運転手がドアに指を挟み、うめき声を上げた。

三人組は屈強な運転手を羽交い締めにし、車のキーを奪った。

（強盗だ！）

小川の全身が凍り付く。しかし、なすすべはない。

三人の男たちが、車に乗り込んで来て、二人が運転席と助手席、一人が後部座席の小川の隣にすわり、車を発進させた。

バックミラーの中で路上に置き去りにされた運転手がどんどん小さくなっていく。

「ハウ・アー・ユー？」

小川の隣にすわった男が訊いた。

（ハウ・アー・ユーって……いい気分なわけないだろ！）

自分の心臓の鼓動がドクンドクンと聞こえ、血圧と心拍数が急速に上昇していた。間違いなく、生まれてこのかた、最高の血圧で最大の心拍数だ。

（これが強盗というものなのか……）

ナイジェリア駐在五ヶ月にして、ついに強盗に遭ったかと思うと、身の毛がよだち、全身がゾクゾクと震えた。動物的本能で、今まで経験したことのないような生命の危機感を覚えた。

（いったい、どこに行くつもりなんだ？）

車窓から見えるのはいつもと変わらない雑然としたラゴスの街並みだ。

（もしかして自分はここで死ぬことになるのか……？）

不安と恐怖で動転した小川を乗せた車は、ゼネストで混乱気味のラゴスの街を走り続ける。

ゼネストがなくても、元々交通はカオスで、一方通行の道を逆走するのは当たり前という国だ。

五寸釘をたくさん打ち付けた板を道路に置いて車をパンクさせ、銃やナイフで襲いかかる「剣山強盗」も出没する。

（そういえば、携帯電話が……）

小川は、携帯電話を持っていることを思い出した。

たぶん取り上げられるだろうと思いながら、ダメもとで社長の石井に電話をかけた。

意外なことに、男たちは止める気配がない。

「石井さん、小川です」

小川は携帯に話しかけた。喉がからからに渇いていた。

「おう、どうしたんだ？」

会社にいる石井が訊いた。

「強盗に遭いました。三人組に拉致されて、今、車でどこかに走ってるところです」

「ええっ!?」

小川はかいつまんで事情を説明した。

受話口の向こうで石井が大声で「ミスター小川・イズ・インナ・デインジャラス・シチュエーション！　コール・ポリス、ナウ！　ナウ！　ナウ！」と叫んでいるのが聞こえてきた。

「それで、今、どこにいるんだ？」

石井が深刻な声で訊いた。

「分かりません。どこかに勝手に走って行きます」

石井と話していると、車はある建物の前で停まった。

「ミスター、建物の中に入ったら五千ナイラ（約五千二百五十円）、ここなら二千ナイラだけど、どうします？」

隣にすわった男が訊いた。

（んー？　いったいどういうことだ？）

「それは、何の金なんですか？」

「駐車違反の罰金です」

聞くと、三人の男たちは地元の区役所に雇われている駐車違反の取り締まり班だという。建物の中に入ると正式な罰金になって五千ナイラ、ここで自分たちに払って見逃してもらいたいなら、二千ナイラだという。

（強盗じゃなかったのか、はぁーっ！）

地獄から天国に行ったような気分だった。

「ちょっとボスに電話させてくれますか？」

再び携帯電話で石井に電話をかけ、今の状況と場所について説明すると、石井も一安心し、会社に常駐しているラゴス警察の警察官たちをすぐに差し向けるという。

三十分ほどで、数人の警察官と、羽交い締めにされ、置き去りにされた運転手が車で駆け付けた。

三人の男たちと警察官たちがナイジェリア独特のピジン・イングリッシュで激しい口論を始め、

殴り合いになるのではないかと思うほどヒートアップしたあと、二千ナイラを支払うことで決着した。

皆、一転して笑顔になり、兄弟の契りを確認するハイタッチと握手が行われ、互いにブラザーと呼び合う。どうやら同じ部族であることが分かったようだ。

この国は、ハウサ、ヨルバ、イボ、フラニ等、二百五十以上の部族が住む多民族国家で、彼らの発想は日本人にはなかなか理解できない。

ただ一人、運転手だけが釈然としない顔をしていた。


ゼネストの方は、「ナイジェリア労働会議」が政府と交渉し、ガソリンの値上げ幅は一〇・五パーセント、灯油の価格は据え置きということで決着し、五日間で終わった。


九月——

朝、起床したとき、小川は身体がだるく、関節に痛みを感じた。

(風邪を引いたかな……?)

身体も熱っぽかったので、パブロンを飲んで出勤した。

「グッド・モーニング」

「モーニング」

いつものように現地スタッフと挨拶を交わし、一階にあるデスクで仕事を始めた。

直販と北部市場開拓によって、売上げが着実に伸びてきていたため、仕事は多忙を極めていた。

新たに採用した営業マンの訓練、不正防止のための監査、営業に使うトヨタ・ハイエースの二トン車の輸入手続き、制服や備品の購入、本社への報告書の作成など、やることは山ほどある。社長の石井に呼ばれると、次々と指示を出され、叱責が飛んでくる。経営再建に邁進する石井は、日本人だろうが現地スタッフだろうが、おかまいなしで叱り付け、社内には緊張感がみなぎってい た。どこの国でも現地スタッフを人前で叱ると恨みを買い、フィリピンやタイなどでは日本人幹部が射殺されることもあるが、石井はまったく意に介していなかった。

小川は会社では、緊張しながら忙しく仕事をしていたので、風邪の症状を思い出す余裕もなかったが、帰宅するとやはり調子が悪かった。

一週間たっても熱は全然下がらず、やがて四十度の高熱が出始めた。頬はげっそりとこけ、目の周りに黒ずんだ隈ができた。

さすがにこれはおかしいと思い、ふらふらの状態でラグーンを挟んだ対岸のヴィクトリア地区にあるクリニックに診てもらいに行った。

ヴィクトリア地区は、小川のフラットがあるイコイ地区同様、外国人が多く住んでおり、「サンタ・マリア・クリニック」という名の個人経営のクリニックがあった。ロシア人の医師夫婦がやっており、夫が主に大人を診て、妻が子ども（小児科）を診ていた。二人とも診察は非常に丁寧で、当たりも柔らかく、いつも混み合っていた。何か訳ありでナイジェリアまで流れてきたのかもしれないが、本国にいるより儲かっていそうだった。

「じゃあ、採血して調べてみましょう」

診察室で小川から症状を聞き、五十歳くらいの白衣のロシア人の男性医師がいった。

片手を差し出し、掌《てのひら》を開くと、指の一本に採血用の針を刺された。

「ユー・ゴット・マラリア（マラリアに感染していますね）」

顕微鏡で血液を調べた医師がいった。

（マラリアだったのか！　どうりで熱が出るはずだ）

いったいこの体調の悪さは風邪なのか、それとも別の何かなのかと思っていたが、ようやく原因が分かった。

「かなり症状が重いので、少し入院したほうがいいですね」

医師にいわれ、小川はクリニックに入院し、マラリアの薬を服用した。マラリア原虫を殺す薬なので身体へのダメージが強烈で、一段と体調が悪くなった。頭痛、腹痛、激しい下痢などが始まった。

（こ、これは、いったい何なんだ……!?）

マラリアのせいなのか、薬のせいなのか、それとも別の何かのせいなのかと考えながら、懸命に耐えた。

その晩、ロシア人医師夫妻の息子の医師が、検査のために採血しようとしたが、下痢で身体の水分が失われていたせいか、なかなか血が採れなかった。若い医師は「ソーリー」といいながら、何度かトライし、やっと採血できた。

その後、検便などをして、サルモネラ菌に感染していることが分かった。マラリアの薬で体力が衰えたため、体内に入り込んでいたサルモネラ菌が活動を始めたらしかった。

社長の石井に事情を説明すると、マラリアにもサルモネラ食中毒にも罹ったことがない石井は驚き、「安静にしろ。とにかく静養しろ」と繰り返した。

クリニックは小規模で、入院設備も整っていないので、小川は二泊三日で退院し、その後は、自宅で療養することになった。

自宅療養を始めた途端、今度は二歳の娘に異変が起きた。元気で遊び回っていたのが、突然動かなくなり、様子がまったく違うので、慌てて「サンタ・マリア・クリニック」に連れて行くと、マラリアだといわれた。

二週間たって、小川はようやく出勤できるようになった。

仕事が山積みになっていたこともあり、「とにかく安静にしろ」といっていた石井も、間もなく「いつ北に行くんだ?」といい出し、北部への出張も再開した。

このあとも、小川は、ナイジェリア駐在中に十回くらいサルモネラ食中毒に罹った。特に、片道一〇〇〇キロメートル以上の距離を陸路で移動して国の北部に行くと、疲れもあり、腹の調子が悪くなることが多かった。

この年、直販の開始、北部市場の開拓、一七グラムのサシェの導入により、ナイジェリア国内のリテール販売量（輸出は含まず）は、前年の二〇六八トンから三三七六トンへと飛躍的に伸びた。

拠点数、人員、営業車、車の修理代、営業経費、それらの管理など、ありとあらゆる項目が急速に増加し、石井も小川も目が回るような忙しさに突入した。営業マンと小売店を回るときは、一緒に店主に話しかけたり、陳列を手伝ったりしながら、ＯＪＴで教育を行なった。

翌二〇〇一年一月上旬――

会社のデスクで仕事をしていた小川は、北部地区の社員から電話を受けた。

「ミスター小川、インドネシアで味の素に何が起きてるんですか？　こっちの販売先から苦情はくるし、下手するとデポが襲撃されるかもしれません」

相手の口調は極めて深刻なトーンだった。

「えっ、インドネシアで!?　それでナイジェリアのデポが襲撃される？　……それ、どういうことなの!?」

まったくの寝耳に水で、頭が混乱しそうになる。

「インドネシアで味の素社が、豚の成分を味の素に使って、大問題になってるようです。知りませんでしたか？　社員が逮捕されたそうです」

「ええっ、本当に!?」

インドネシアは約二億一千万の人口のうち約九割がイスラム教徒だ。万が一、製品に豚の成分が入っていたりすれば、大問題になる。それは人口の大半がイスラム教徒であるナイジェリア北部でも同じことだ。

「しかし、どうしてそっちでそんなニュースがいち早く入ってくるの？」

小川は、まだニュースを知らなかった。

「ＢＢＣのハウサ語放送で繰り返しニュースになっています。イスラム関係の事件は、リスナーも関心を持っているんで、しょっちゅう扱われています」

英国の公共メディアBBCは、一九五七年以来、ナイジェリア、ガーナ、ニジェールなどにいるハウサ族のために、ハウサ語のラジオ放送を行なっている。

「なるほど、そうだったのか……。とにかく、ミスター石井と話して、対応策を連絡します」

小川が直ちに石井に報告すると、石井も驚いた。

本社に問い合わせると、味の素の製造工程の前段階で、豚から抽出した酵素を触媒として使っていたことに対し、インドネシアでイスラムの戒律に関する最高監督機関である「イスラム導師評議会」が「ハラーム（イスラムの禁止事項）」だと判断し、インドネシア味の素社の荒川満夫社長、小田康副社長を含む社員八人が消費者保護法（表示規定）違反で逮捕ないしは拘束されたことが分かった。

事件を受け、複数の消費者団体が味の素社を告発する動きを見せているほか、同社の製品を焼いて、インドネシアから撤退を要求するグループもいるという。

一方、ナイジェリアの隣国ニジェールでは、カノの卸売業者を通じて輸出された味の素が燃やされたという。

「どうも、インドネシアの事件は権力闘争がらみらしいな」

社長のデスクにすわった石井がいつもの鋭い眼差しでいった。

「イスラム保守派が巻き返そうとして、この事件を利用した可能性があるそうだ」

インドネシアでは三年前にスハルト体制が崩壊し、現在はハビビの後を受けたアブドゥルラフマン・ワヒドが大統領を務めている。ワヒドは「イスラム導師評議会」を構成する一団体「イスラム導師連盟（ナフダトゥル・ウラマー）」の議長を務めたこともあるイスラム知識人だが、外国文化受け入れや工業化といった世俗化政策を支持している。これを不満としたイスラム復興勢力が、味の素の事件をきっかけに、保健省や政府の責任を追及し、大統領派を苦境に追い込もうとしているという。

「うちの製品を『ハラーム』にした『イスラム導師評議会』っていうのは、旧スハルト体制の御用機関で、ワヒド大統領と対立しているそうだ」

反ワヒド勢力は、去年のクリスマス・イブにジャカルタ、西ジャワ州、スマトラ島など、各地で起きた教会を狙った連続爆破事件をきっかけに、イスラム教徒とキリスト教徒の宗教間抗争を画策して失敗したといわれる。

またワヒド大統領がスハルト元大統領一族の不正蓄財疑惑を追及している一方、スハルト色の強い国会は、ワヒド大統領が関与したとされる食糧調達庁をめぐる政治資金疑惑や、ブルネイ国王から大統領への献金問題を追及している。

「そもそも去年の九月に、当局からこの問題の指摘を受けたとき、うちはすぐ酵素を大豆由来のものに変更して、社会保健省も製品回収の行政処分で決着する姿勢だったんだそうだ」

「それが政争がらみで、こんな大事《おおごと》になったわけですか」

石井のデスクの前にすわった小川がいった。

インドネシアだけでなく、シンガポールでも味の素の回収が進められ、マレーシアではイスラム消費者団体が味の素の製品の検査を要求していた。

「とにかく、ブラジル（味の素）に、ナイジェリアで販売している製品には豚関係の成分は入ってないことを確認して、販売先に説明するのが最優先だな」

ＷＡＳＣＯは、直ちに石井正社長名で、味の素には豚由来の成分が入っていない旨の文書を作成し、営業マンに持たせ、卸店や小売店に配布した。取引先も、何らかの証拠や証明を欲しがっていたので、店頭に文書を張り出したりした。

営業マンたちには、説明のトークとして「もし豚由来の成分が入っていたら、このように日の当たるところで毎日販売すれば、必ず商品に何らかの変化が起きるはずです。けれども、あなたの店頭の味の素には何も変化が起きていないでしょう？　それが一番の証拠です」というのを徹底させた。これは青空市場での販売が多いためで、文書同様、効果があった。

インドネシア味の素社の役員らが逮捕されてから三日後の一月九日――

ワヒド大統領がインドネシアを訪問した高村正彦法務大臣と会談し、「味の素の製品は（イスラム教で許されている）『ハラール』で、口にすることができる。わたしも食べている」と述べ、同社の製品を「ハラーム」だとした「イスラム導師評議会」の判断を覆し、事態収拾を図る姿勢を見せた。

翌十日、インドネシアの科学技術応用庁と保健省が記者会見を開き、「味の素の豚の酵素は、添加物（バクトソイトーン）の製造を促進するために使われているが、添加物にも最終製品にも豚の成分は含まれていない」という分析結果を発表した。ただし、「ハラール」であるかどうかを最終的に決めるのは「イスラム導師評議会」であるとした。

十一日、逮捕ないしは拘束されていた荒川インドネシア味の素社社長以下、社員全員が釈放された。また警察が同社工場と倉庫の封鎖も解き、製品の搬出入と生産再開を認めた。

同日夜、四年前に社長になった江頭邦雄は「イスラム教に対する認識が甘かったと反省している。事態の推移を慎重に見守り、インドネシア政府の指示に全面的に従う」と述べた。

十二日、味の素は地元の主要紙に、問題を起こしたことを謝罪し、製品の回収に努めている旨の広告を出した。

二月上旬、製品の回収が完了し、同月十六日、「イスラム導師評議会」が「味の素はすでに添加物を変更した。同社の製品は『ハラール』の認証を受けることができる」と述べた。

四月上旬——

小川は、国の北東で、チャド、ニジェールと接するボルノ州の州都マイドゥグリを訪問し、同州のイスラム教の最高指導者であるエミールに謁見した。

イスラム色の強い北部諸州には、政府とは別にエミールと呼ばれるイスラム教の最高指導者がいる。豚由来の疑念を完全に払拭するには、エミールのお墨付きをもらうのが最も効果的であると、WASCOの広報担当者が進言し、石井、小川、副社長兼工場長のフランス人が、手分けして各地のエミールに謁見していた。

ボルノ州のエミールは、一九〇〇年に、西アフリカに進出してきたフランスによって地位を認められ、十一世紀以前からこの地域を支配してきた一族が代々受け継いでいた。

宮殿はマイドゥグリの中心部にある大きな緑色のドームを持つ中央モスクのそばにあった。

茶色い煉瓦ふうの模様に塗装された塀で囲まれた砦か王宮のような建物で、日本の大学を思わせる時計塔を正面中央に持っている。南北約一八〇メートル、奥行きは三〇〇メートルある広大なものだ。

小川は、WASCOの広報担当者、北部の現地スタッフ、エミールとの謁見を調整した外部の協力者、テレビ局のクルーと一緒に、会議室のような部屋に案内された。

草色の壁の上の方に歴代のエミールの肖像写真が飾られ、緑と白のナイジェリア国旗の中央に、赤い鷲・盾・二頭の白馬というボルノ州の紋章を配したものがスタンドに掲げられていた。

艶のある大きな木製の丸テーブルに着席して待っていると、エミールが姿を現し、大きな赤い革の背もたれが付いた玉座ふうの椅子に着席した。頭頂部が尖ったどんぐりの殻のような海老茶色の帽子をかぶり、眼鏡をかけ、ゆったりとした純白の民族衣装姿だった。年齢は七十代後半で、相応に老け、落ち着いていた。名前はムスタファ・イブン・ウマル・エル・カネミといい、第十七代のエミールの四男である。カドゥナ州にあるアフマドゥ・ベロ大学で公共政策を学び、北部の議会の議員やマイドゥグリの長などをへて、一九七四年にエミールに就任した。経歴からいって、実務にも長けた人物のように思われる。

「本日は、お目通りを賜り、誠に有難うございます。わたくしは、味の素の現地法人であるウエスト・アフリカン・シーズニング社で営業部長を務めております、小川智と申します」

精悍な印象のクルーカットで、紺のブレザーにネクタイを身に着けた小川は立ち上がり、英語で挨拶をする。

それを北部の現地スタッフが、現地の言葉に通訳する。ハウサ語かカヌリ語のはずだが、どちらなのかは小川には分からなかった。

小川は、ナイジェリアにおける味の素の活動についてかいつまんで言及し、本題に入った。

「このたびは、わたくしどもの製品に関し、インドネシアで疑問が呈される事態が起き、皆さまにご心配をおかけしたことを心からお詫び申し上げます」

エミールはすわったまま耳を傾ける。

「問題となった製品はすでに全部を回収し、添加物製造の際に使われる酵素は大豆由来のものに替えております。インドネシア政府からは、あらためて『ハラール』の認証を取得致しました」

すでにWASCOの広報担当者から入念な説明と根回しが行われており、今日の謁見は儀式的なものである。

「ナイジェリアで販売しております味の素は、ブラジルで製造されたもので、以前から豚由来のものは一切使用しておりません。わたしどもは、今後も国民の皆さまの豊かな食生活と健康促進に貢献したいと存じております」

小川が話し終えると、エミールがうなずき、現地語で何事かいった。

通訳が「あなたの説明はよく分かった。味の素の製品は『ハラール』であると認識している。これからもイスラムの決まりに則って、適切に製品を製造することを期待している」と英語に訳した。

「有難うございます。これはわたしどもの製品です」

小川が丁寧に包装された一抱えほどある味の素の段ボール箱を両手で捧げ持って恭《うやうや》しく渡すと、エミールは立ち上がってそれを受け取った。

その次に、販促品である味の素のロゴ入りのビーチアンブレラを何本か渡した。日差しが強いナイジェリアでは、大きなビーチアンブレラの下で露店の商売が営まれている。エミールは「ほう、これは面白そうな物だね」とでもいうような笑みを浮かべて受け取った。

この日の謁見の様子は、地元のテレビで三回ニュースとして放送された。

エミールが『『ハラール』である」と述べたことは、味の素にとって強力な宣伝になり、商店や消費者の疑念を晴らすのに大いに役立った。

2

翌二〇〇二年――

ある土曜日、小川はカノにあるデポの倉庫で、積み上げられた段ボール箱一つ一つに手で触れ、中身が抜き取られていないか監査を行なった。

倉庫は電気も空調もないので、蒸し暑く、小川も、現地スタッフも、監査のために雇った十人ほどのアルバイトも汗だくだった。

人の背丈より高い、動物の檻のような銀色の移動用カートに味の素の段ボール箱がぎっしりと積み上げられ、鏡の間のようにずらりと並んでいた。一つの段ボール箱は、主力商品である一七グラムのサシェが二十つながったパケットが二十入っているので、六・八キログラムほどの重さがある。

各カートには段ボール箱が三百個以上収められており、倉庫全体で一万五千箱程度ある。

「ディス・ワン・イズ・オーケー」

移動用カートの一つに収められた段ボール箱すべてに手で触れ、中身があるのを確認した小川が、かたわらでチェックシートを手にしたアルバイトにいった。

現場で行われる不正で最も多いのが、在庫を横流しし、カラの段ボール箱を紛れ込ませておくというものだ。それを防止し、現地スタッフにちゃんとチェックしていることを見せるためにも、小川は倉庫の段ボール箱全部に触れ、中身が入っていることを確認していた。

在庫チェックは、商品が動いていない週末に行わなくてはならない。もしカラ箱が見つかれば、誰がやったかを特定し、処罰する。当然、カノのデポだけでなく、ナイジェリア全土のデポで実施するので土曜日がつぶれることが多い。

一つのカートの段ボール箱のチェックが終わると、小川は隣のカートに取りかかり、黙々と作業を続ける。

アルバイトの男たちが、チェックの済んだカートやこれからチェックするカートを、二人がかりでがらがらと押して移動させていた。

ナイジェリアにおける味の素の昨年の売上げ（国内リテール販売）は、三六〇二トンで、前年比約七パーセントの増加だったが、今年に入って爆発的に伸びており、昨年の倍以上になりそうな勢いである。

そのため、営業マンを始めとする現地社員の採用も急ピッチで進み、それにともなって、不正が行われる可能性も高まっていた。小川らは、新たなスタッフを教育し、社内ルールを文書で徹底し、さらに定期的な視察や監査を行なって管理面を強化した。日本人駐在員が数人いて、攻めにも守りにも強いベトナム味の素社などと違って、急拡大する会社のすべてを二人の日本人で管理するのは大変だった。

石井のリーダーシップは相変わらず厳しく、社内の緊張は絶えなかったが、大きく業績が伸びて社員の待遇もよくなったので、尊敬と畏怖をもって受け止められていた。

「オーケー、ディス・ワン・イズ・ファイン」

小川はカートの段ボール箱全部に触れ終わると、ハンカチで顔や腕の汗をぬぐい、次のカートのチェックに取りかかる。この日は、全部で七時間ほどの作業になる予定だ。


それから間もなく——

一日の仕事を終え、自宅にいた小川に、石井から電話がかかってきた。

「おい、フェリックスが死んだぞ」

受話口から石井の深刻な声が聞こえてきた。

「えっ、フェリックスが死んだ!?　本当ですか!?」

小川は携帯電話を握り締め、叫ぶようにいった。

フェリックスは、ラゴス警察からのレンタル警察官で、小川の護衛をしていた男だ。

毎月のように、カノ、カツィナ、ソコト、マイドゥグリなどの北部諸都市に一緒に出張していた。マイドゥグリの空港では、小川のあずかり知らぬ地元の独自ルールによる移動証明書の提示を毎回求められて閉口したが、フェリックスが係員と激論を交わして助けてくれた。

その後、国内線の飛行機の墜落事故が相次いだため、片道一〇〇〇キロメートル以上の道のりを、途中、アブジャあたりで一泊し、シートのクッションもろくに利かなくなったトヨタ・ハイエースで一緒に往復するようになった。

フェリックスは身長が二メートル以上あり、銃の名手だが、気のいい男だった。一緒に市場にやって来て、ヤギの頭を指さし、「これをスープにすると美味いのです」と朗らかに話したりした。

「オニチャで四人組の強盗に襲われたそうだ」

石井がいった。

「オニチャで……」

南部のアナンブラ州の都市で、ニジェール川東岸にあり、付近一帯の経済の中心地だ。イボ族の町で、一九六七〜七〇年、ハウサ族との抗争に端を発するビアフラ戦争の激戦地になった。当時、イボ族のビアフラ共和国側が食糧や物資の供給を遮断され、骨と皮だけで腹が異様に膨らんだ幼い子どもたちの写真が世界に衝撃を与えた。ビアフラ側の降伏で戦争は終結したが、今も、イスラム教徒のハウサ族やフラニ族とキリスト教徒のイボ族の間などで襲撃・殺害事件が発生しており、日本人は行かないことにしている。

「日が暮れてから車で街道を走ってたら、四人組の武装強盗が現れて、銃撃戦になったそうだ」

一緒に出張していたWASCOの営業部の副部長は、同乗していたかどうかは分からないが、難を逃れて連絡してきたという。

「日が暮れてから、街道をですか……」

小川自身も、そうした状況で車に乗らざるを得ないことがあり、背筋を這い上がってくるような恐怖感がよみがえる。

強盗が出やすいのは、早朝、夜、土日だ。人通りの少ない日曜の午前中は特に危ない。クリスマスのための金がほしくなる十二月も出やすい。日本の約二・四倍という広大な国土を持つナイジェリアでは、地方に行くと、民家もないような一本道が多く、そうした街道では、どこで待ち伏せされているか分からない。

「いくら拳銃を持ってる警官でも、一対四じゃ、勝ち目がないよな」

石井が重苦しい声でいった。

護衛がいても、必ずしも安全でないことを思い知らされ、石井も小川も衝撃を受けた。

「四人どころか十人くらいで来る場合もありますから、護衛の武装警官の数を増やすとかしないと駄目かもしれませんね」

翌二〇〇三年三月——

別の銃撃事件が発生し、二人の護衛の警察官が死亡した。襲撃されたのは、営業部の増員のために前年四月に着任した上杉高志が使っていたピックアップ・トラックだった。南西部のオヨ州の州都イバダンからラゴスに戻って来る途中、四、五人組の強盗に襲われたのだった。幸い上杉は、同乗していなかった。

同月、小川は、三年間のナイジェリア勤務を終え、日本に帰国した。赴任中に双子の子どもが生まれ、子どもは四人になっていた。次の勤務先は、本社アミノバイタル部の事業戦略グループだ。

パリから成田に向かう便の機内アナウンスで、イラク戦争が始まったのを知った。

小川がナイジェリアに赴任したときにはなかった直販部隊は、ナイジェリア全土に十八のデポを設け、四十一チーム・総勢百二十三人になっていた。また販売量の増加にともない、本社の総務・会計・運転手の数は来たときの倍の二十人に、工場の人数も倍の六十人となった。経営幹部や卸店営業も含めたWASCOの社員数もまた、赴任当初の倍近い二百二十五人になった。

七月には、石井正も、欧州とアフリカのリテール販売を統括するため、パリのヨーロッパ味の素社に異動になった。

ナイジェリア国内のリテール販売量は、一九九九年の二〇六八トンから、二〇〇二年には七九二一トン、翌年には一万五九四八トンと、驚異的な伸びを見せ、年間二億五千万円相当の赤字を出していたWASCOは黒字に転じた。

第五章

ペルーの大地に溶け込む

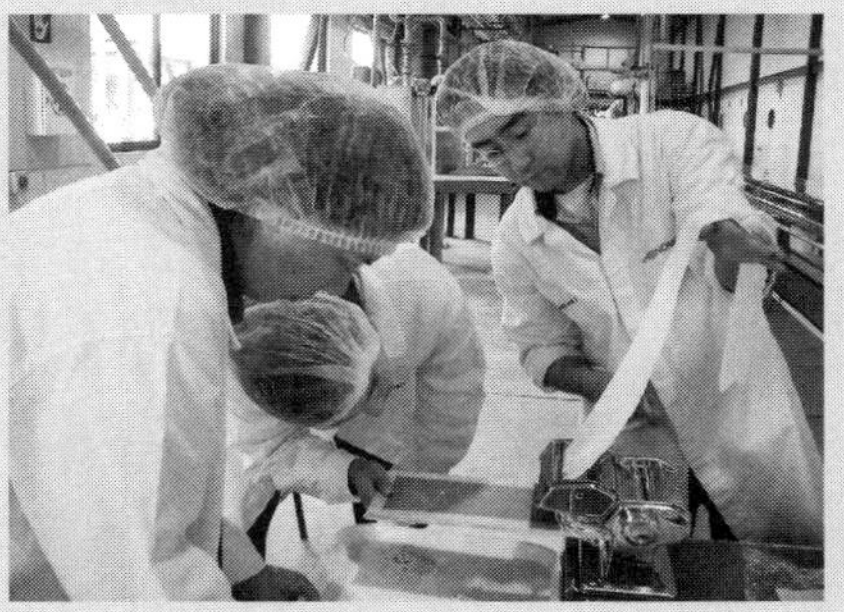

アジノメン工場でR&D部のロドリゲス研究員（左）らと麺の開発作業をする小林健一氏（右）

1

石井と小川がナイジェリアを離れる前年の二〇〇二年春——

北海道旭川市は、ようやく雪が解け始める季節だった。

入社十四年目の研究職、小林健一は、石北本線の東旭川駅の近くにある旭油脂株式会社の事務所で、味の素本社から出張して来た男性社員と話をしていた。

旭油脂は、味の素が食品加工用の大豆たんぱくの生産を委託している会社で、従業員は六十五人。元々は、旭川の穀物商が共同出資して設立した旭川搾油工業という会社で、味の素が資本を入れ、グループ会社化した。

「……小林、お前、ラーメン好きか？」

味の素の元油脂事業部長で、二年前まで旭油脂の社長を務めていた年輩の男性が訊いた。

「えっ、ラーメン!?」

唐突な質問に、縁なし眼鏡をかけた黒目がちのくりっとした目に驚きの色が浮かぶ。

三十六歳の小林は、入社以来油脂の専門家として植物油の精製法の研究や、長持ちするサラダ油の開発などに取り組んできた。七年目から旭油脂に出向し、技術部副部長として大豆たんぱくや植物油の開発や製造を担当した。

「ラーメンは、そりゃまあ、かなり好きですけど」

小林は地元の食や暮らしに親しみ、旭川の醬油ラーメンを紹介する『旭川ラーメン道』というホームページも個人で運営していた。

「実はな、海外加工食品部がラーメンの担当者をほしがってるんだ」

白髪交じりで、細面に銀縁眼鏡をかけた元社長がいった。

味の素が大豆たんぱく事業から撤退することを決め、元々業績不振だった旭油脂は解散することになった。小林は旭川に永住するつもりで家も買っていたが、味の素に帰らなくてはならない。

「えっ!?　でもうちの会社、ラーメンなんてやってないですよね？」

「やってるよ。タイとポーランドでやってるし、今年からペルーでもやるんだ」

「へえ、そうなんですか」

黒々とした頭髪で広い額の小林は、意外そうな表情。

この六年間、旭川で大豆たんぱくと植物油の仕事をしていたので、海外のラーメン事業のことは知らなかった。

「ポーランドは、一昨年《おととし》から袋入りのラーメンを売ってるんだ。ラーメンっていうか、即席麵だな」

ポーランドには、当初、タイの自社工場で生産したものを輸出していたが、採算面で見合わなくなったため、ハンガリーにある韓国企業の工場に生産を委託し、チキンや牛肉味の即席麵を製造・販売していた。日本のラーメンのようにコシがある麵ではなく、柔らかい麵を使っている。

「ペルーのほうはな、今年の十月から『アジノメン（Aji-no-men）』っていうブランドで、三種類の即席麺を売り出すことになってる」

味の素は、首都リマ近郊のカヤオ地区に三百万ドル（約三億六千万円）を投じて即席麺の新工場を建設した。ペルーには中国系住民が約二百万人、日系人が約八万人おり、南米諸国の中でも東洋的食文化が浸透している。

新たに売り出す即席麺は、チキン、牛肉、オリエンタル（醬油風味）の三種類の予定だが、東洋水産の「マルちゃん」や日清食品の「トップラーメン」など、先行メーカーが三社あり、競争は厳しいという。

「小林には、ポーランドとペルーの即席麺のマーケティングと技術面のサポートをやってほしいそうだ。できるか？」

「そうですか。まあ、大丈夫だと思います」

技術には自信があり、マーケティングもそれほど大変なものと思わなかったので、気軽に返事をした。しかし、後で実際にやってみると、一筋縄ではいかないことが分かった。

七月——

小林は東京・京橋にある本社海外加工食品部に転勤し、ポーランドとペルーの即席麺の仕事に取りかかった。

ポーランドについては、販売促進のため、同国の主要ポータルサイトである「オネット（Onet.pl）」にアプローチし、味の素の即席麺をサイトに掲載してもらえるよう働きかけた。

ポーランド、チェコ、ハンガリーといった東欧諸国では、パスタの延長線として即席麺を食べる習慣があり、ポーランドだけで年間一億食以上が消費されていた。味の素は同国を拠点に東欧への販売拡大を計画していた。

十月に、小林はポーランドに出張し、ワルシャワに駐在している社員と話し合いを持ったり、スーパーマーケットで即席麺や、その他の食料品の販売状況を視察したりした。初めて訪れたポーランドは、車で郊外を走ると、なだらかな緑の畑がどこまでも続いていて、北海道の美瑛あたりのようだった。

十二月には二度目のポーランド出張をし、「オネット」とミーティングをしたりした。

十二月中旬——

小林は、ポーランド出張を終えたその足で、ペルーに向かった。経由地のマドリードからは十二時間という長いフライトだった。

ペルーは太平洋に面し、南米大陸の西側を背骨のように走るアンデス山脈が国土を南北に貫いている。人口は約二千七百万人。アジア以外では、味の素が最初に事業として成功した国で、その原動力となったのが、沖縄からの移民である金城光太郎《かなしろこうたろう》という人物だ。

金城は、一九一二年（明治四十五年）、現在の糸満市で生まれ、一九二九年に旧制沖縄県立第二中学校（現・県立那覇高校）を卒業し、ペルーで水稲栽培を始めて間もない叔父を頼って移住した。リマ市の北約四〇〇キロメートルのシンポールという場所で菓子屋を開いたところ、繁盛した。

第二次大戦中は、日系人男性の多くがペルーの敵国民として米国の収容所に送られる中、金城は収容を免れたり、移送用の飛行機がなかったりしたため、リマで商売を続けた。

戦後、調味料として日系人の間で人気があった味の素に着目。一九五〇年（昭和二十五年）、金城が経営するアンデス商会が日本から味の素の一〇〇グラムの赤い缶を百二十個輸入し、これが味の素初の南米輸出となった。

一九五〇年代には、味の素本社の「小分けするな」という指示に対し、金城は「ペルー国民は大家族だが、まとめ買いはしない。食事に使うとき、その分だけ買う」と反論。二グラムずつサシェに小分けし、日系人や友人のペルー人に販売したところ、爆発的に売れた。金城は妻と上の三人の子どもを総動員し、朝から晩までスプーンで袋に二グラム分の味の素を詰め、アイロンで封をする作業に追われた。一九六五年頃には、包装用の機械を導入し、一・六グラムのサシェにして、日系以外の問屋や小売店にも販売。オートバイを使って、販売エリアをリマ周辺から、国の北部や南部へと拡大していった。

一九六七年、金城は日本の味の素本社に招かれ、反日感情が根強かったペルーに味の素の工場を合弁でつくることで合意した。翌一九六八年、金城も出資してペルー味の素社（Ajinomoto del Perú S.A.）が設立され、米州大陸で最初の工場が建設された。同社は南米進出の橋頭堡となり、四年後に味の素はブラジルのミョージョーアリメントス社（現・ブラジル日清社）に出資した。

小林が出張した頃、金城は、ペルー味の素社の会長を務めていた。すでに九十歳で、会社には来ていなかったが、重要な行事の際などには姿を見せた。日本政府から叙勲も受けた日系人社会の重鎮で、六年前に起きた在ペルー日本大使公邸占拠事件では、当時、ペルー味の素社に勤務していた石井正とともに人質になった。

南半球にあるペルーは真夏で、毎日の最高気温は三十度前後あった。

首都リマは、海岸砂漠地域で雨がほとんど降らない。七百七十六万人の人口の二、三割が住むスラム街では、壁はあるが屋根のない家が多かった。屋根をつくると家が完成したとみなされ、税金をかけられるので、収入の少ない人々は屋根をつくらないのだった。街は埃《ほこり》っぽく、東南アジアの下町のような猥雑感があった。

ペルー味の素社は、市街中心部のヴィクトリア地区にあり、建物はハイウェーのそばに建つ五階建てのビルである。側面の壁には大きな味の素の看板が取り付けられている。

本社には約八十人、カヤオ地区の工場には約三百三十人が勤務し、リマ支店を含む全国の支店では約百七十人が直販に携わっており、従業員数は総勢約五百八十人という大所帯だ。

「……これは紛れもなく酸化臭ですね」

会議室で、即席麺「アジノメン」の袋を開けて臭いを嗅いだ小林が、顔をしかめていった。

「酸化臭？」

テーブルの向かい側にすわった新谷道治《しんたにみちはる》らが怪訝そうな顔で訊く。

ペルー味の素社社長の新谷は大柄で恰幅がよく、四十代後半にして『ゴッドファーザー』のドン・コルレオーネのような貫禄がある。

二ヶ月前に発売したアジノメンは、宣伝効果と物珍しさもあり、月間六十五万食近く売れた。しかし、その後「変な臭いがする」という苦情が相次ぎ、売れ行きが落ちた。臭いを嗅いでみると、饐《す》えたような嫌な臭いがしていた。

「鉄や銅が触媒になって、油が酸化して、臭いのもとになるんです。ポテトチップスとか、油を使う商品には絶対に鉄や銅は入れちゃいけないんです」

油脂の専門家である小林は、旭油脂に出向する以前に勤務した横浜工場で酸化臭の問題を扱ったことがある。

「鉄や銅？　うーん、そうなのか……」

新谷は予期せぬ事態に驚いた表情。

「はい。原料の中に入っている可能性があると思います。すぐに成分分析をしましょう」


小林はリマにある食品分析センターに「アジノメン」を送り、分析を依頼した。

間もなく返って来た分析結果を見て驚愕した。

「なんじゃあ、この鉄の多さは⁉」

分析結果の数字が、麺の原料である小麦の中に三〇ｐｐｍ（小麦の重量の百万分の三十）という、通常では考えられない大量の鉄が含まれていることを示していた。

（これだけ鉄が含まれてたら、そりゃ、酸化臭は起きるよなあ。しかし、なんでまたこんなに入ってるわけ？）

小林は急いで小麦粉のサプライヤーに事情を問い合わせた。

サプライヤーからはすぐに回答があり、政府の法律にしたがって小麦粉の中に三〇ｐｐｍの鉄を混ぜているということだった。

「そんな法律があるのか⁉」

あらためて調べてみると、ペルーだけでなく、近隣のボリビア、エクアドル、チリ、コロンビア、ベネズエラ、パナマでも、国民の貧血防止や健康増進のために、小麦の栄養強化に関する法律があり、二〇から六〇ppmの鉄分を入れるべきことが定められていた。鉄分だけでなく、ビタミンB_1・B_2、ナイアシン、葉酸なども入れることになっていた。

小林は直ちに製品の改良に取りかかった。

酸化抑制のためには、油が酸素と結合しないよう、酸化防止剤を加える等のやり方がある。

小林は自分で車を運転し、工場にしょっちゅう出かけ、生産工程に酸化防止の仕組みを加えていった。

工場はリマ中心部から西に一五キロメートルほど行ったカヤオ地区にあった。十六世紀にスペインによって拓かれた場所で、ペルー最大の港、海軍基地、ホルヘ・チャベス国際空港などがある。

味の素の工場は太平洋に沿って南北に延びる幹線道路に面し、清掃が行き届いた広い敷地の中に、芝生、花壇、高さ三メートル前後の緑の木々、構内の場所を示す標識等が整然と配置され、味の素、アジノメン、ドニャグスタ（風味調味料）、アジノシジャオ（醤油）の四つの製造工場のほか、味の素の包装工場、事務所、食堂、サッカー場などがある。

アジノメンの工場は敷地の一番奥にある南北に長いグレーの建物で、そばに製品倉庫がある。工場の入り口の壁には、全従業員の家族の写真と「お父さん、安全に気を付けてね」という家族からのメッセージが飾られ、従業員同士の絆を強くしている。

「オラ（こんにちは）、ロニー」

頭にヘアキャップをかぶり、マスクをつけ、全身を白い制服で包んだ小林は、工場の製造課長のロニー・オルティスに片手を挙げて挨拶した。

「オラ、ケン！　ケタール？（調子はどう？）」

オルティスが挨拶を返す。額が広く、きまじめそうな顔つきのペルー人だ。小林より少し年下で、笑うときは、はにかんだような表情になる。部下たちを大切にし、彼らから、会社のためというよりロニーのために働いているのだといわれるほど信頼が厚い。

「ムイ・ビエン、グラシアス！（とってもいいよ。有難う）」

小林は、おぼえ立てのスペイン語で返事をする。

「それは結構。じゃあ、行きましょうか。準備はできてます」

オルティスが、この日の作業をする場所へと小林を案内する。

工場内は、ザーッ、ザッザッザッ、シュワーッ、ゴオーッ、カシャンカシャンという何種類もの機械の騒音に満ちている。

五つのロール・スタンドが、練った小麦粉の生地を薄く伸ばして麺帯《めんたい》にし、次の機械が麺帯を細く切って麺にし、ウェーブ（縮れ）を付け、それを別の機械が蒸していく。長さ数十メートルに及ぶ、製鉄所の圧延機を小さくしたような設備である。

インスタント・ラーメンの麺は、小麦粉に水、塩、かん水を混ぜ、練って生地をつくる。

かん水は、炭酸ナトリウムや炭酸カリウムなどが入ったアルカリ塩水溶液で、中華麺らしい柔らかさ、コシ、風味、色合いなどをもたらす。

厚さ一〇ミリの麺帯（生地）は五つのローラーを通過し、徐々に薄くされ、最後は厚さ一ミリになる。何段階にも分けて薄くするのは、人の手でじっくり伸ばすのと同じコシを生むためだ。

麺帯は切刃《きりは》が付いた機械を通過し、一本一・五ミリの太さの麺に切り分けられ、機械から出てくるところを金属のはね扉で上から押さえられ、縮れを付けられる。

縮れが付いた麺はベルトコンベヤーに載ったまま、長さ一〇メートルの蒸し器の中を二分間かけて通過。

その後、麺同士がくっ付かないように油を塗られ、回転する刃で一食分ずつに切り分けられ、金枠に入れられて百三十〜百四十度の温度の油で揚げられたあと麺の温度を下げる工程を通過する。

ここまでが一本の長いベルトコンベヤーで行われ、その後、別室に移され、異物の混入の有無や重量の検査、形状などの目視検査をへて、スープや薬味の袋を上に載せられ、賞味期限を印字した袋に入れられる。

袋詰めされたものは、二十四食ずつ段ボール箱に入れられ、もう一度重量検査をされ、出荷される。

目視検査以外はすべて機械による流れ作業の生産ラインである。


翌二〇〇三年五月——

小林はペルー転勤の内示を受けた。

ペルー味の素社社長の新谷が、小林の技術に関する知識もさることながら、スペイン語はまったくできず、英語もそれほど得意ではないにもかかわらず、すぐに現地スタッフの中に溶け込んで仕事をした人柄とコミュニケーション能力を高く評価したのだった。小林の社交性は折り紙付きで、小学生の頃は、ふらっと校長室に入って、校長先生と談笑するような子どもだった。

味の素の海外拠点はどこもそうだが、現地化が進んでおり、コストの高い日本人駐在員は最小限の人数しか置いていない。ペルーでは約五百八十人の従業員のうち、日本人は小林を含めて五人だけだ。したがって、現地スタッフと上手く仕事ができる人柄とコミュニケーション能力が何よりも重視される。

2

七月——

小林はペルーに赴任した。リマ市内では比較的閑静な住宅街、サン・イシドロ地区にある一般家庭に下宿し、午前中、会社で働き、午後、スペイン語の学校に通った。下宿の大家は沖縄にルーツを持つ日系二世で、儀間《ぎま》さんという人だった。下宿人はもう一人おり、最近リマに赴任したＪＥＴＲＯ（日本貿易振興機構）の日本人で、住む家を探しているところだった。

ペルーは治安が悪く、スリが横行し、高価な物を持っているとひったくりに遭う。指輪を盗むため、指や手首を切るという話も聞いた。

小林は街で写真を撮るときは、ポケットから出して、シャッターを切り、再びポケットにしまうまで、五秒以内でできるカシオのＥＸＩＬＩＭ《エクシリム》という小型デジタルカメラを使った。それでも四年間のペルー滞在中に、デジカメを二度すられることになる。

一般人でも拳銃を所持することができ、タクシーに乗ると、フロントガラスに銃弾が当たったと思しいヒビが入っていたりする。


到着して約一週間後――

小林は、リマ市内にある国際刑事警察機構《インターポール》の事務所に登録に出向いた。ペルーに住む外国人は、外国人登録のほか、国際刑事警察機構にも登録しなくてはならない。

機構の事務所は、瓦屋根のちょっと立派な民家のような建物で、前庭に、ペルーの動植物や鉱物資源が描かれた赤と白の国旗が翻っていた。

「パレ・セ・アイ・ポルファボール（はい、じゃあ、そこに立って）」

小林は男性の係官に、室内の壁の前に立つようにいわれた。

（こりゃ、まるで犯罪者だね）

登録番号のプレートを手に持ち、やれやれと思う。

パシャッとシャッターが切られ、写真を撮られた。

「次は、こっちで指紋をとります」

今度は両手の十本の指にブルーブラックのインクをつけられ、指の一本一本を上から押され、紙の上に指紋を記録する。

「はい、じゃあ、今度はそこにすわって下さい」

係官が、歯科医院にあるような椅子を示した。

（ん？　いったい何をするんだ？　歯の治療か？）

小林は怪訝に思いながら、くすんだ緑色のビニール張りの椅子にすわる。

「はい、口を開けて」

係官が、ミラーを使って小林の歯を検査する。

歯の特徴や、犬歯など抜けているものの有無などを紙に記録していく。

（はあー、これで黒焦げ死体になっても大丈夫ってわけか）


翌日――

小林は、ペルー日系人協会が運営するリマ市内のスポーツ施設「ラ・ウニオン運動場協会」の一室で、子どもたちを前に手品を披露した。

東北大学時代、奇術部に所属し、手品が特技である。旭油脂勤務時代には、旭川のアマチュア落語団体「旭笑長屋《きょくしょうながや》」の「寿芸無寄席《じゅげむよせ》」に「怪家手妻《あやしやてづま》」の芸名で出演したりしていた。

先日、下宿の大家に手品を見せたところ「今度の日曜日にやってくれないか」と頼まれたのだった。気軽にオーケーしたところ、翌日、地元の新聞に記事が出て、この日は、五十人ほどの子どもたちが集まった。

ペルーでは手品を見る機会は少ないらしく、小林が新聞紙を破って元に戻したり、金属の輪を繋げたり外したりすると、子どもたちは大喜びした。二十五分間ほどのショーは大盛況で、終わったあと新聞記者の取材まで受け、翌日地元の二紙に記事が出た。

八月――

土曜日、小林は、マクドナルドに昼食に出かけた。

店は下宿先から歩いて十分ほどのところにある。

ハンバーガーとフレンチフライ、飲み物のセットを買い、テーブルについた。

（ああ、今日もいるんだなあ……）

視線を上げ、心の中で切なくため息を漏らす。

出入り口のすぐ外に、薄汚れたぼろを着た浅黒い肌の子どもたちが何人も立って、物乞いをしていた。年齢は四歳から六歳くらいで、表情は乏しく、生きることに対する苦悩と諦めがうっすら漂っていた。小さな子どもは垂らした青洟《あおばな》が干からびている。

ペルーは貧富の差が激しい。ベンツに乗るような金持ちがいる一方、リマ市の七百七十六万の人口のうち約五四パーセントが貧困層で、世帯月収は百六十ドル以下だ。しかも子どもの数が多い。月収百二十ドルに満たない極貧層も三割近くいる。一九八〇年代、山岳地帯で活発化した反政府テロと農地政策の失敗で、大量の人々がリマに逃れて来たが、彼らはまともな教育を受けていなかった。

小林が買ったハンバーガーのセットは十ソル（約三百円）弱で、貧困層の半日から一日分の世帯収入に相当する。マクドナルドで食事をするのはお金持ちなので、彼らを目当てに、貧しい子どもたちがやって来ていた。

（あの子たちに、一度、お腹いっぱい食べさせてやりたいな）

やるせない思いで味を感じる心の余裕もないまま、小林はハンバーガーを口に運んだ。

小林は、スペイン語の学校には六ヶ月間通った。

この間、業務も多忙で、授業が終わると夕方には再び会社に戻り、夜十時頃まで仕事をした。

この頃取り組んでいたのは、アジノメンの焼きそば（汁なし）タイプの開発だ。そのため、スペイン語の予習・復習をやる時間が取れなかった。

スペイン語学校で六ヶ月勉強した後は、週三回、終業後にウルスラという名の中年の女の先生に会社に来てもらい、個人レッスンを続けた。

九月には下宿を出て、市内のマンションに引っ越した。建物の二階で、広さは二百三十平米、家賃は月千五百ドルだった。主寝室の大きな窓からは、向かいのオランダ大使館の黄色い建物と、青地に金の星のEU旗とオランダ国旗が翻っているのが見えた。


職場は、ヴィクトリア地区にある本社ビルの中の研究開発とマーケティング部門で、肩書はR&D（Research & Development＝研究開発）部長兼マーケティング部スタッフ部長（部付部長）である。R&Dの部下は、研究開発職の四人のペルー人で全員女性だった。

「小林君、どう、包材《ほうざい》は間に合いそうかな？」

ある日、本社ビル一階のマーケティング部門で、隣にすわっている部長の小川勝明が訊いた。

四十代後半の小川は小柄で、目が細く、端正な顔立ち。スペインとブラジルでの勤務経験があるスペイン語の達人である。

「はい、もうだいぶ前にシンガポールを出てますから、問題ないと思います」

縁なし眼鏡の小林は、椅子にすわったまま答えた。

ペルー味の素社では、十月から「アジノメン」に新たに、エビ、野菜、鶏ベースのオリエンタル味の三種類の新製品を発売する予定だ。小林がペルーに着任したときには、R&Dの女性スタッフによる商品開発は終わっており、商品名、レシピ、成分などが印刷された包装材料のフィルムも発注されていた。

フィルムは、シンガポールにある味の素のグループ会社が製造し、船便でペルーに向かっているところだ。

「そうか。……売れてくれるといいけどねえ」

誰に対しても丁寧な言葉で話す小川がいった。

温厚な人柄で、いつもにこにこしているが、「アジノメン」の売上げが六月に月間二十万食台にまで落ち込み、事業の赤字幅が大きく拡大したので、さすがに焦燥感を隠せない。

「今の製品はいいと思うんですけど、一度食べて酸化臭で嫌になった消費者には、悪いイメージが残ってますからねえ」

小林の言葉に小川が浮かない表情でうなずく。

酸化臭の問題はすでに解決ずみだが、商品を回収せず、自然入れ替えの方法をとったので、かなりの数の消費者が酸化臭のある商品を食べた可能性がある。

「どこかで、消費者のイメージを変えられるようなリニューアルをしないといけないだろうなあ」

小川の言葉に小林はうなずいた。

十月――

ペルー味の素社は、「アジノメン」の新しい種類としてエビ、野菜、オリエンタル（鶏ベース）味の三つを発売した。

売れ行きはまずまずで、既存の三種類と合わせ、十月には約四十八万食、十一月には約五十二万食を販売した。


十二月――

カトリック教徒が九割近くを占めるペルーでは、クリスマスは一年で最大のお祭りである。ペルー味の素社のオフィスにも、部屋ごとにクリスマス・ツリーが飾られた。スーパーの売場の棚は国民的菓子「パネトン」一色になった。レーズンやオレンジピールなど、フルーツの砂糖漬けを、卵たっぷりの生地の中に練り込んで焼いたスポンジケーキで、特にこの時期に食べられる。

季節は真夏で、街には甘くて美味しいスイカが出回っていた。

クリスマスの三週間前には、ペルー味の素社で、職場のグループごとにくじ引きが行われ、クリスマス・プレゼントを贈る相手が決められた。ただし、相手には誰からプレゼントをされるのかは分からない。その後、二週間で二回、百円程度のお菓子などの小さなプレゼントを、相手がいないときを見計らって、こっそり机の上に置く。その際、ちょっと相手に気があるようなメッセージを付ける。そして日本の忘年会に相当する、クリスマスの食事会のとき、自分が贈り主であることを明かして、本物のクリスマス・プレゼントを相手に渡す。小林も二週間の間に二回、こっそりプレゼントを置き、同じく二回、男か女かも分からない相手から小さなプレゼントをもらった。小林にとって最大の難関は、プレゼントに付けるメッセージだった。男六人、女七人のグループの中で日本人は小林だけである。もしスペイン語の文法を間違えると、すぐ誰か分かってしまう。小林は間違えていませんようにと念じながら「こうして文字で書いて伝えるのはもどかしいくらいです。いつもあなたを見ています」というようなメッセージを一生懸命書いた。

十二月十九日には、南米のクラブチームの国際サッカー大会である「コパ日産スダメリカーナ（日産南米杯）」で、クスコを本拠地とするペルーのチーム、シエンシアノが優勝した。国全体が熱狂に包まれ、リマの通りという通りでクラクションの音が鳴り止まなかった。

ペルーでは、幸福の色である黄色のパンツをはき、そのほかにもう一点、黄色のものを身に着けて新年を迎える習慣がある。小林もスーパーに行き、特設の黄色い下着売場でパンツを買った。「アジノメン」の売れ行きは堅調で、十二月の販売量は五十五万食に達する見込みとなった。赴任以来小林が取り組んで来た焼きそばタイプの開発もほぼ終わり、翌年八月に発売する予定となった。

十二月二十三日――

衝撃的なニュースがもたらされた。

米国のヴェネマン農務長官が、ワシントン州の農場でＢＳＥ（牛海綿状脳症＝狂牛病）に感染した疑いのある雌牛一頭が見つかったと発表したのだ。

当該の牛は、食肉処理施設に送られた際、歩行困難などの異常が見られたため、処理後の組織試料を検査したところ、陽性反応が出たという。米国において初めてのＢＳＥの発生だった。

日本、東南アジア諸国、オーストラリアなどが米国産牛肉の輸入禁止措置に踏み切り、以前から成長促進ホルモン回避といった安全上の理由で米国産牛肉の輸入を規制していたＥＵは「状況を注意深く見守る」とした。

南米ではチリとブラジルが最初に米国産牛肉の輸入を停止し、ペルー、コロンビア、アルゼンチン、ベネズエラ、ウルグアイの各国政府も、十二月二十六日に輸入を停止した。

ペルー味の素社はアジノメンに米国産のビーフ・パウダー（乾燥牛肉の粉）など二種類の材料を使っていたので、事件の直撃を受けた。


年明けの二〇〇四年一月——

小林は、マーケティング部長の小川勝明やペルー人社員らと一緒に、ペルー保健省を訪問した。

保健省（Ministerio de Salud）はリマ市内中心部のヘネラル・サラベリー大通り沿いにある。付近にポーランド公園やプランタス・メディシナレス植物園があり、緑が多い一帯だ。

保健省のビルは、正面中央部分が五階建て、その左右が四階建てという山の字型。日本の地方大学を思わせる地味な佇まいである。出入り口は頑丈そうな鉄のゲートで守られ、その右手の受付所で入館証をもらって入る。

小林らは、省内の一室で課長級の担当役人と面談した。

部屋は相手の執務室で、奥に大きなデスクがあり、手前に応接セットがあった。

「……ペルー味の素社で使っているビーフ・パウダーなどは、テキサス州やアイオワ州のものです。

今回、ＢＳＥに感染した牛が発見された西海岸のワシントン州とはまったく違う場所です」

応接用のソファーにすわった小川勝明が、流暢なスペイン語で説明した。

「サプライヤーからもＢＳＥに感染している懸念はないという証明書をもらっています。ですから、使用を認めて頂けないでしょうか？」

「いや、それは無理ですね。やっぱりリスクがありますからね」

課長級の幹部は肌が浅黒い太めの女性で、黒い髪の毛をソバージュにしていた。

「今回、感染していたのは、カナダ産の牛だというのは知っていますよね？　知りませんか？」

彼女が畳みかけるように訊く。

ＢＳＥに感染していた牛は、ＤＮＡ鑑定で、一九九七年四月にカナダのアルバータ州の農場で生まれ、二〇〇一年九月に他の牛八十頭とともに米国に輸出された個体であることが判明した。

「アメリカ政府は、他の八十頭の所在を確認しようとしていますが、まだ十何頭しか確認できていないんだそうです。非常に悩ましい事態です」

中年の女性幹部は早口のスペイン語で続ける。

「おそらく八十頭全部は確認できなくて、せいぜい三十頭かそこらまでっていう見通しなんだそうです。もし全部確認できたら、話は違ってくるかもしれませんけどねえ」

課長級の女性の話すスピードのあまりの速さに、小林はおろか、スペイン語の達人の小川でさえ聞き取りに苦労する。

「それと、感染牛は、カナダから輸入されたあと、アメリカで二年以上にわたって肥育された個体です。アメリカ国内で病原体に汚染された餌を食べて感染した可能性も否定できません。もしそうなら、アメリカのほかの場所にも感染牛がいる可能性もあるわけです。そうなりますよね？」

彼女のかたわらで、若い男性職員が黙々と書記を務めていた。

「ですから、御社が使っているテキサスやアイオワ産の材料に、ＢＳＥに汚染された牛肉が混入している可能性は排除できないということになります」

（はあー……。しかし、可能性っていったって、ゼロに近いような理論的な可能性なんでしょ？）

縁なし眼鏡をかけた小林は、心の中でため息をつく。

「我々が即席麺に使っている材料は、ＢＳＥの病原体が蓄積しやすい脳など、特定部位とはまったく関係ない部位からつくられているものです。それでも駄目なんでしょうか？」

味の素社のペルー人社員が訊いた。

「残念ですが、保健省としては使用部位にかかわりなく、感染牛の使用は認めていません」

女性役人は、妥協の余地のない口調でいった。

「とにかく商品の販売は中止して下さい。まあ市中在庫を回収しろとまではいいませんけど、出荷は停止して下さい。もちろん新しいのをつくっちゃ駄目ですよ」

機関銃の連射のようにスペイン語で畳みかける。

「出荷停止ですか……」

小林らは顔を曇らせる。最悪に近い措置だ。

「政府の決定ですからね。遵守して頂かないと、法令違反になりますよ。よろしいですね」

それから間もなく――

小林健一は、薄紫色のボタンダウンの半袖シャツの制服姿で、試作したアジノメンの試食をしていた。シャツの右袖には赤いお椀のマークが刺繍されている。

米国産の牛肉の材料を使った商品を売ることができなくなったので、急遽、メキシコ以南の国々から代替材料のサンプルを九種類取り寄せ、実際に「アジノメン」をつくって、試食テストをしているところだった。

ペルー味の素社のR&D部のラボ（研究室）は白壁で窓が大きく、調理場と理科の実験室を一緒にしたような部屋だ。中央に大きな調理台のようなどっしりとしたテーブルが置かれ、冷蔵庫、孵《ふ》卵《らん》器、ミキサー、小麦粉を練るパスタマシン、電子レンジ、秤《はかり》類、分析器、調理器具、電気ハエ捕り器、食材、フレーバー（粉状の香料）のサンプルなどが備え付けられている。

（ふむ、これはかなり近い味だな……）

小林は白いスープ皿に入れたラーメンをスプーンで口に運び、味や香りを確認し、手元の用紙に結果を書き込む。ペルーではラーメンはスプーンで食べるのが普通だ。

表面がステンレスの大型のテーブルの上には、二十以上の白い深皿に盛られたラーメンが並べられ、R&D部の女性研究員たち数人が試食をしていた。

「トライアングル・テスト」と呼ばれる試食試験だった。

これは新しい材料でつくったアジノメン一皿と従来の材料でつくったアジノメン二皿をそれぞれ一組にし、どの材料でつくったかは分からないようにして、一つだけ味が違うと思うものを選んでもらう。その結果、従来のものと味の違いが分からないと判断されれば、その材料を採用する。

白衣姿の女性研究員たちはテーブルの周りに着席し、目の前に置かれた三つの白い深皿を一つずつ手に取り、香りを嗅ぎ、スープを飲み、スプーンで麺をカチカチ切って、神妙な表情で口に運び、手元のシートにボールペンを走らせ、評価を記録していく。

女性研究員たちは皆二十代のヨーロッパ系である。カヤオ地区にある工場で働いている肌の浅黒いペルー人たちと違って、色も白く、裕福な家の出で、全員が大卒だ。

既存の牛肉味の商品はすでに出荷停止され、一月の販売量はごくわずかだ。そして二月にはゼロになる。ＢＳＥ騒ぎは他の種類のアジノメンの売上げにも影響し、十二月には五十五万食強だった販売量は、今月は三十六万食くらいまで落ち込み、赤字幅が拡大する。来月はさらに落ち込むのは必至で、一刻も早く代替の材料を決め、製品化しなくてはならない。

3

三月上旬――

小林は、「アジノメン」の代替材料選定作業に目途をつけ、マーケティング部の仕事で、ペルー北部のチクラーヨ（Chiclayo）に出張した。地方での営業状況の視察と、商品認知度の調査が目的である。

チクラーヨは首都リマの北北西約七〇〇キロメートルの太平洋岸に位置し、エクアドルとの国境に近い。小林はリマから国内線の飛行機で左手に青い太平洋を見ながらペルー第三の都市、トルヒーヨを経由して飛んだ。

チクラーヨの人口は約五十万人で、ペルー第四の都市だ。海から一三キロメートルほど内陸にあり、インカ帝国以前の七五〇年から一三五〇年頃、シカン（月の神殿）文化が栄えたところである。町は一六世紀にスペイン人によって建設され、ペルー北部の商業と金融の中心地になっている。ここにペルー味の素社の支店があり、支店長以下十人が働いている。

（マギー・キューブは、ほとんどの店にあるなあ……）

チクラーヨ市内のモショケケ（Mochoqueque）市場で小林は小売店の店頭を視察した。市内で最大の市場で、三つの区画に分かれ、味の素の取引先は卸売店が約百十、小売店が約二百九十ある。

目の前の店は、天井からカレンダー状の黄色いマギー・キューブをたくさん吊るしていた。店頭には袋入りの穀類や香辛料が並べられ、店内は様々な商品で溢れ返っている。

マギー・キューブは、スイスに本社を置く世界最大の食品メーカー、ネスレの固形ブィヨン（洋風だし）だ。同社の売上げは約七兆五千億円で、味の素の七・五倍という巨人である。同社の売り方は、卸店に大量に卸し、テレビCMなどをがんがん流す物量作戦で、営業マンが小売店を一軒一軒回り、人々の間に味を根付かせる味の素の対極にある。

（市場の雰囲気はリマに似てるけど、トウガラシ、砂糖、酢が多い感じがするなあ。……リマより暑いからかな？）

味の素は数多くの店できちんと陳列販売されており、営業マンたちが丁寧にセールス活動をしているのが感じられた。

ペルー味の素社は「アジノシジャオ」という醬油も製造販売しているが、この市場では地元の老舗メーカー、シバリータ（Sibarita）社の「ティト（Tito）」という醬油が強い印象である。

小林は、モデロ（Modelo）という別の市場も視察した。

そちらには約百三十の取引先があった。

その後、スーパーマーケットを見に行った。

市内には、カムト（Kamt）、エル・セントロ（El Centro）、エル・スーパー（El Super）という三つのスーパーマーケットがあった。

（こりゃ、ちょっと見づらいなあ）

一軒のスーパーの陳列棚を見て、小林は軽く顔をしかめた。

アジノメンも陳列されていたが、客から見えにくい場所にあった。

「これ、見づらいので、できたら改善してもらったほうがいいですね」

小林の視察に同行していたチクラーヨ支店長のほうを向いていった。

「分かりました」

ペルー人にしては色白で、がっちりしたスポーツマンタイプの支店長がうなずく。まだ三十代だが、リーダーシップがあり、営業マンたちをよく束ねている。

（マルちゃんとスマックもあるなあ……）

東洋水産のマルちゃんと、米国ユニオンフーズ社のスマックという即席麵も陳列されていた。値段は一・五ソルと一・二ソルで、一ソル（約三十円）のアジノメンより高い。

（醬油はリマより種類が多い。酢も種類が多い……。やっぱり、リマとは若干味の好みが違うんだ

ろうなあ）
商品がずらりと並ぶ棚を見て歩きながら、小林は考える。
頭の中には、どうすれば、アジノメンをはじめとする商品をペルー人好みの味にできるかが常にある。

翌日、小林は、チクラーヨの南の郊外にあるチェペン（Chepén）、パカングイリャ（Pacanguilla）、モクペ（Mocupe）という三つの町を回った。三つとも埃っぽい田舎町（ないしは集落）で、露店や道路脇の食料品店も多かった。

チェペンでは、地元の卸商が売っていると思しい、味の素の偽物が出回っていた。売っている人間は日曜日に営業活動をしているらしく、味の素の営業マンは日曜日が休みのため、現場を押さえられていなかった。


その晩、小林は一人でバスで六時間かけて、チクラーヨの東南東約一六〇キロメートルの場所にあるカハマルカ（Cajamarca）に向かった。

（うちの会社、ほんとにすごいところに営業所があるよなあ……！）

山道を上へ上へと走り続ける長距離バスに揺られながら小林は半ば感心し、半ば呆れる。

バスの中では昨年公開され、まだDVDも発売されていないはずの映画『ラストサムライ』の違法コピーが上映されていた。

カハマルカは標高二七五〇メートルの高地で、カハマルカ県の県都だ。周囲を青い山々に囲まれた盆地を淡褐色の家々や屋根が埋め尽くしていた。インカ帝国の最後の皇帝、アタワルパが亡くなった土地としても知られ、人口は三十万人弱。国内生産の三割近くを占める豆類の栽培が主要産業で、酪農や金銀鉱山業も盛んである。

カハマルカには味の素の営業所があった。事務所は所長の自宅との兼用で、所長と営業マンの二人が外勤、所長夫人が内勤（会計、在庫管理等）で働いていた。

翌朝――

小林は眠る時間も十分にないまま、午前五時前に、中年のカハマルカ営業所長、若い営業マンと一緒にミニバンに乗り込み、三泊四日の地方回りに出発した。あたりはまだ真っ暗で、気温は摂氏七度という寒さだった。

最初に向かったのは、カハマルカの東にあるナモラ（Namora）という町だった。

途中、民家も人の姿も見えない山道を走り、橋のない川の浅瀬を車で渡り、つば広ハットをかぶった牛飼いのあとをついて歩く牛たちを追い越し、動物に行く手を遮られたりしながら、約三〇キロメートルを走った。

ナモラは人口数千人の田舎町で、標高は二七三三メートル。古い通りの左右に二階建てのレンガにモルタルの家や商店が並び、朝の時間帯の人影はまばらだった。

市場はなく、味の素は小さなボデガ（食料雑貨店）に商品を販売している。フィリピンのサリサリストアほど小さくはないが、生活必需品を売っている田舎のコンビニエンスストアのような店だ。

「いつも有難うございます。今日は、何を補充しましょうか？」

黒い髪に浅黒い肌、背が低く、岩のようにがっちりした体格の営業所長は、女性店主にスペイン語で訊く。

「そうねえ、味の素の一・八グラムと、アジノシジャオ（醤油）の八〇グラムを少しもらおうかしら」

電池、カミソリ、毛糸玉などが陳列されたガラスケースの向こうの女性店主がいった。

背後の壁には天井近くまで缶詰、ジュース、植物油、醤油、ピンクや黄色の袋入りの菓子などが並べられ、天井からはカレンダー状のサシェ（小袋）入りのインスタントコーヒーなどが吊り下げられている。

「有難うございます」

営業所長は数量を確認し、ガラスケースの端のほうで、伝票に記入する。ここでも販売は現金だ。商品を渡し、現金をもらうと、所長は慎重に札や硬貨を検《あらた》める。ペルーでは偽札や偽硬貨が多いので、チェックに時間がかかる。

（ドニャグスタやアジノメンは、回転が悪そうだなあ）

小林は、商品の陳列を手伝いながら、賞味期限を確認する。

ドニャグスタもアジノメンも賞味期限が近づいていた。

ドニャグスタは、ペルー味の素社が製造販売している粉末の風味調味料だ。スープや煮込みの味付けに使うもので、チキン、牛肉、魚の三種類があり、七グラムのサシェで販売している。

（やっぱり認知度が足りないんだなあ……。カハマルカにも、この町にも、マギーは出回ってないからチャンスはあるんだろうけど）

土地の料理の味付けのベースは、昔ながらの地元の調味料、味の素、鶏骨だしの三つだけのようだ。

次に行ったのは、さらに東の方角に一〇キロメートルほど走ったところにあるマタラ（Matara）だった。

（こんな地の果てみたいなアンデスの山奥で、ペルー人スタッフだけで長年行商を続けているのか……。なんかうちの会社ってすごいなあ！）

車に揺られながら、あらためて感心する。

マタラもナモラ同様、小さな町で、市場はなく、味の素の販売先は十二軒のボデガである。

（はあー、こりゃ、せっかく陳列してくれてるけど、ハエの糞ですぐ黒くなっちゃうなあ！）

一軒の店で商品の陳列を手伝いながら、小林は心の中でため息をついた。

天井からカレンダー状のアジノメンやドニャグスタが吊るされており、ハンガーの部分に宣伝が描かれているが、店内でハエが飛び回り、商品の上に黒い糞をしていた。

店内には、花柄のビニールシートがかけられたテーブル席があった。

（このテーブルで、アジノメンを食べられるようにできたらいいんだけど……）

小林は、テーブルに視線をやりながら考える。

ナモラ同様、町には食堂がなく、店内のテーブルで客が買ったパンを食べたり、ジュースを飲んだりできるようになっていた。

一行はその後、サン・マルコスという町で行商をし、宿泊地のカハバンバ（Cajabamba）に向かった。

途中、なだらかな丘陵地帯に麦やトウモロコシの畑が広がり、かつて慣れ親しんだ北海道の農業地帯のような心安らぐ風景だった。

カハバンバのホテルは一泊八ドルの安ホテルだった。

到着すると営業所長と営業マンは部屋の小さな机で、その日の売上げを一生懸命数え、日報を作成する。一日の売上げは三千から四千ソル（約九〜十二万円）で、札と硬貨が混じっており、偽札や偽硬貨にも注意を払わないといけないので手間がかかる。

翌朝——

まだ暗い午前五時半、一行はカハバンバを出発し、約四〇キロメートルの悪路を走り、ワマチュコ（Huamachuco）に向かった。

標高三一六九メートルにあり、人口は約五万人。インカ帝国によって建設された町だ。上空の雲は低く、近くまで山が迫り、高地のために樹木は少なく、アンデスの山奥といった風情である。女性たちはつば広ハットをかぶった民族衣装姿が多い。

「あれっ、携帯電話がない！」

小林は行商をしていて、ふいに気付いた。

厚手の防寒ジャンパーのポケットに入れておいた携帯電話がなくなっていた。

慌てて、足元を見回したり、ジャンパーやズボンのポケットを探ったが、見つからない。

（こりゃあ、脱いだり着たりしているうちに、どっかで落としたんだな）

心の中で舌打ちした。

営業所長に携帯電話を借り、リマの本社のペルー人総務部長に電話をかけた。

事情を話すと、携帯電話の再取得には警察への届出書がいるといわれ、所長と一緒に警察署に向かった。

ワマチュコの警察署は、漆喰の白壁に木製の出窓があるスペイン植民地時代ふうの建物だった。

壁に「DIVISION POLICIAL-PNP HUAMACHUCO」（ペルー国家警察ワマチュコ署）と黒い文字で書かれ、正面玄関の上の壁には国旗と同じデザインの丸い紋章が掲げられていた。

三人の警官がいて、小林と所長は、そのうちの一人の部屋にとおされた。

木製のデスクを前にすわった警官は、額がやや後退し、口ひげをたくわえた五十歳くらいの男で、一昔前のスペイン映画にでも出てきそうな時代がかった風貌をしていた。青緑色の制服は襟や肩に階級章が付いていて、ややくたびれている。

部屋はいかにも地方の役所の部屋といった簡素なつくりで、一方の壁に書類のファイルを収めた木製の書棚があり、デスクの背後の出窓の床板の上に古いタイプライターが二台置かれていた。

「……携帯電話を失くしたんですか？　じゃあ、まず調書をつくるための料金を銀行で払って来て下さい」

額に渋い感じの横皺が入った浅黒い肌の警官はいった。

（えっ、調書をつくるのにお金が要るの!?）

驚いたが、仕方がないので、近くの銀行で三ソル（約九十円）の手数料を払い、領収証を持って警察署に戻った。

「じゃあ、紛失届を書きますから、四十八時間後に取りに来て下さい」

警官がいった。

「えっ!? でもこの町には今日の夕方までしかいないんですけど」

「ふーむ、そうですか……。キエロ・ガセオサ（ソーダが飲みたいなあ）」

警官が何気なくいった。

「喉が渇いたといってますよ」

営業所長が小林の肘をつつく。

「そ、そうなの？　じゃあ、コーヒーとかコカ・コーラを買って来なくちゃ！」

慌てて腰を浮かしかけると営業所長に制止された。

「いやいや、そういうことじゃなくてですね」

所長が意味ありげな顔つきでいった。

（ああ、そういうことね！）

小林は自分のポケットに手を入れ、二十ソル札（約六百円）を抜き出す。

「どうぞ、これで、ガセオサ（ソーダ）を」

札を差し出すと、警官は鷹揚にうなずいた。

「じゃあ、紛失届をつくっておきますから、一時間後に取りに来て下さい」

その日、小林らは約五十軒の販売先を回った。アジノメンを置いているボデガも多かったが、牛肉味やオリエンタル（鶏ベース）味の商品が賞味期限の一年を過ぎているケースもあった。代替商品を持参していなかったので、交換できず、店頭から外してもらい、次回訪問時に交換することにした。

カハバンバに戻ったのは夜八時半で、皆へとへとだった。

地方回り三日目は、宿泊しているホテルがあるカハバンバの行商をした。町は標高二六五四メートルで、人口は八万人弱。味の素の取引先は四十五軒あった。

朝は路地に露店がたくさん並んだ。

気温が摂氏七、八度という寒さで、売り子たちは皆暖かそうなジャンパー姿である。

「どうですか？　売れてますか？」

露店の一つで小林は中年の女性店主に訊いた。

かたわらに二十歳前後の女性がいて、赤ん坊を抱いていたので、娘と孫のようだ。

「ええ、味の素とアジノシジャオはよく売れるわ。ドニャグスタはまあまあね」

グレーのジャンパー姿の中年女性店主が笑顔でいった。

この地域にはマギー・キューブはなく、ドニャグスタもほかの地域に比べると使われているようだ。

「アジノメンはどうですか？」

その露店ではカレンダー状のアジノメンも売っていた。

「アジノメンは、あんまり売れてないわねえ」

「そうですか。……アジノメンを食べたことがありますか？」

女性店主は首を振った。どうやらつくり方も知らない様子である。

（うーん、店に置いてても、食べたことも、つくったこともないんじゃ、客に説明できないよなあ……）

ほかの店でも、アジノメンを陳列していても、店主がどんな商品か分かっている店は半分にも満たなかった。

一方で、田舎の町らしく、客の多くは店主と顔なじみで、買い物をしながら雑談をしている。

（これだけ客と店主の距離が近いのなら、店主をアジノメンやドニャグスタのファンにすれば、口コミで伝わっていくだろうなあ）

小林は、店主に試食してもらったりして、売り込むことが必要だと感じた。

その日、小林は、町にある市場の中の食堂の調理場を借り、アジノメンの試食会を開いた。調理を始めると、集まった人々は興味津々で鍋を覗き込み、三分で出来上がることが信じられないという表情をした。試食した人たちの評判も上々で、一度食べてもらえれば売れるはずだという感触を摑んだ。

小林はその食堂のメニューにアジノメンを二ソルの値段で加えてもらった。そして二十四個を無償で提供し、次回の訪問時まで試食をしてもらうことにした。

4

七月――

小林は、R&D部のペルー人女性社員と一緒にパナマに出張した。

牛肉味のアジノメンの新原料は決まり、去る四月に新しい商品が投入された。二月にいったん約二十七万食まで落ち込んだ売上げは四十万食前後まで回復した。

小林は、パナマ向けの輸出を増やすべく、パナマの消費者好みの「アジノメン」を開発しようと、作業を進めていた。

リマからパナマまでは、飛行機で約三時間半である。

首都パナマシティのトクメン国際空港に到着し、入国審査を通過し、ベルトコンベヤーで荷物を受け取り、長い税関申告の列に並んだ。中南米という土地柄のせいか、大荷物の人々が多い。

列の先のほうに視線をやると、たいていの人はエックス線の機械に荷物をとおし、機械の向こう側で受け取り、そのまま到着ロビーに出ている。

順番が来たので、小林は係官に税関申告書を差し出した。

「ウェラー・ユー・フロム？（どこから来たの？）」

大柄な黒人の男性係官が税関申告書を手にして訊いた。

（いい体格してるなあ……）

小柄な小林は相手を見上げる。

中南米は麻薬や拳銃の密輸が多いので、格闘できるように頑丈な人間を担当者にしているのかもしれない。

「ベンゴ・デ・ペルー（ペルーからです）」

「ああ、スペイン語ができるのか。……じゃあ、鞄をここに置いて。検査するから」

肩章が付いた白シャツの制服姿の大柄な係官はスペイン語に切り替え、高さ八〇センチほどの台を指さした。

（えっ、検査するの⁉　……参っちゃうなあ！）

キャリーケースの中には手品の道具が入っていた。

今回、アジノメンをパナマで卸し売りしてくれるディストリビューター（卸問屋）の社員たちと親交を深めるため、ショーを二回やる予定になっている。

手品の道具は壊れると困るので、常に機内持ち込みにするが、普通の人には馴染みがない品物なので、手荷物検査で説明に骨が折れることが多い。

「じゃあ、鞄を開けて」

命じられて、小林は渋々、キャリーケースの蓋を開けた。

「ん？　この箱は何だ？」

係官は手品用の箱を手に取り、怪訝そうな顔をした。

海賊が宝物をしまっておくような、蓋がカマボコ型の箱だった。赤と黒という目立つ色で、否《いや》でも興味をかき立てる。

「これは何の箱だ？」

「いや、そ、それは……」

なんと説明していいか分からず、しどろもどろになる。

小林の態度に不審感を覚えたらしい係官は箱を開けようとする。

「ノー・ロ・アブラス！　ノー・プエデ・アブリールロ（いや、それは開けないで下さい！　開けちゃ駄目です！）」

係官はますます不審感を覚えたようで、小林をきっと睨み付け、箱の蓋をぱかっと開けた。

次の瞬間、直径三〇センチほどの極彩色の花が二つ、一気にぶわっと開いた。

男性係官は驚愕して両目を見開き、後ずさった。

「だから開けないでっていったでしょ！」

（これ、セッティングするのに二十分かかるんだよ！）

小林は泣きたい気分。

「いったいなんなんだ、これは!?」

男性係官が血相を変えて訊いた。

「あのー、わたし、マゴ（マジシャン）なんです」

「マゴ？」

係官は、理解できないといった顔つきで、小林の顔をまじまじと見る。

ふと見ると、騒ぎに気づかない様子の女性係官が、小林のキャリーケースの中を漁っていた。

（うっ、まずい！）

「止めろ！　それに触るな！」

小林が叫ぶと同時に、女性係官は白いハンカチを引っ張り出した。

次の瞬間、シャキーンとばかりに、ハンカチが一本の黒いステッキに変わった。

驚いた女性係官は、ステッキを放り投げた。

「げえーっ！」

小林は悲鳴を上げる。

（それは八千円もするんだぞ！　壊れたらどうするんだ!?）

騒ぎを知って、ほかの係官たちが検査そっちのけで集まって来た。事情が分かったようで、皆笑顔である。

大柄な黒人男性係官も笑っていた。

「そうか、お前はマジシャンなんだな。芸名はなんていうんだ？」

「日本では有名なのか？」

「パナマでテレビに出るのか？」

係官たちは皆、興味津々で訊く。

（あー、うるさい。ほっといてくれ！　……まったく、税関検査で、なんで俺は花なんて出してるんだ!?）

小林は、自分で状況に呆れながらいった。

「あのねえ、僕は、日本で有名なマジシャンなんだよ。知らなかったかい？　サインでもしようか？」

皮肉をこめていったつもりだったが、皆相変わらずにこにこしていた。

パナマは南米大陸のコロンビア北西部から海に向かって象の鼻のように伸びた国で、人口は約三百二十七万人。

国のほぼ中央の太平洋側にある首都、パナマシティは、海側から見ると、近代的な摩天楼が林立し、忽然と現れた蜃気楼のような風景はニューヨークのマンハッタンかと見まがう。しかし、実際に街を訪れると、貧富の差が大きく、つぶれかけたあばら家が密集している地域が広がっている。ペルーと違うのは、あばら家にも屋根があることだ。パナマは熱帯性気候で雨が多い。

国の北側のカリブ海（大西洋）から南側の太平洋までを貫くパナマ運河は、市内から車で三十分ほどのところにある。全長約八〇キロメートルで、幅は場所によって九一メートルから二〇〇メートル。一番高い地点は海抜二六メートルのガトゥン湖で、そこまで三段階で船を引き上げる。小林が見に行ったとき船は入っていなかったが、世界的な運河を見ることができた感慨があった。

四日間のパナマ滞在中、小林はパナマ向けアジノメンの開発のため、ホテルで消費者テストを行なった。

地元の調査会社に頼み、百人以上のモニターをホテルの広間に集め、試作した数種類のアジノメンを食べてもらった。

人々は、白いクロスのかかった丸テーブルの上に並べられたアジノメンを試食したり、数ページからなる評価シートに感想を記入したりする。

その様子を見ながら、R&D部のペルー人女性研究員と言葉を交わした。

「やっぱり、辛いやつが評判がいいみたいだね」

腕組みをして小林がいった。

試作品の中に、パナマ産のハバネロを使ったものがあった。

ハバネロは中南米地域を原産とするトウガラシだ。世界一辛いとされるが、柑橘系フルーツのような香りもあり、パナマでは鶏・牛肉・エビ・魚料理、カレーなど、様々な料理に使われている。

「そうですね。店で色んな種類のハバネロ・ソースも売ってますから、パナマ人にとって子どもの頃から慣れ親しんだ味なんでしょうね」

マリア・テレサという名の課長の女性研究員がいった。長身で黒髪、育ちがよさそうな屈託のない笑顔のヨーロッパ系ペルー人である。

「ペルーの人は辛いもの好きだけど、既存のラーメンには辛いのはないようだから、やるとしたら辛いものだろうね」

パナマでは十以上のメーカーのラーメンが売られている。この国の小売店の多くは、華僑がオーナーで、彼らが即席ラーメンを持ち込んだらしい。

小林らは、スーパーや小売店を見て歩いたが、辛いものはないようだった。

味の素はペルーのラーメン市場では後発なので、これまでにない商品で需要を喚起する必要がある。

「はい。一応今日の結果などを見てからですが、たぶんハバネロ麺で決まりじゃないでしょうか」

マリア・テレサがいった。

翌月（八月上旬）――

小林は、ペルー随一の観光地、マチュピチュへの玄関口であるクスコに出張した。かつてのインカ帝国の首都で、海抜三三九五メートルの高地である。

さすがにこの高さまで来ると、朝食を食べ過ぎて消化のために酸素を消費し、高山病になったりしないよう警戒しなくてはならない。慣れるまで、走ったり、早歩きしたりするのも厳禁だ。空港には酸素供給機が設置されていた。

水の沸点が八十九度と低く、小林が、何分でカップラーメンができるかをホテルの部屋で実験してみたところ、五分四十五秒もかかった。

夜、小林はクスコ支店の一室に営業マンたちを集め、売り出されたばかりのアジノメンの焼きそば（汁なし）タイプのセミナーを開いた。一日の営業とお金の精算が終わってからの説明・試食会だ。

新商品は、牛肉、チキン、トマト味の三種類で、それぞれ赤、黄、オレンジの色の袋に入っている。小売店用に三種類をカレンダー状に吊るして販売できるようにした。テレビCMも制作し、若夫婦が調理し、幼い娘が美味しそうに食べるという内容で、撮影には小林も立ち会った。

「……じゃあ、お湯で茹でてみて下さい。袋には三〇〇ccの水で三分間と印刷してあるけど、高地なので水は五〇〇cc、茹で時間は倍でやって下さい」

紺のジャンパーを着た営業マンが、R&D部の女性研究員、カティア・ロドリゲスの言葉にうなずき、アジノメンの袋から麺を取り出し、ガスコンロの上の銀色の鍋に麺を投入する。

テーブルの周囲では、クスコ支店長以下十数人が真剣な表情で調理の様子を見守っている。冬なので、皆、左胸に赤いお椀のマークが入った紺のジャンパーやセーター姿である。

「よし、もうだいたいできましたね。じゃあ、食べてみましょう」
六、七分たったところで、小林がいった。
調理をしていた営業マンがコンロの火を止め、麺の水分を切って五グラムの粉末ソースを振りかけてからめる。さらにアジノシジャオ（醬油）であらかじめ炒めておいた刻み野菜をトッピングする。

営業マンたちが興味深げな表情で、紙の皿を持って差し出す。

「ケ・リコ！（うん、これは美味い！）」

皿のアジノメンをフォークで口に運び、クスコ支店長がいった。坊主刈りで、きりっとした風貌の三十代半ばの男性である。

「どれどれ……うん、本当だ。これは売れるよ！」

「こりゃいいねえ！」

営業マンたちは試食をしながら嬉しそうにいった。

焼きそばタイプの即席麺は、他社を含めてペルー初である。


その晩、小林は営業マンたちと夕食をともにしたあと、街を観に出かけた。

クスコの町は、カミソリの刃も通さない精緻なインカ時代の石組みの上に、一六世紀後半から支配したスペインのコロニアル様式の建物が建てられている。街はユネスコの世界遺産だが、埃っぽく、貧しさと隣り合わせだ。

町の中心であるアルマス広場は石畳で、真ん中に噴水があり、王冠にマント姿で左手を大きく差し伸べるインカ帝国第九代皇帝パチャクティの像が載っている。

時刻は夜中の一時半になっていた。周囲の重厚なコロニアル建築の大聖堂、教会、政府機関の建物などがライトアップされ、幻想的な黄金色の姿を見せている。

さすがにこの時刻になると人影はほとんどない。

「ミスター、マネー、プリーズ」

小林の周りに、物乞いのインディオの子どもたちが集まって来た。年齢は六歳から十歳くらい。黒々とした頭髪も、浅黒い顔や手足も、泥と埃で汚れ、セーターはぼろで、裸足に使い古されて黒ずんだサンダルばきである。

（こんな真夜中に、物乞いの子どもたちがいるのか……！）

小林は驚いた。

「お金はあげられないけれど、面白い物を見せてあげるよ」

小林はそういって、両手の人差し指の先に、光が現れたり消えたりする手品を見せた。

最初に両手を開いて、何も持っていないのを見せたあと、右手の人差し指の先を光らせ、それを息で吹き消すと同時に光を左手の人差し指の先に移す。それを何度か繰り返したあと、光を右の耳に持って来て、今度は左の耳から出したように見せる。

両手の人差し指の先に、内部にスイッチがある指サック型のライトをはめ、それを点滅させる初歩の手品だ。しかし、大学時代から長年演じてきた小林の動きは流れるようで、本当に魔法を使っているように見える。

「うわーっ！」

「ワオ！（すごい！）」

子どもたちは目を見開いて、狂喜した。

小林は、耳から出した光を上着のポケットの中に入れ、それを反対側のポケットから出し、息を吹きかけて消し、両手を開いて何も持っていないのを見せる。

「もう一回！」

「もっとやってー！」

小林を取り囲んだ十人ほどの子どもたちは、小林の服を引っ張らんばかりの勢いでせがむ。

先ほどまでの暗い表情が嘘のように輝いていた。

（物乞いはしなくていいのか、きみたち？）

小林はその様子を見て苦笑する。

「じゃあ、チップをくれたら、やってあげる」

小林が冗談でいうと、子どもたちがポケットから色々な物を出して差し出した。

「ポルファボール！（どうぞ！）」

「これあげる！」

十センタボ（約三円）硬貨や、食べかけのパンや、食べかけの菓子などだった。

子どもたちは、お金がなくても何かを差し出そうと懸命だった。

（ああ、こんなに必死になって……！）

子どもたちの姿を見て、小林は胸にぐっときた。

「分かった、分かった。チップはいいよ。じゃあ、アンコール！　はい、行くよー」

再び手品を演じると、子どもたちは目を輝かせて喜んだ。


小林は国の南部にある第二の都市、アレキパでも、夜、支店に営業マンたちを集め、焼きそばタイプのアジノメンの説明会と試食会をやった。その後、町にある鶏の丸焼きの店に彼らを招いて夕食をともにした。誰も英語を話さない中、小林は分厚いスペイン語の辞書をかたわらに置き、一緒に盛り上がった。食事が終わって、支店のハイエースのところに戻ると、タイヤが全部盗まれていたので皆で仰天した。レストランの窓からは車の上半分は見えていたが、犯人たちは木のつっかえ棒を入れるなどして、車の高さを変えずに巧妙にタイヤを盗んで行ったらしかった。


それから間もなく――

リマに戻った小林は、休日にペルー人家庭の台所で、料理をつくるのを見ていた。

「……『タクタク』は、残り物を捨てないための料理だから、簡単なんだよね」

台所に立った女性が料理をするのを見ながら、ペルー人の男性が小林にいった。小林と同年配で、足元に男の子がまとわり付いていた。

「ここで塩を少し入れます」

冷ご飯とフレホールという豆の煮込みの残りをボウルでかき混ぜながら、男性の妻がいい、塩を振って味を調える。

「フライパンのほうには、インカインチオイルを小匙一杯分入れます。もしなければ、ベジタブルオイルで」

インカインチ（インカの豆）オイルは、サチャインチナッツ（別名インカグリーンナッツ）というペルーの緑色の木の実からとれる、オリーブオイルに似た緑色がかった油だ。

女性は、フライパンが熱くなったのを見計らって、冷ご飯と豆の煮込みを混ぜたものを一気に入れ、炒め始める。

「うーん、いい匂いがしてきたねえ」

夫の男性がいった。

女性は炒めながら、オムレツのような形に整えていく。

「かなりしっかり焼くんだね」

小林がいった。

「うん。そのほうが香ばしくて美味しいし、中まで火が通るから」

男性がいい、女性は薄茶色の「タクタク」をひっくり返し、さらにインカインチオイルを一匙分加え、反対側もこんがり焼く。

「ヤ、リスト！（はい、できたわよー）」

女性が火を止め、料理を皿に盛る。

みんなでそれを持って、居間のテーブルに移動した。

数人のペルー人の男女が、楽しげに食事をしていた。

小林が少し前に知り合った手品愛好家のグループだった。きっかけは、あるショッピングプラザのイベントでマジック・ショーを見かけたことだった。「あ、ペルーにもマジシャンがいるんだ。

仲間に入れてもらいたいな」と思って連絡をとり、付き合うようになった。

週に一度集まって、一人が新しいテクニックを披露し、それを皆で学ぶほか、メンバーの家に呼ばれて食事をしたりするようになった。上海で西村昭司が囲碁の趙之雲先生のところに通っているうちに中国語が上達し、現地事情にも詳しくなったのと同じように、小林のスペイン語もぐんぐん上達し、ペルー社会に対する理解も深まっていた。

手品仲間は中流階級かそれ以下の人たちが多かった。たいてい子だくさんで、マンションの上のほうの階に住んでいた。エレベーターが地震などで故障するので、日本と違って、マンションは一階が一番人気があり、上の階に行くほど安い。

「ケン、ケタル・ラ・サソン・デ・ミ・ママ？（ケン、我が家の味はどうだい？）」

男性が訊いた。

「ビエン・リコ！（うん、すごく美味しいよ）」

小林はにっこり微笑み、親指を立てる。

（やっぱり砂糖は使わないんだなあ）

「タクタク」を食べながら、小林は思う。

ペルー人の家に行くと、たいてい色々な料理を出してくれるので、残すのも悪いと思って、毎回完食しているうちに、ペルー料理の味というものが分かってきた。

小林は、手品仲間といるとき以外にもなるべく地元の料理を食べるように心がけていた。頻繁に利用したのが会社の社員食堂で、リマの安食堂も食べ歩いた。

ペルー料理を食べ続けていると、日本料理が以前ほどには美味しく感じられなくなり、これがペルー人の味覚なんだろうなと思った。

（アジノメンの「オリエンタル味」には少し砂糖が入ってるけど、実はそこがウケていないのかもしれないなあ……）

十月——

小林は、カヤオ地区にあるアジノメンの工場で、試作した麺帯《めんたい》を、テーブルの上に置いた小ぶりの機械に通していた。

焼きそばタイプのアジノメンにもっとコシを出すための改良作業だった。

麺帯は、柔軟で弾力性が強いグルテンを豊富に含むデュラムセモリナという小麦粉を新たに加え、かん水（アルカリ塩水溶液）の配合量を変え、ラボのパスタマシンで試作したものだ。

「マテ、麺厚がまだ一・三ミリあるから、ローラーのクリアランス（ローラーとローラーの隙間）をもう少し狭めて、一ミリにしよう」

頭に白い半透明のヘアキャップをかぶり、白衣を着た小林が、同じ格好のR&D部課長のマリア・テレサにスペイン語でいった。マテは、マリア・テレサの愛称だ。

クリアランスを一ミリにしても、ローラーから出てきた麺帯は再び膨らんで、一・三ミリぐらいになる。また麺生地の硬さや湿度によっても厚さは変わってくる。

「わかりました。じゃあ、もう一回。……カティア、出てきた麺帯を巻いて」

小林と同じ格好をしたマリア・テレサが銀色の機械の側面に付いたノブを回し、ローラー間の幅を調節する。

「じゃあ、いくよ」

小林が、淡い黄色の麺帯を再び機械に通す。

ウィーンという音がして、機械の下から厚さ一ミリに伸《の》された麺帯が出てきた。

R&D部の女性研究員のカティア・ロドリゲスが、それを麺棒に巻き取っていく。

「よーし、いい感じで巻けたね。じゃあ、現場のマシンでカットして、蒸し工程にかけよう」

一同は、少し離れた場所にある即席麺の製造ラインへと向かう。

ラボで麺をつくるところまではできるが、蒸す工程は工場の生産ラインでないとできない。

ラインにはすでに電源スイッチが入れられ、全体が音を立てて動いている。

小林は、腰ぐらいの高さのラインの上にある白い箱型のカット機の下のほうの銀色の二本の切刃《きりは》の上に麺棒に巻き取った幅一〇センチあまりの麺帯をもってくる。

筒状の切刃は、シュンシュンシュンシュンという音を立て、高速で回転している。

「マテ、カティア、離れて！　これ、巻き込まれたら手が切断されるから。……興《こう》ちゃん手伝って」

そばで見守っていた山本興《こう》にいった。

小林より一歳下の三十八歳で、ロジックを重視し、厳しい仕事ぶりのカヤオ工場長だ。

「小林さん、これ、ちょっと危ないんじゃないですか？」

機械の騒音の中で、贅肉の少ない身体を白いヘアキャップと白衣で包んだ山本がいった。

そばで見ているアジノメン工場製造課長のロニー・オルティスも眉根を寄せ、心配そうな表情。

「うん、ちょっと危ないね。だから俺たちでやろう」

小林は白衣を脱ぎ、胸や左右の袖に社名や赤いお椀のロゴが入った薄紫色の制服姿になり、ラインの上に足をかける。

「えっ、そこに登るんですか!?」

「まあまあ、見なかったことにしといてよ。こうしないとできないんだから」

小林は巻き取った麺を手に、ひょいとラインの上によじ登り、にやりと笑った。

「はあー……」

山本は、参ったなあという表情。

「じゃあ、いくよー」

小林が麺棒をくるくる回し、麺帯をほどいてトイレットペーパーのようにカット機の上に垂らす。そばに立っている山本がそれを左右から両手で摑み、慎重に銀色の切刃と切刃の間に落とし込んでいく。

シュンシュンシュンという音とともに、麺帯が細い麺にカットされていく。機械から出てくる麺を金属のはね扉が上から押さえ、縮れをつける。

コンベヤーの上に落ちた麺は、前方で湯気を噴き出しているステンレス製の蒸し器へと流れていく。

「オッケー、行った、行った！」

縮れ麺が、長さ約一〇メートルの蒸し器の中に吸い込まれていくのを見て、小林がにっこりした。

そばで見ていたマリア・テレサやカティア・ロドリゲスも笑顔になる。

焼きそばタイプ用の縮れ麺は、蒸し器を通ると一食分ずつに切り分けられ、油で揚げられたあと冷まされ、評価用の麺が完成する。

試食をしてみると、新しい麺はコシがあって上々の出来だった。


十二月十八日――

小林は小川勝明、東京から休暇でやって来たギフト部（贈答品や通販を扱う部）の女性社員、藤原裕美と一緒に、「エンマヌエル・ホーム」という施設の「チョコラターダ」というクリスマスの行事に参加するために出かけた。

日系二世で、ペルーで日系人初の神父となった加藤マヌエル師（本名・加藤正美）が一九八三年に設立した児童養護施設だった。工場のあるカヤオ地区から車で二、三十分北のプエンテ・ピエドラ地区にあり、親に捨てられたり、虐待されたりした五十人ほどの子どもたちが暮らしていた。エンマヌエルは、ローマ・カトリックの公用語であるラテン語で「神は常にわたしたちとともにいる」という意味だ。

一帯は茶色一色の砂漠地帯で、開拓する場合には無償で土地が与えられるので、貧しい人々が住み着き、スラム化していた。屋根のない家、木材やエステーラ（竹の外皮で編んだ筵《むしろ》）でつくられた家も多い。子どもたちは家計をささえるために働いているが、収入を得る道が限られているので、窃盗をする者も少なくない。

小林らは、挽いた麦、米、牛乳、調味料、パン、ケーキ、ココアなど、金額にして一人二百円くらいのプレゼントを三千個持参した。

施設周辺の子どもたち三千五百人ほどがプレゼントをもらうために行列をつくった。幼い子どもを抱いた母親たちもいた。

（二百円のプレゼントをもらうのに、二、三時間も並ぶのか……）

黒髪で肌が浅黒い、三歳くらいから十二歳くらいの子どもたちの列を見ながら、小林は嘆息した。

埃っぽい道の脇の長蛇の列は、遥か彼方まで延びていて、途中から先は霞んで見えない。エンマヌエル・ホームの支援会や日系婦人会の何十人ものボランティアが、赤い法被《はっぴ》姿で子どもたちを並ばせ、段ボール箱の中からプレゼントを出して手渡していた。

パネトン（フルーツの砂糖漬け入りのスポンジケーキ）やココアをもらった子どもたちは、あたりの石段などに腰かけ、食べていた。

子どもたちは、長時間並んだ末にプレゼントをもらっても、子どもらしい屈託のない笑顔はあまり見せなかった。

（これがペルーの現実か……）

子どもたちは、普段笑うことも少ないようで、何かに耐えているような顔つきをしていた。

小林は、ペルーの下層の人々の生活の過酷さを実感させられ、胸に痛みを感じると同時に、こういう人たちに食べてもらうにはどんな商品にしなくてはいけないのか、思いを巡らせた。

5

翌二〇〇五年十月――
薄紫色の半袖の制服姿の小林は、R＆D部のラボにある大きなテーブル兼調理台で試作品の味見をしていた。

「……ウン・ポコ・ディフェレンテ（うーん、ちょっと違うかな、これは）」

白い小ぶりの器に盛ったアジノメンを、プラスチックのスプーンで口に運び、小林がいった。

「そうですね。ちょっとまろやかすぎる感じがします」

同じテーブルについた、長身で長い栗色の髪のカティア・ロドリゲスがいい、マリア・テレサもうなずく。

三人は、手元に置いたシートにスープの評価を細々《こまごま》と書き込む。

アジノメンを全面的にリニューアルするための研究開発作業だった。

パナマ向けに開発した牛肉味とエビ味の辛いタイプのアジノメンは先日発売され、着実に輸出を伸ばしていた。ただ国の人口が約三百三十三万人で、ペルーの八分の一弱という市場規模のため、売上げ全体に対する寄与度は限られている。

アジノメンの売上げは、パナマ向けを含めても毎月三十五万から四十万食程度に留まり、事業として相変わらず赤字が続いていた。ペルー味の素社は全面リニューアルが必要だという結論に達し、R&D部が新商品開発を進めていた。

従来のアジノメンは、日本人が食べて美味しいという観点からつくられた部分があったので、小林はそれを排除し、全面的にペルー人好みの味に変えることにした。具体的には、ペルー人が慣れ親しんでいる雌鶏《めんどり》の煮込みスープ（カルド・デ・ガジーナ）、牛肉の煮込みスープ（カルド・デ・レス）、雛鶏のスープ（ソパ・デ・ポヨ）などの味を取り入れることにした。

新商品の小売価格は従来どおり一個一ソル（約三十四円）とするので、包材も含めた原価は従来どおり〇・四ソル（四〇センタボ）程度でつくらないといけない。そのためには、麺は一〇センタボ、スープは八センタボという具合に細かくコスト計算をし、材料を選定する必要がある。

「もうちょっと鶏の骨を煮出したような、がつんとした風味がほしいですね」

カティアがいい、小林とマリア・テレサがうなずく。

三人は、雌鶏味のスープをつくろうとしているところだった。

雌鶏味といっても、レストランのラーメンのように鶏ガラを煮てスープをつくるわけではない。そんなことをやっていては、最終小売価格一ソルは実現できない。

スープには、ニンニク、玉ねぎ、生姜、ターメリック、オレガノ、味の素などが入っているが、雌鶏の風味を出すのはフレーバー（粉状の香料）だ。つくっているのは、ジボダン、フィルメニッヒ（以上、スイス）、ＩＦＦ（米）、シムライズ（独）などの香料メーカーである。これらの会社は香水メーカーから出発し、香水、化粧品、食品などに使う香料を生産している。ゴディバのチョコレートのいくつかの種類の絶妙な風味にも、フレーバーが一役買っている。

鶏味のフレーバーには何百種類もある。ローストした鶏のフレーバー、鶏皮を煮出したようなフレーバー、鶏骨《けいこつ》をぐつぐつ煮込んだようなフレーバー、皮を剝いで鶏肉だけを煮込んだようなフレーバー、鶏油が多めのフレーバーなど、どのフレーバーを選ぶかが風味の決め手となる。またどれくらいのフレーバーを入れるかというドセージ（投入量）も重要である。

小林らは、複数の香料メーカーに何度も色々な種類のフレーバーを送らせ、試作品をつくって検討を続けていた。即席麺の成分（重量ベース）のうち二割は油なので、実際に麺やスープの材料と一緒にフレーバーを調理し、ドセージも変え、どんな風味になるか確かめていた。

「じゃあ、もうちょっと味がくっきり際立った感じで、かつ鶏骨の味を感じられるフレーバーをつくってもらおう」

小林の言葉に、マリア・テレサとカティアがうなずいた。

アジノメンの試食が一段落すると、小林はラボの一角で書類を見ながら話し合っていた、ドニャグスタの開発を担当している二人のペルー人女性のところに行った。

「どう、試作品のモニターの結果は？」

テーブルで消費者テストの結果を見ながら話し合っていた二人にスペイン語で声をかけた。

エリ・スーは大柄なラテン系、ルシアナは目元がくっきりとした東洋系の顔立ち。二人とも裕福な家の出で大卒である。

小林は、アジノメンのリニューアルの研究と同時に、ドニャグスタのリニューアルも進めていた。スープや煮物の味付けに使う粉末の風味調味料（だし調味料）のドニャグスタは、黄色い袋の鶏味、赤い袋の牛肉味、青い袋の魚介味の三種類があるが、月間の売上げがそれぞれ八トン、四トン、一トンの頭打ち状態だった。

「ブラインド・テストだとマギー・キューブと互角以上なんですけど、ブランド（銘柄）を見せると、『やっぱりマギーのほうが美味しい』っていう人が多いんですよね」

チリの出身で、黒い眉と瞳が印象的なエリ・スーが、手にした消費者テストの結果を見ていった。

マギー・キューブはネスレの固形風味調味料で、ペルーで圧倒的なシェアを誇っている。

「やっぱり消費者は、マギーのほうが美味しいって、頭に刷り込まれてるんだと思います」

仏さまを思わせる柔和な顔立ちのルシアナがいった。

「ブラインド・テストで少しいいくらいじゃ、実際には勝負にならないってことだね」

小林は厳しい顔つきでいった。

ブラインド・テストでマギーを圧倒するような味をつくらないと、勝てないということだ。

食品業界の巨人、ネスレは、世界標準の商品企画で圧倒的な宣伝・販促費用を投じ、「空爆型」のマーケティングを展開する。ペルーでも大量のテレビCMやスーパーでの大々的な販促を行い、市場を牛耳っている。消費者もマギーの味に慣れ、この味が美味しいと信じるようになっている。

これに対してドニャグスタは二〇〇一年に売り出したばかりの商品で、スタートしてまだ四年。市場シェアは五パーセント程度にすぎない。

「ただ、砂糖を入れないようにしたのは、大きな前進だと思います」

エリ・スーがいった。

「あれで消費者の反応がだいぶ変わりました。わたしたちが食べても、ペルー人好みの味になったと思います」

従来ドニャグスタには、結構な量の砂糖が入っていた。

しかし、毎日ペルー料理を食べ続けた小林が、砂糖はペルー料理では使わないことに気づき、取り除いた。

日本料理を食べないでペルー料理ばかりを食べ続けていると、舌（味覚）がペルー人のようになり、砂糖が入っているドニャグスタに違和感を覚えたのだった。

「やっぱり、決め手はフレーバーだろうね」

小林がいった。

「何とかいいフレーバーを見つけて、マギーに圧勝するような商品をつくろう」

別の日――

小林は、手品仲間のペルー人家庭のキッチンで、女性がアジノメンを調理するのを見ていた。どれくらいの量のお湯でつくるのかを知るために、何袋か持参し、調理をお願いした。袋には五〇〇ミリリットルの湯でつくるよう書いてあるが、その点はあえて伝えなかった。

(うーん、結構な量の水を使うんだなあ……)

女性は袋のレシピは見ずに、カップで適当な分量の水を鍋に入れ、ガスレンジの火を点けた。見ていると二三〇～二四〇ミリリットルくらいのカップで三杯入れたので、七〇〇ミリリットルくらいの量だ。

(やっぱり、ペルー人は即席麺を麺類というより、スープの一種ととらえているんだなあ)

R&D部の女性研究員たちの言葉を思い出す。

そして所得の低い人々は、たくさん飲めるよう、多めに水を入れる傾向があるという。

手品の仲間もそうだが、ペルーでは収入が少ない人たちも多く、少しでもたくさん食べたいという気持ちはよく分かる。

(この現実に合わせて、商品をつくらないといけないんだなあ……)

調理が終わると、女性はキッチンのテーブルにすわり、自分がつくったアジノメンを味わう。

「どうですか?」

「うーん、美味しいけど、ちょっと味が薄いかしらねえ」

女性がアジノメンを食べながらいった。

(そりゃそうでしょ。レシピの一・四倍くらいの水を入れたんだから!)

「どれどれ、俺にもちょっと飲ませて」

そばで見ていた手品仲間の男性がいい、器を受け取って、一口すする。

「うん、まあ、美味しいと思うけど」

小林に気を使ってか、薄いとはいわない。

(なるほど、スープは全部飲むんだなあ)

女性は麺を全部食べ、スープも全部飲んだ。

やはり麺類というより、スープだととらえているようだ。


翌週――

小林、マリア・テレサ、カティア・ロドリゲスの三人は、お湯の量に関する調査の結果を検討した。

社員の家族や友人十人に頼み、レシピのことはいわず、自由にアジノメンをつくってもらった。

「……袋のレシピどおりに、五〇〇ミリリットルでつくった人は三人で、あとの七人は全員それ以上の量の水でつくったわけか」

ラボのテーブルで、テストの結果に視線を落としながら、小林がいった。

袋を見てつくった三人以外は、五〇〇ミリリットル台、六〇〇ミリリットル台、七〇〇ミリリットル台がそれぞれ一人、八〇〇ミリリットル台が二人、九〇〇ミリリットル台が一人、レシピの倍の一〇〇〇ミリリットル台の水を使った人も一人いた。

「レシピより少なく入れた人は一人もいないですね」

カティアが苦笑した。

「これが実態なんだなあ……」

小林は軽いため息をつく。

「これじゃ、じゃばじゃばで美味しくないですよね」

「そうね。だからマルちゃんなんかも、六〇〇ミリリットルの水でつくっても、美味しくはないけど、何とか食べられるようにつくってあるよね」

マリア・テレサがいった。

「うん。アジノメンも、六五〇から七〇〇ミリリットルの水でつくっても、薄く感じない味にしないといけないね」

しかし、単純にスープの粉の量を増やせば、レシピどおりにつくった人には味が濃くなってしまい、コストもかかる。

結局、多めのお湯でつくっても薄く感じないようにするため、鶏脂《けいし》、酵母エキス、植物蛋白加水分解物（HVP）など、コクのある後味が残る成分を加えることにした。

翌二〇〇六年二月——

新谷道治に代わってペルー味の素社社長になった小川勝明を中心に、月例の経営会議が開かれていた。

「……月次の売上げと事業ごとの状況は、以上のとおりです」

端正な顔立ちの小川が、ネイティブ並みのスペイン語でいい、小林、昨年七月にマーケティング部長として着任した神谷《かみや》歩《あゆむ》、工場長の山本興、ペルー人総務部長らがうなずく。

各人の手元には、経営資料が置かれている。

「次の議題ですが、アジノメンとドニャグスタの全面リニューアルについては、アジノメンは今年七月発売、ドニャグスタは八月発売というスケジュールでいきたいと思います」

小川の言葉に、出席者たちが資料のページをめくり、視線を落とす。

「R&Dのほうで、開発やテストもほぼ終わり、消費者テストのほうも進めています」

新商品を発売するためには、きちんと消費者テストをやって、その結果を提出し、本社の承認を得なくてはならない。

金をかけて綿密に行う消費者テストでは、ターゲット層を絞り、年齢、家族構成、アジノメンのユーザーか、それとも他社の即席麺のユーザーかなど、グループ別に試食をしてもらい、質問票に記入させる。その結果を分析し、商品化に踏み切るかどうかを決定する。

（うーん、そういっちゃったか……）

話を聞きながら、小林はひやひやする。

新商品は自信が持てる味に仕上がってはいたが、消費者テストなどはまだ実施していない。本社のほうから早く新商品を出して赤字を解消しろとせっつかれていて、二ヶ月くらいかかるテストをやっている時間的余裕はない。

すでに包材のデザインや印刷するレシピや成分内容の版下のチェックも始まっており、近々、シンガポールのグループ会社に発注する。

「今回のリニューアルで、アジノメンとドニャグスタの黒字化を是非とも達成したいと思っています」

普段はにこにこしている温厚な小川が、表情に力を込めていった。

そばでマーケティング部長の神谷歩も意気込みをにじませてうなずく。小林と同期入社で、顔の彫りが深くて浅黒く、日本人離れした風貌なので、カルロスというあだ名で呼ばれている。日本から来た出張者に、なんでそんなに日本語が上手いんですかと訊かれたこともある。

アジノメンもドニャグスタも発売以来ずっと赤字で、会社の投融資・事業審査委員会では、「いつになったら黒字化するんだ?」と責められている。ペルー味の素側は、いつも「もう少しですから」「今、色々やってますから」と平身低頭して、事業を続けていた。

「今後、工場のほうも、リニューアルの作業で忙しくなると思いますが、社運をかけて成功させたいと思いますので、サポートのほうをよろしくお願いします」

小川の言葉に、工場長の山本がうなずいた。


その日、経営会議が終わって廊下に出た小林は、後ろから肩をポンと叩かれた。

「今回は、コバケンの舌に任せるから」

社長の小川がいった。

消費者テストなしでやるということだ。

「分かりました。頑張ります」

小川の心意気と、自分に対する信頼を感じ、じんとしながら答えた。

アジノメンもドニャグスタも、「これだ！」と思えるフレーバーが見つかり、出来上がった味には自信を持っていた。しかし、時間が迫っているとはいえ、消費者テストなしで商品化に踏み切るのは異例中の異例である。

「保存テストは、大丈夫なんだよね？」

保存テストは、賞味期限に関するもので、時間の経過で商品が劣化しないかを確かめるものだ。摂氏二十四度の状態で一年間保存できれば合格とする場合、テストに一年間も費やしていられないので、温度が十度上がると食品が倍の速さで劣化する性質を利用する。すなわち三十四度なら六ヶ月、四十四度なら三ヶ月のテストで済む。

「はい、ほぼ終わっています」

「そうか。じゃあ、それでいこう」

小川があらためて決断するようにいった。

本社を上手くまるめ込み、消費者テストなしで販売に踏み切るということだ。

「まあ、商品が売れなくて、データなしでやったのがバレたら、俺はクビだろうけど」


四月十日——

（あれっ、なんだろう？）

出社した小林は、ペルー人社員たちの右手の中指の爪が紫色になっているのに気付いた。

（なにかのまじない……？　しかし、全員一斉にやるかね？）

「ポルケ・トゥ・デド・エスタ・マンチャード・デ・モラード？（その爪の紫色はなに？）」

マーケティング部のオフィスで、女性社員の一人に訊いた。

「これですか？　選挙で投票したしるしです」

ベージュ色のブラウスの上に紺のベストとパンツという制服姿の女性社員が、悩ましげな顔つきで、右手の中指を見せる。爪の先端部分と、爪の周囲の溝が、紫色に染まっていた。

「えっ、選挙で投票したしるし？」

「はい。投票したあと、指にインクを付けられるんです。汚くなって、落とせないから参りますよ」

ペルーでは昨日の日曜日、大統領選挙が行われ、ここしばらく、国は大騒ぎだった。街じゅうに候補者の顔写真入りの大きな看板が掲げられ、選挙カーが走り回り、テレビをつけると候補者の宣伝が流れていた。

投票は法律上の義務で、前々日から酒の販売やレストランでの提供が禁止され、当日は映画館など、人が集まる場所は営業禁止で、カトリックの国であるにも関わらず教会のミサまで禁止された。

現在、チリに逃亡中のアルベルト・フジモリ元大統領については、中央選挙管理委員会が立候補を認めなかったが、娘のケイコ・フジモリが同時に行われた国会議員選挙に立候補し、テレビが彼女の朝食風景を報じるほど注目を集めていた。

「あと、こんなシールも貼られるんですよ」

女性社員は、ポケットからクレジットカードほどのＩＤカードを出して見せた。十八歳以上の全国民が携行を義務付けられている顔写真入りの身分証で、選挙に行ったしるしのシールが貼ってあった。

「このシールがないと、IDカードが無効になって、社会保険も受けられないし、運転免許証の更新もできなくなるんです」

「げっ、厳しいね！」

「まあ百三十六ソル（約四千六百円）の罰金を払えば、同じ効力のある別のシールを貼ってはもらえるんですけど」

所得の低いペルー人にとっては数万円の罰金に相当する。

結局、大統領選挙は六月の決選投票にもつれ込み、一九八五〜九〇年に大統領を務めた中道左派のアラン・ガルシアが返り咲きを果たした。

リマ県選挙区で国会議員選挙に出馬したケイコ・フジモリは、一九九五年に両親が離婚したあと五年間ファースト・レディを務めた圧倒的な知名度によってトップ当選を果たした。

七月三日——

全面的にリニューアルされた七種類のアジノメンが満を持して発売された。

鶏味は四種類で、雌鶏《めんどり》味、雛鶏《ひなどり》味、雌鶏オリエンタル（醤油風味）味、雛鶏野菜入りの四つである。ペルー人が慣れ親しんだ味になるよう、フレーバーを厳選し、雌鶏味はペルーの雌鶏の煮込みスープ（カルド・デ・ガジーナ）のような骨をぐつぐつ煮出した味に、雛鶏味はペルーの雛鶏スープ（ソパ・デ・ポヨ）のようなささ身を煮た優しい味に、雌鶏オリエンタル味はペルーで人気のワンタン・スープの味にした。

牛肉味はペルーの牛肉の煮込みスープ（カルド・デ・レス）の味に、エビ味とオリエンタル味もペルー人好みの味に改良した。

またそれぞれに野菜を入れ、牛肉味には乾燥牛肉も加えるなどして、素材感を出した。

包装のデザインも、マーケティング部長の神谷の発案で大幅に変え、昔のイメージを完全に払拭するようにした。本社広告部と神谷が話し合ってつくった新しい包装は、四種類ある鶏シリーズは明るい黄色、牛肉味は赤、エビ味は薄茶色、オリエンタル味は青の袋にし、文字の書体、写真、レイアウトも全面的に変えた。またテレビCMも流した。


八月——

アジノメンに続いて、全面リニューアルしたドニャグスタが発売された。

種類は従来どおり、黄色のサシェ（小袋）の鶏、赤のサシェの牛肉、青のサシェの魚介味の三種類だが、こちらもよいフレーバーを見つけ、味をぐっとペルー人好みに変えた。

赤字続きの事業の場合、コストを削減しようと、包装を小さくし、たくさん詰め込むほうに走るのが普通である。しかし、神谷は逆に「利益率が悪くなってもいいから、マギーに対抗できる、いい商品をつくろう」と、コストをかけることを惜しまなかった。おかげで小林は自分も納得できる味に仕上げることができた。

神谷はまた、店にずらっと並べられたり、カレンダーで陳列されたりした時に目立つよう、従来のくすんだサシェの包装を明るい色に変え、袋も一回り大きくした。元々一袋七グラムのものを二十センタボ（約六円）で売っている商品なので、包装のコストが大きく、さらに大きな包装にすると負担が増すが、勝負に打って出た。

十月上旬――

小林は、アジノメン工場のオペレーター全員を集めた月に一度のミーティングに出席した。着ている制服はグレーの半袖で、襟と袖口が水色という洒落たデザインである。

場所は工場内の一室で、壁の上半分が大きなガラス窓になっており、幅三メートルの廊下の向こうにアジノメンの生産ラインが見える。小林や製造課長のロニー・オルティスらが正面の長テーブルにすわり、それに向き合ってオペレーターたちが着席した。

オペレーターは約三十五名。年齢は二十代から四十代で、男女はほぼ半々。生産工程の最初のほうで、五〇キログラムの袋入りの小麦粉を練り込み機に投入するところから、出来上がった製品を二十四個ずつ詰めた段ボール箱をパレット（荷役台）に載せ、倉庫に送るまでを担当している。勤務は一日二交替制で、一直は八時から十六時、二直は十六時から二十四時である。

ミーティングは、前月の棚卸しが当月の五日くらいに終わったあと、毎月十日頃に開かれる。内容は、①前月の生産状況（予算達成か未達か）、②大きな製造トラブルとその対策、③マーケティング情報（キャンペーン店舗、CM、お客様クレーム等）、④KAIZEN（どこをどうしたらもっとよくなるか、各人が自由に意見を述べ、ディスカッション）、⑤グループのほかの工場で発生した災害・事故の情報共有と自分たちに似たようなリスクがないかの見直し、⑥今月の生産計画とその他イベント情報、といった感じである。

「……えーと、今月は、皆さんによいお知らせがあります」

三番目のテーマであるマーケティング情報のところで、小林が笑顔で切り出した。

「なんと、お客様のクレームがゼロです！　これは皆さんが心を込めて、最高の品質の商品をお客様にお届けしようとしてくれている成果です。拍手ぅー」

オペレーターたちから盛大な拍手が湧いた。

誰も彼もが明るい顔をしていた。リニューアルしたアジノメンがぐんぐん売上げを伸ばし、九月には史上初の約七十万食を売り上げ、再来月あたりには、八十万食を突破する勢いだ。長年の懸案だった事業の黒字化も果たした。

「それから、今週末にハイパーマーケット『メトロ』のカヤオ店に、アジノメンのセリング・レディが入ります」

セリング・レディ（女性販売員）は店の中に小さなカウンターをつくり、客に試食を勧めたり、三パッケージ買った客に販促グッズを渡したりする。

「皆さんもお店に行ったら覗いてみて下さい。どういう人たちがわたしたちの商品を買ってくれるのか、こっそり見ていると、面白いですよ」

「メトロ」は、中華系現地資本のハイパーマーケット（郊外型の大規模スーパー）で、アジノメンの工場の近くにあり、オペレーターたちもよく買い物をしている。

「あとラジオCMが、今月半ばから流れます」

グレーの制服姿のオペレーターたちは、うなずきながら話を聞く。

「ところで、先週、出張でブラジルに行ってきました。目的は、アジノメンのカルネ（牛肉味）のひき肉ピースの工場の監査です。……皆さんは、ブラジルに行ったこと、ありますか？」

オペレーターたちから返事はない。

R&D部の大卒の女性研究員たちと違って、裕福な家の出の人間はおらず、ブラジルに行ったことのある者もほとんどいない。学歴は義務教育（小学校六年、中等教育五年）修了者がほとんどだ。

なおペルーには高校はなく、大学は五年制である。

「そうですよね。というわけで、今日は全員にお土産を買って来ました。……ブラジルのTシャツでーす！」

足元に置いたバッグの中から、緑色のブラジルのサッカーチームのTシャツを取り出して見せると、「うわーっ！」という歓声とともに、拍手が湧いた。

小林が自腹で買って来たもので、飛行機の預け荷物の重量オーバーで追加料金も払った。

「じゃあ、ロニー、みんなの名前を呼んで」

小林は、製造課長のロニー・オルティスにいった。

「呼ばれたら、一人ずつ出てきてねー」

オルティスがオペレーターの名前を呼び、はにかんだり、嬉しそうな顔をしたオペレーターたちに小林がTシャツを手渡し、日頃の感謝を込めて、一人ずつ握手をした。

数ヶ月後——

（うわー、やってくれたか！）

スーパーの風味調味料の棚の前で、最近売り出された粉末タイプのマギーブイヨンのサシェを手に取り、小林はにんまりした。

（こっちもだなあ、ははは！）

小林は別のサシェを手に取って、振ってみる。

湿気を吸って、中の粉末がことごとく固結《こけつ》していた。

味の素がドニャグスタのリニューアル製品を出したので、ネスレは慌てて対抗する商品を出してきた。

ネスレは、味の素の七、八倍の大きさの会社だが、味の素が手堅くいい商品をつくるのを知っており、常々動向には注意を払っている。

新商品は、ドニャグスタの半分の三・五グラムで、値段も半分の十センタボ。ドニャグスタより安いことをアピールする作戦で、スーパーや小売店の店頭に大量に陳列し、「空爆作戦」を展開した。

しかし、コストを抑えようと安い包装材料を使ったため、湿気で中の粉末が固まってしまったのだった。

（うちのために宣伝をやってくれたようなもんだなあ）

ネスレが例によって、巨額の販促費用をかけた大宣伝をやったので、風味調味料にも粉末タイプがあるのが広く知られるようになった。しかし、商品に欠陥があったため、粉末タイプを求める消費者の多くが、ドニャグスタのほうに流れて来た。

去る八月のリニューアル前は、月の販売量が一三トン前後で頭打ちだったドニャグスタは、発売と同時に二〇トンを突破し、その後も着実に売上げを伸ばし、まもなく三〇トンに達する見込みである。値上げはせず、利益率を下げてでも美味しく、目立つ商品にするという神谷の戦略が的中し、店頭にずらりと並んだ時、他社の製品とは比べ物にならないほど美しく、際立った。販売量が増えたので、製造原価も下がり、事業は黒字になった。

二〇〇七年七月——

小林は、アジノメンとドニャグスタの黒字化という大きな置き土産を残し、三十七歳から四十一歳までの四年間をすごしたペルーを後にし、ロサンゼルス経由で一昼夜以上の旅をして、日本に帰任した。

ペルーに赴任する前は、知っていることといえば、フジモリ大統領とナスカの地上絵くらいで、マチュピチュやクスコのことも知らなかった。しかし、四年間でアマゾンを含むペルーのほぼ全土を踏破し、ゼロから始めたスペイン語は自由に使えるようになり、数多くの友人ができた。帰任にあたっては、会社や工場で何度も送別会が開かれ、皆で踊ったり、全社員が小林の制服の上にマジックペンで別れのメッセージを書いたりした。

次の勤務先は神奈川県川崎市にある食品研究所で、即席麺を中心に、海外における商品の技術的サポートをする。

ＢＳＥ問題以降、月の販売量が三十五万食から四十万食という低迷期が二年半続いたアジノメンは、去る五月に約百三十三万食という驚異的な売上げを達成し、なおも伸び続け、ドニャグスタも首位のマギーを激しく追い上げていた。

第六章　インド炎熱商人

チェンナイ市内の鶏屋で味の素のカレンダーを手にする濱野勝男氏

1

二〇〇九年四月中旬――

南インドの東海岸に位置するチェンナイ（旧名マドラス）は、炎暑の季節を迎えていた。

インド四大都市の一つで、人口は約八百三十万人。かつて英国の東インド会社の拠点が置かれ、市庁舎、ヴィクトリア・ホール、チェンナイ中央駅など英国植民地時代を偲ばせる建築物や、イスラムの影響を受けたインド・サラセン様式の建物が数多く残っている。

うだるような暑さとベンガル湾から吹き付ける湿気が街を包んでいた。地上は、色鮮やかなタミル語の看板、自動車、バイク、黄色いオートリキシャ（三輪タクシー）、人々で溢れ返り、牛が通りを歩く。住民の約八割がヒンズー教徒で、極彩色の彫刻を施したゴープラムと呼ばれる塔門を持ったヒンズー教寺院が無数にある。

インドのほかの地域に比べると、人々の顔には丸みがあり、鼻は高くなく、肌の色は平均的インド人より黒く、女性たちはカラフルなサリーをまとっている。

「ナンドゥリ（有難うございます）」

「ニーンガル・イランドゥ・カーレンダルガライ・ヴァーングギリールルガル（二カレンダーお買い

上げですね）」

湿気で傷んだ建物が軒を連ね、細い濃緑色の葉の間に燃えるような朱色の花を咲かせた火焔樹が並ぶ通りで、背中にAJINOMOTOの文字と赤いお椀のマークをプリントした白いTシャツを着て、商品や販促物（特製ハンガー、ポスター等）が入った大きな赤いバッグを肩から下げたインド人営業マンたちが、キャッシュオンデリバリーで小売店に商品を売り歩いていた。

ほかの国と違って、営業マンの移動はバイクで、荷台に葛籠《つづら》のように大きな鍵付きの鉄製の箱が取り付けられ、商品や販促物を収めている。

二〇〇三年に設立されたインド味の素社（Ajinomoto India Pvt, Ltd.）は、市内中心部から二〇キロメートル弱南西に行ったプーナマリー・ハイロードにある。

幹線道路から未舗装の道を下った場所で、大雨が降ると付近が水浸しになる。建物の延べ床面積は二〇七四平米で、月の家賃は二十万ルピー（約四十九万円）である。白壁の工場では、タイ味の素社から二五キログラムのバッグで輸入した味の素をリパッケージ（袋詰め）している。インドにおける味の素の年間販売量は二八五〇トンで、市場開拓の途上である。

インドの諸都市の中で、チェンナイに現地法人を置くことにしたのは、第一に、味の素と相性がいい米飯を主食とする地域であることだった（インド北部は小麦でつくるチャパティが主食）。そのほか、①タイ味の素社の子会社として、同社からの輸入で経営をするため、港から近い立地が便利だったこと、②バングラデシュ寄りのコルカタも米が主食だが、地元の西ベンガル州が共産党政権で、進出が難しいこと、③チェンナイは南インドの政治・経済の中心で、地元の人々は教育程度が高く、人柄もよいので商売がしやすく、また食べ物が美味しいので住みやすいこと、④味の素社とアミノ酸の取引をしていた地元企業の役員で、インド味の素社の社長として迎えることになったタンガヴェル・マノハラン氏がチェンナイに住んでいたこと、などが考慮された。

インド味の素社の建物は三階建てである。地上階（日本でいう一階）が味の素のリパック（袋詰め）工場と倉庫、一階が工場の居室、二階が経営・事務・営業部門のオフィスになっている。社員数は日本人が二人、インド人が八十人弱。インド人社員は、男は白の開襟シャツにグレーのズボン、女はサリーやパンジャビ・スーツが多い。オフィスの壁には、目標、ミッション、重点活動が見やすく掲示されている。

二階にある執務室のデスクで、取締役の宇治弘晃は、マーケティング部長の濵野勝男《はまのかつお》と打ち合わせをしていた。

宇治は四十七歳になり、ベトナム時代に比べ肉付きがよくなっていた。

一九九八年六月にベトナムから帰国後、川崎工場（人事労務担当）、大阪支社（ギフト担当）、海外食品部（インド、バングラデシュ担当）を経て、二年前に取締役としてインド味の素社に赴任した。インド人社長のお目付け役で、本社との窓口、販売責任者といった役どころも担っている。

「ふーむ、インボイス数は新記録で、まあ順調か……」

日焼けした顔で、白い半袖シャツ姿の宇治は、手元の資料をめくり、営業の進捗状況に視線を落とす。営業マンの成績はインドでもインボイス（伝票）の枚数で管理している。

「タミル・ナードゥのＦＳ（Flow to Store＝問屋経由の販売）が今一つなのは、何が理由なの？」

タミル・ナードゥ州はチェンナイのある州だ。

インド味の素社はそのほか、カルナータカ州、アーンドラ・プラデーシュ州などインド南部諸州や、北部のハリヤーナー州、首都デリーなどで販売活動を行なっている。これまで販売した小売店は七万店ほどで、それを何倍、何十倍にも増やそうと努力していた。

「タミル・ナードゥのFSが少ないのは、単純に先月が多かったからだと思います」

宇治のデスクの前の椅子にすわった濵野がいった。

小柄でがっちりした体形で、毎日営業マンに同行しているので、インド人のように日焼けしている。年齢は四十歳で、鹿児島県の屋久島出身。慶應義塾大学商学部時代は有名なマーケティング・ゼミに所属し、仕事ぶりは徹底して地道で粘り強い。

「ああ、なるほどね」

宇治が資料のページを繰り、うなずく。

「ところで、牛肉屋には行かせてるの？」

「はい、行くように指導しています」

ヒンズー教徒は一般に牛肉を食べず、牛を殺すことは禁じられている。しかし、スラムには必ず牛肉屋があり、乳が出なくなって解体され、靴や鞄用に皮をとられたあとの肉などが売られている。その日暮らしの貧しい肉体労働者たちは、羊や鶏は高くて買えず、卵や豆では満足できないので、安い牛肉を買って、塩味のスープに入れて食べる。しかし、歳もいった牛の肉なので硬い。宇治が「肉を柔らかくする味の素」として売り込んだところ、味が美味しくなるので、柔らかくなったと勘違いするのか、本当に柔らかくなるのかは分からないが、大好評で売上げは伸びていった。

「ただ、スラムの牛肉屋は危ない感じもあるんで、営業マンたちがあんまり行きたがらなくて……」

スラムの牛肉屋は、店主も社会の最底辺の人たちで、変わった性格の人たちも少なからずおり、刃物も持っているため、近寄りがたいこともある。

「まあ、それは分からなくもないけど、行けば必ず売れるわけだし、向こうにとってもメリットのある商品なんだから。危なそうな店は除外して、積極的に訪問したらいいんじゃないの」

「はい、そのようにします」

「うん。ところで、一点突破の料理はまだ見つからないか？」

「はい、まだちょっと」

一点突破というのは、味の素が最も合う料理をキーメニューに定め、「この料理には味の素」と推奨する売り方だ。タイではソムタム（青いパパイヤを使ったサラダ）、ペルーではセヴィーチェ（酸味のある魚介類のマリネ）で成功していた。

「そうか……。やっぱり、『なんでも美味しくする味の素』ってやるとさ、焦点がボケて、『なんにも美味しくしない味の素』って伝わっちゃうんだよな」

「はい。キーメニューが必要ですよねえ」

インド人のハレの日の料理である「ビリヤニ」（スパイス、肉、魚、卵、野菜などを混ぜたバスマティ米のピラフ）や炒飯には、味の素はまあまあ使われていた。

二人は、地元の人々がもっと高い頻度で食べ、味の素が決定的に合う料理がないか探していた。

「しかし、カレーも駄目、サンバールも駄目だしなあ」

チキンマサラやバターチキンなど、カレー料理に入れてみたが、味がまろやかになってしまい、消費者テストでは五割くらいの人にしか受けなかった。南インドの人々がほぼ毎日食べているトゥールダール（キマメ）と野菜を煮込んだスープ「サンバール」も、今一つ合わなかった。

「『死牛《しぎゅう》に味の素』じゃ、イメージよくないしなあ」

「それは、さすがに無理ですね」

その晩――

宇治は、東京からの出張者を迎えに、チェンナイ国際空港に出向いた。

空港は、市内の南寄りの場所にあり、会社からは比較的近い。

「どうも初めましてー。小林です」

その日、大荷物のインド人帰国者や出迎えの親族で、芋を洗うようにごった返す到着ロビーに現れたのは、食品研究所の課長になっていた小林健一だった。ベトナムで宇治と一緒に働き、今は海外食品部の課長になった昆大介も一緒である。

四十三歳になった小林は、ペルー時代に比べると、頬がふっくらとしていた。仕事は、海外拠点のための即席麺に関する技術支援や調味料の開発支援である。

「どうも、お疲れさまです。宇治です。宜しくお願いします」

宇治は、満面の笑みで二人に挨拶した。

「さすがに暑いですねえ」

ワゴン車に乗り込んで、小林がいった。

夜だというのに、気温は三十度近くあった。

「チェンナイの気候は、コールドやウォームがなくて、ホット、ホッター、ホッテストだから」

短髪の丸顔や首筋に流れ落ちる汗を腰の手ぬぐいで拭きながら宇治がいった。

「今は何ですか？」

「今は、もうホッテストで、日中は四十度超えるからね」

「四十度⁉　恐ろしいですね」

「うん。時々、（日本）総領事館から熱波の注意喚起が出るよ。しかも湿度と不快指数は年で一番の時季だし」

チェンナイはベンガル湾に面していることもあって、この季節の湿度は八〇〜一〇〇パーセントに達し、逃げ場のない不快感である。


翌朝――

「お早うございまーす」

小林がインド味の素社に大きなスーツケースを引っ張って現れた。

「お早うございます。……あれっ、そのスーツケースは？」

白い半袖シャツ姿の宇治が怪訝そうな表情になった。

「これ、ナショナル・スタッフ（現地社員）の人たちにお土産です」

小林がスーツケースを開けると、扇子、女性用手鏡、ミニポーチ、スナック菓子などがぎっしり入っていた。

「えっ、ナショナル・スタッフって……これ、全員分？」

「はい、もらえる人とそうでない人がいると、不公平になると思ったので」

小林はペルー時代から、お土産を渡すときは、必ず全員に渡している。

「はあ、そう……。しかし、結構、金かかったんじゃないの？」

こういう土産は、当然、自腹だ。

「いや、基本、百円ショップですから」

小林は笑った。

「この『餅太郎』なんて、十円ですよ」

花咲か爺さんや餅つきをする人々の絵が描かれた袋をつまんで見せた。小麦粉を油で揚げ、塩をまぶしたスナック菓子で、十円とは思えないボリュームがある。

（うーん、この人は気遣いがすごいなあ！）

宇治は感心した。

小林は、宇治と濵野には、冷凍の吉野家の牛丼のほか、生卵を持って来ていた。インドでは手に入らない懐かしい日本食であることもさることながら、わざわざ生卵を機内持ち込みにして持って来てくれる心遣いが有難かった。海外のたいていの国では、サルモネラ菌が入っているおそれがあり、日本人は生卵を我慢している。

これ以降も小林は、インドに来るたびにビジネスクラスの重量制限いっぱいに、日本人とインド人社員全員に山のようなお土産を持参した。さらに得意の手品を披露し、あっという間にインド人社員たちの間に溶け込んでいった。

チェンナイ滞在中、小林は、マサラミックスの調理方法を調べた。

開発しようと考えている商品は、マトンと鶏、それぞれの肉料理に使えるマサラ（スパイスミックス＝カレー粉）である。何種類ものスパイスを混ぜ、フライパンなどで乾煎《からい》りし、それを砕いて粉末にしたものだ。インドでは家庭ごとに調合が異なり、つくるのも手間がかかるので、ある程度、美味しい料理がつくれる出来合いのスパイスミックスは、若い主婦などの需要があるはずだと考えた。ただしアーチ食品（Aachi Foods）やサクティ・マサラ社（Sakthi Masala）などの有力競合品があるので、それらを上回る味にしなくてはならない。

調査は会社のテスト・キッチンで行われた。

比較的広く、明るい部屋で、調理台と大きなテーブルがあり、ガスコンロ、鍋、釜、ミネラルウォーター、秤《はかり》、食器、各種スパイス、塩、コショウなどが備え付けられている。天井には大きな鏡が床に対して斜めに嵌め込まれ、調理人の手の動きを観察することができる。

調理人は、チョコレート色の肌に黒い口髭をたくわえ、白い厨房着を着たインド人シェフだ。この開発プロジェクトのために雇われた男性だった。

シェフが、調理台のガスコンロに載せた大きなフライパンで、マサラづくりを始めた。

そばには、白い食器に盛った十数種類のスパイスやハーブが用意されている。

シェフは、穀物のような薄い黄緑色のコリアンダーの種を、熱したフライパンの中に投入する前に、そばにあったデジタル式の秤に載せる。

「最初は、コリアンダーね……一四八グラム、と」

小林が、赤いデジタルの数字を確認し、グラム数をメモに取る。

「オーケー、プリーズ・ゴー・アヘッド（進めて下さい）」

小林がいうと、シェフが秤のコリアンダーの皿を取り上げ、ザザザザッと、フライパンに投入し、弱火でじっくり煎《い》っていく。

皮が煎られる香ばしい匂いが漂ってくる。

終わると、冷ますために平皿に移す。手で触れると、温かく、しっとりとした感じになっていた。

次に、薄茶色のロンググレイン米に似たクミンの種を盛った皿を手に取り、使う分だけを秤に載せる。

「クミン、五二グラム、と」

小林がメモを取ったのを確認し、シェフは、クミンの種をフライパンに投入する。

「次は、黒コショウ……一〇グラム、か」

小林はシェフがフライパンに入れるスパイスの量を次々とメモしていく。

濃いオレンジ色の八角は割って入れ、茶色い釘のように乾いたクローブ（丁子《ちょうじ》）の種はそのまま、薄い緑色のウイキョウの種もそのまま、乾燥したローリエ（月桂樹の葉）は割って細かくして投入、黒カルダモンとナツメグはさやと種子のまま、茶色いシナモンスティックは小さく折って入れ、ドライチリ（乾燥トウガラシ）は中の種を取り除いて割り、つややかな赤茶色のカシミールチリ（トウガラシ）はやはりちぎって入れる。

小林はすべての材料の量をメモし、シェフは弱火でそれらを一度に乾煎りする。

鼻腔を刺激する香ばしい香りが立ち昇る。

（確かに、これは食欲をそそるなあ……）

次に、煎ったコリアンダーを、コーヒーミルに似たグラインダーに入れ、粉状にする。シャーッという音がして、コリアンダーは少しくすんだ黄色い粉になった。

続いて、コリアンダー以外のスパイスを粉状にするが、その前にナツメグの種を叩いてつぶし、中の果肉を取り除く。黒カルダモンもつぶすが、こちらはさやも種子も入れる。それらを他のスパイスと一緒にグラインダーにかける。

グラインダーの蓋を開けると、赤茶色の細かい粉末になっていた。

（なるほど、こりゃ、カレー粉だ！）

小林は、鼻腔を刺激する香りの粉末にじっと視線を凝らす。

シェフは、粉になったコリアンダーとそれ以外のスパイスをそれぞれふるいにかけ、二つを混ぜ合わせ、塩、粉末ウコン、粉生姜、アサフェティダ（セリ科の植物からとる香辛料）、味の素などを加えてよくかき混ぜ、マサラが出来上がった。

（さすがに出来立ては美味しそうだけど、これをどうやって再現するか……。湿気防止策も要るだろうし）

小林は、シェフにそのマサラを使って鶏料理をつくってもらい、試食して、出来栄えを確かめた。チェンナイ滞在中、この作業を何度も繰り返し、よりよい味を追求すると同時に、材料となるスパイスの調達方法などについて宇治やインド人社員たちと話し合った。

それから間もなく――

インド南部の地方の町に出張に出かけた濵野勝男は、列車の中で朝を迎えた。

「サー、ウィ・ハヴ・アライヴド・アト・ザ・デスティネーション（お客さん、終点に着きましたよ）」

三段になった普通車の寝台で眠りこけていた濵野は、インド人車掌の巻き舌の英語で起こされた。寝ぼけまなこで腕時計を見ると、時刻は朝の六時だった。車窓から差し込む朝日の中、乗客たちがぞろぞろと降りているところだった。サリー姿の女性たちもいる。

「オゥ、サンキュー」

濵野は、礼をいって立ち上がる。

前夜、午後十時過ぎにチェンナイを発ち、列車の中で一晩をすごしたので、身体は汗ばみ、首、肩、腰が凝っていた。おまけに同じコンパートメントのインド人男性のいびきが凄く、あまり眠れなかった。南インドの人は身体ががっちりして横幅があるせいか、いびきの大きな人が多い。

駅舎を出ると、早くも三十度近い暑さで、道には陽炎《かげろう》が立っていた。

黄色いオートリキシャを拾ってホテルに行くと、レセプションで在留許可証の提示を求められ、三十分ほど待たされてから、部屋に入ることができた。インド味の素社の規定で、ホテルの宿泊費は一泊千ルピー（約千九百六十円）以内とされているので、お湯が出るホテルに遭遇する確率は低く、トイレに紙はなく、服は毎日自分で手洗いする。蚊取り線香は、黒いインド製を持参している。出張するのは外国人がいないような地域ばかりなので、ホテルにも町の食堂にもインド料理しかなく、毎日、油、香辛料、塩分たっぷりの食事となる。

こうした地方への出張は、月曜日にチェンナイを出て、土曜日に帰ってくるのが基本的なパターンだが、二週間行きっぱなしということもある。チェンナイの社宅には妻と二人の娘を残している。

午前八時半、現地の営業所長と営業マンが濱野をホテルに迎えにやって来た。

行商の同行にはオートリキシャを使うので、まずは運転手と値段の交渉である。一日の料金の相場は四百〜六百ルピーで、いったん交渉決裂し、他の車を探す素振りをすると、たいてい下げてくる。

その日もいつものように、人でごった返し、熱気と湿気と埃と汗や食べ物の臭いが充満する市場の中、営業マンたちに同行した。

市場では、店主が地べたの上に台や空き箱を並べ、肉、野菜、調味料、香辛料、豆、穀物、生きた鶏、魚、花、衣類、布、日用雑貨など、ありとあらゆるものを商っている。緑色のままのバナナや、鮮やかな色のトマトは山積みである。女性の髪飾りや神様への捧げものにする生花を編んだ飾りが、店頭にたくさんぶら下がっているのはインド独特の風景だ。女性たちは色とりどりのサリーを着ており、半袖やランニングシャツ姿の男たちは鼻の下、頬、顎に立派な髭をたくわえている。

「インダ・アジノモト・スヴァイ・セールッパーガ・セイギラドゥ（この味の素で、料理の風味が増します）」

「サシェ一袋の小売価格が一ルピーで、一シートだと四十袋です」

ピンク地に白のピンストライプ、胸に赤いお椀のマークと社名が入った半袖シャツを着て、大きなバッグを肩から下げたインド人営業マンたちは、市場にある店を一軒一軒回り、味の素を売り歩く。

「ウェル、ジャスト・ウェイト。アイ・ニード・トゥ・エクスプレイン・サムシング・フォー・ユー（ちょっと待って。説明したいことがあるので）」

　一軒の店で商品を売った営業マンを、濵野は呼び止める。

「ええとねえ、お客さんにインボイス（請求書）を渡すときのことなんだけど……」

　濵野の主な仕事は、営業マンのＯＪＴで、こまごまとした指導をしなくてはならない。「制服を着る」「サンダルでなく、靴をはく」「朝、時間通りに会社に来る」「ごみを路上に捨てない」から始まり、「取引先の店主や従業員に挨拶する」「一軒ごとにインボイスを切る」「商品を放り投げない」「在庫をきちんと数える」「嘘をつかない」といったことを、何十回、何百回と繰り返す。日本人にはごく当たり前のことでも、インド人にとっては非日常的で未知の領域である。

「ドゥ・ユー・アンダースタンド？（分かりましたか？）」

　濵野は、説明したあと、相手に訊いた。

「イエス・サー、デフィニットリー・アンダーストゥッド！（はい、絶対的に理解しました！）」

　黒い口髭をたくわえた若い営業マンは即答する。学校教育は英語なので、言葉は達者である。

　しかし、ほとんどの場合、ちっとも理解していない。

「ホワット・ディッデュー・アンダースタンド？　プリーズ・ライト・イット・ダウン・ヒヤ・アンド・エクスプレイン・ゼム・トゥ・ミー（何を理解したんですか？　ここに書いて、わたしに説明して下さい）」

　濵野が間髪を容れずにノートを差し出すと、営業マンは目を白黒させた。

「プリーズ（お願いします）」

濵野がなおもいうと、相手は必死になって記憶を喚起し、ノートにボールペンを走らせる。こうしなければ、説明はその場限りの会話で終わってしまい、頭に焼き付けることはできない。苦労して鍛えて、ようやく分かってきたかなと思った途端、会社を辞めてしまう者もいる。濵野の仕事は永遠のＯＪＴ教育である。

またインドの小売店の多くは、品質より価格を重視し、粗悪品や偽物でも平気で仕入れて売る。品質の高い品物を売ろうとする日系企業にとっては難しい相手で、異なる商業文化との闘いでもあった。

約三ヶ月後——

濵野はいつものように、炎暑の中、営業マンたちの行商に同行した。気候は、四、五月の「ホッテスト」から「ホッター」になったが、日中の気温は軽く三十五度くらいになる。

午前中の行商が終わると、濵野はいつものように営業マン二人と町の食堂に昼食に出向く。その日の食事は南インドの定食、「ミールス」だった。

表通りからバイクの音がやかましく聞こえる店に三人で入り、テーブルにつくと、皿代わりの大きなバナナの葉と、水が入ったステンレスの筒が各人の前に置かれ、食事に使う右手を水で洗う。スプーンやフォークはない。

ウェイターがやって来て、二リットル缶サイズのステンレスの容器で何種類かのカレーを持って来た。緑豆のカレー「ダールタルカ」、豆と野菜のスパイシーなカレー「サンバール」、冬瓜、ヨーグルト、ココナッツのカレー「プリセリ」、カボチャと豆のココナッツミルク煮「オーラン」など、ベジタリアン料理だ。

濵野らは「それは何？」「そっちをくれ」などといいながら、好みのカレーをバナナの葉の上に盛ってもらう。

続いて、炊いたロンググレイン米や豆粉を薄いせんべいのように焼いたパパダムが運ばれて来た。

（ダールやサンバールは、駄目だったしなあ……）

濵野は手づかみで食事をしながら思案する。

味の素に合う地元の料理を探すため、しばらく前から食事の際には必ず味の素を振りかけるようにしていた。

しかし、一日三食インド料理を食べ続けても、入れてもあまり変わらなかったり、入れないほうが美味しいと感じることもあったりして、これといった料理はまだ見つかっていない。

味の素の販売のほうも、昨年は倍増したが、今年に入って伸び悩み、濵野は「みんな頑張っているのに、なぜ伸びないんだろう？」「取扱店も増えて、考えられる販売はすべてやって、気合と根性と忍耐で頑張っているのに」と悩んでいた。

テーブルに、赤茶色のスープがステンレスの器で運ばれて来た。

タマリンドやトマトを黒コショウやニンニクで味付けして煮た「ラッサム」というスープだった。

爽やかな酸味が特徴で、南インドの人々は毎日のように、ご飯の上にかけて食べる。

（ラッサムか……これはまだ試してなかったな）

濵野は、ラッサムを少し飲んでから、インドの小売でメインになっている二・五グラムの味の素の小袋を取り出し、振りかけて指でかき混ぜた。

（ん!? なんか美味《うま》い！）

一口飲んで、驚いた。

味が信じられないほどまろやかになり、うま味も際立っていた。

（これ、味の素に合うんじゃないか……!?）

日本でも、酢の物に味の素をかけると美味しくなるといわれており、うま味調味料と酸味は親和性がある。

「エクスキューズ・ミー、プリーズ・トライ・アジノモト・フォー・ユア・ラッサム（ちょっと、ラッサムに味の素を入れてみてくれる?）」

濵野は、インド人スタッフに、味の素の小袋を渡した。

二人のインド人は、味の素を入れたラッサムを飲み、目を丸くした。

「ミスター・ハマノ、ディス・イズ・デリシャス！」

二人はすぐご飯の上にラッサムをかけ、美味そうに食べ始めた。ご飯をかきまぜる右手の動きが、普段より軽やかに見える。


濵野はチェンナイに戻ると、早速、宇治にラッサムの件を報告した。宇治も試してみたところ、非常に美味しくなると分かり、二人で「このメニューだ！」と大喜びし、その晩は飲み明かした。

南インドの人々は、ラッサムを年に三百回くらい食するので、味の素が使われるようになれば、大きな売上増が期待できる。

その後、消費者テストも実施したが、期待どおり、味の素を入れたほうが美味しいという評価が九割に上った。

それからは販促ポスターや営業マンのセールストークを「美味しいラッサムは味の素なしではつくれない」に統一し、一点突破の営業を推し進めた。


十月――

チェンナイは雨季に入り、多少過ごしやすくなったが、それでも日中は三十五度を突破し、灼《や》け付くような日差しが頭上から照り付けていた。

あと数日で、「ディワリ」と呼ばれる、光（善）が闇（悪）に勝ったことを祝う、ヒンズー教の新年のお祭りがやってくる時期だった。

庶民が住む団地の一角に味の素のキャラバン・カーが三台停まり、人々が群がっていた。キャラバン・カーの側面には大きな看板が取り付けられ、ラッサムの鍋に味の素が振りかけられている写真と「美味しいラッサムは味の素なしではつくれない」というキャッチコピーが、丸い輪ゴムを並べたようなタミル文字で書かれていた。

大きなパラソルの下のテーブルに、それぞれA、Bと大きく書いた紙が貼られた寸胴鍋サイズの黒い鍋が二つ置かれ、人々がそれぞれの鍋からラッサムを注《つ》いでもらい、試食していた。

「ニーンガル・エーヤイ・ヴィルンピナール、アダイ・インゲー・エルドゥンガル（もしAのほうが美味しいと思ったら、ここに書いて下さい）。Bのほうが美味しいと思った人は、こちらにお願いします」

新商品開発のために雇われた、黒い口髭に白い厨房着姿のシェフがタミル語でいって、試食をした人たちに、どちらが美味しいか投票させていた。

ラッサムと味の素の組み合わせの試食キャンペーンであった。

Aは普通のラッサム、Bは味の素が入ったラッサムだ。

人々は物珍しさもあって鍋が置かれたテーブルに押し寄せるようにやって来た。

オレンジ、ピンク、水色など色とりどりのサリーをまとった中高年の女性が多いが、Tシャツ姿の若者や、白髪の男性などもいる。

試食をした人が百人に達したところで、投票結果が集計された。

「それでは、アンケートの結果を発表します！」

厨房着姿のシェフがマイクを手に、トラックの上の特設ステージに立ち、タミル語でいった。

背後の赤と白の大きな看板にも、「美味しいラッサムは味の素なしではつくれない」というキャッチコピーがタミル語で書かれている。

「ちなみに、みなさんにはお知らせしませんでしたが、こちらのAの鍋が普通のラッサム、Bの鍋が味の素を入れたラッサムでした」

自分の左右にある台の上に置かれた、A、Bそれぞれの蓋付きの黒い鍋を指していった。

「それでは結果を発表します。……Bが美味しいと思った人が八十人！」

わあーっという歓声と拍手が湧き起こった。

「Aが美味しいと思った人、およびどちらも同じと答えた人が二十人でした。『美味しいラッサムは味の素なしではつくれない』ことが証明されました！」

拍手は続く。

「それでは続いて、ラッキー・ドロー（抽選）の結果を発表いたします！」

インド人のセールス・マネージャーがいった。

試食をした人たちには抽選券が配られ、複数の人に賞品が当たるようになっていた。

「一等は、三十一番です！」

歓声が上がり、当選したサリー姿の中年の女性がステージへと案内される。

「コングラチュレーションズ！」

キャンペーン用の赤と白のベースボールキャップに、味の素の赤いお椀のマークと社名が入った白いTシャツ姿の宇治がにこにこしながら賞品を贈呈する。

賞品は「ディワリ」のお祭りのときにマサラチャイ（スパイス入り紅茶）を飲みながら食べる「ミターイ」という地元の菓子の詰め合わせだった。ナッツやスパイスを牛乳と砂糖で練ったものや、小麦粉にたっぷりの砂糖を入れて餃子のような形にし、油で揚げたものなど、何種類かのセットで、派手な包装がしてあった。

続いて二等以下が発表され、インド人社長のマノハランや他の社員が賞品を贈呈する。

さらに味の素のサンプルが全員に配られた。

人々の反応は目覚ましく、イベントは大成功だった。

インド味の素社はキャラバン専門のスタッフを雇い、教育した上で、五台のキャラバン・カーを仕立て、タミル・ナードゥ州を中心に、五台×月二十五日×一年間＝延べ千五百回のラッサム・キャンペーンを敢行した。

さらにテレビCMも制作して宣伝した。

いくつかのパターンの三十秒のCMがつくられ、そのうちの一つは次のようなものだった。

小学校低学年くらいの可愛らしい女の子が、サリー姿の祖母、母親とラッサムをつくる。「まずトマトを切ります」「ニンニクとコリアンダーを炒めて」という女の子のセリフや調理の音とともに、シズル感のあるカットが映し出される。女の子が「美味しいラッサムができました」というと、母親が「美味しいラッサムはまだ完成してないのよ。味の素を入れなきゃね」といって、誇らしげな笑顔で味の素を振りかける。画面は、祖母、父母と女の子の食事シーンに変わり、食卓の四人が笑顔で、ご飯とラッサムを手で混ぜて食べ、女の子は皿に残った汁まで飲み干す。ラストは味の素の赤い文字と創業百周年のロゴ、「味の素美味しいね、ワオ！」というタミル語のセリフで締め括られる。

さらにインド各地で催される食品関連の展示会に出展して、味の素の説明やラッサムの比較試食を行なったり、地元の医師・看護師・栄養士・科学者向けに味の素の安全性の説明や調理方法の実演を行なったりした。またタミル・ナードゥ州マドゥライ市周辺の偽物品の取り締まりを保健省に要請し、南部主要四都市で偽物品・リパック品への注意喚起の新聞広告を掲載したりもした。

こうした努力で味の素の売上げは着実に伸びていった。特に小売店向けのリテール（五〇グラム以下）の伸びが目覚ましく、二〇〇九年は対前年比で八四・五パーセントの増加、翌年は一三一・一パーセントの増加を記録した。

2

翌二〇一〇年四月上旬――

インド味の素社のテスト・キッチンで、東京からやって来た小林健一、食品研究所で小林の部下の藤田兼二、インド味の素社でR&D（研究開発）を担当しているインド人女性研究員らが、試食の結果について話し合った。

「アワ・マサラ・フォー・チキン・ニーズ・トゥ・ビー・インプルーヴド（我々のチキン用マサラは、改善の必要があるね）」

襟が白い半袖シャツ姿の小林が、手にした評価シートを見ながらいった。

室内の一角には試食ブースがいくつか設けられていた。選挙の投票所のような左右を仕切られた小さな席で、この日、十五人のインド人社員たちが、仕事の合間にやって来て、試食をし、評価シートに記入した。

試食は、米を盛ったバナナの葉の上にステンレスの小鉢に入れた二種類のマサラ（カレー粉）でつくった料理を置き、食べ比べをするものだった。

「そうですねえ。だいたいの項目は他社製品と同等か、優っているけれど、総合評価が低いですねえ」

小林のそばに立った藤田が評価シートを見ながらいった。細身で素直そうな風貌の東大出の若者で、日清食品から味の素に転職して来た。仕事ぶりはいたって几帳面である。

小林らが開発したマサラと、インド屈指のマサラ・メーカーであるアーチ食品（Aachi Foods）のマサラを使って調理し、どちらにどのマサラを使ったかは伝えずに実施したブラインド・テストの評価シートだった。

評価項目は、外観、色調、香り、粘度、ファースト・テイスト（最初の味）、ファイナル・テイスト、オーバーオール・テイスト、総合評価、個別コメントなど、いくつもの項目に分かれていた。

前日に行なったマトン用マサラのブラインド・テストは、競合品よりかなりいい結果で、試作品のレシピどおりで製品化を進めることになった。

「競合品の個別コメントに『テイスト・ラスティング（後味が長く残る）』というのが多いですから、後味がよく、かつ長く続くように改善しないといけないのかもしれませんね」

ニタヤという名のインド人女性研究員が巻き舌の英語でいった。大卒で物静かだが、芯のしっかりした女性である。

「そうですね。……しかし、木曜と金曜だけベジタリアンになる人たちがいるのは予想外でしたね」

藤田がいった。

試食は三十人くらいで行う予定だったが、木曜と金曜だけベジタリアンになる社員がいるのが判明し、この日は木曜日だったため、参加者が十五人に止《とど》まった。

「うん。これからテストをやるときは、木曜と金曜を除外しないと駄目だね」

小林がいった。

翌週——

小林は、藤田、海外食品部でインド味の素社を担当している吉成祐輔、インド味の素社社長マノハラン、R&D担当のニタヤとともに、国内線の飛行機を乗り継ぎ、インド西部のムンバイに向かった。マサラの原料となるスパイスのサプライヤー候補の会社を訪問するためだった。

サプライヤー候補の会社は、創業が一八六四年という一世紀半近い歴史を持つ老舗である。頭にターバンを巻き、頬と口の周りに立派な髭をたくわえたシーク教徒の会長と三人の息子たちが経営する同族会社だ。

扱っているスパイスは、カルダモン、トウガラシ、コリアンダー、クミン、ディルなど十五種類で、実のまま、煎ったもの、粉末などの形で、ホールセール販売をしている。

味の素の一行は、応接室で迎えられたあと、薄い青色の不織布のヘアキャップと白い制服に着替え、工場内を案内してもらった。

「当社では、スパイスごとの管理基準にもとづいて、原料の受け入れ時、プロセス中、完成品など、すべての段階で、バッチ（生産一回分）ごとの品質チェックを行なっています」

黒いターバンの上から白いヘアキャップをかぶり、白衣を着た会長の長男が、小林らを案内しながら、英語で説明をする。大柄な中年男性で、生産部門担当の役員である。

「バッチごとのトレーサビリティ体制も、整っています」

工場は広々としており、天井や壁はきれいなベージュ色に塗装され、清掃も行き届いていた。

ビリヤード台くらいの大きさのスパイスの実や殻の選別台がいくつかあり、不織布の薄い水色のヘアキャップに水色の制服姿の女性作業員たち二十人くらいが、手作業で選別をしていた。

原料投入、洗浄、焙煎、混合、粉砕、袋詰めなど、それぞれの工程の機械やタンクが、銀色のパイプやベルトコンベヤーで結ばれ、ヘアキャップに赤や青の制服姿の作業員たちが働いている。

「ふーむ、サインボードやワークフローチャートもしっかり張ってあるね」

小林があちらこちらの壁に視線をやって、吉成にいった。

ハザードポイント（作業で危険な箇所）を示すサインボードや、プロセスごとのワークフローチャート（作業手順）、チェックシートなどが張られており、実際に運用されていることが見てとれた。

「HACCP《ハサップ》どおりに、しっかりやってる感じですね」

吉成がいった。

HACCPは、食品製造において、工程上の危害（微生物や異物の混入等）を引き起こす要因を分析し、未然に防ぐ手法である。

この会社はそのほか、ISO22000（食品安全マネジメント規格）、ISO12025（粉末から出る微小物質定量手法に関する規格）、ISO14000（環境マネジメント・システムに関する規格）、BRC（英国の食品安全規格）、インド・スパイス・ボード、コシェール（ユダヤ教）、ハラール（イスラム教）などの認証を取得している。

「異物混入対策もしっかりやって、記録もちゃんと取ってますね」

藤田がいった。

一行はラボラトリー（研究室）にも案内された。

窓から外光が入る室内の中央や壁に沿って検査台があり、各種の機器やパソコンが設置され、へアキャップに半袖の白衣を着た男女の社員たちが、スパイスを大型の試験官に入れたり、デジタル表示の分析器にかけたりしていた。

「当社では品質管理の手法として、官能検査ではなく、スパイスに含まれている油の量で検査しています」

生産部門担当役員の男性がいった。

官能検査は、人間の五感（目、耳、鼻、舌、皮膚）によるもので、評価員が、外観、匂い、味覚、食感等をチェックする。

「それで十分検査できるんですか？」

「はい。官能検査よりも有効です。このやり方で、世界中の顧客から長年の信頼を得ています」

この会社の販売は輸出が中心で、米国、欧州、オーストラリアなど、世界中に仕向けており、日本ではエスビー食品やGABAN（ハウス食品グループのスパイス会社）が顧客である。

「従業員の衛生管理やゾーニング（衛生管理のための区画分け）も徹底されてますね。さすがインド・スパイス輸出協会の会長社だけのことはありますね」

吉成がいった。

「うん、ここなら申し分ないだろうね」

小林がうなずく。

「ただ立地からいって、シード（種）系のスパイスには強いと思うけど、そのほかのスパイスがどれくらいのコストになるか、ちょっと気になるね。チェンナイから距離もあるし」

一行は、ムンバイに来る前にインド南部のバンガロールにある別のサプライヤー候補の会社を訪問していた。チェンナイへの距離だけなら、そちらのほうが圧倒的に近い。

味の素の一行は、ムンバイの会社に対し、輸送料込みの見積書、および生と殺菌済のスパイスの実のサンプルと粉にしたサンプルを送ってくれるよう依頼した。


月末――

朝、宇治弘晃は工場兼オフィスの二階（日本でいう三階）にある自分の執務室で仕事をしていた。

「ウジさん、ちょっといいかな？」

宇治のデスクのそばのガラス窓を開け、社長のタンガヴェル・マノハランがいった。二人の執務室は隣接していて、間にあるガラス窓を開ければ、すぐ話せる。

マノハランは五十代後半で、浅黒い顔に銀縁眼鏡をかけ、いかにも手堅い経営者といった風貌である。

「この発注価格、普通より高いと思わないかい？」

マノハランが発注伝票を差し出す。

「えっ、本当に!?」

こういうとき、真っ先に疑われるのが、価格を水増しして発注し、納入業者から差額《キックバック》をもらう着服だ。

伝票を受け取って見ると、新商品のマサラの工場の床の塗装に使うエポキシ樹脂の発注書で、工場のメンテナンス（補修管理）担当のインド人が発注したものだった。

「ただ、僕はこういうものの相場は分からないので……」

宇治の言葉にマノハランがうなずく。

「わたしのほうで調べてみましょう」

宇治はうなずいて伝票を返し、自分の仕事を続けた。

小林らが開発している新商品のための生産ラインの建設工事が始まっていたほか、ラッサム・キャラバンの実施、来月の料飲店向けや加工用の販売価格の策定作業に加え、日本やアジアの拠点から立て続けに出張者がやって来ていて、多忙を極めていた。

加工用というのは、地元の医薬品会社が、ジェネリック医薬品の増量のために味の素を買っているもので、宇治も初めてお目にかかる珍しい使い方だった。またインドの焼きそばタイプの即席麺でトップシェアのネスレに対し、それに使ううま味成分として、タイ味の素社製の核酸を売っていた。

ガラス窓の向こうでは、マノハランが自分のデスクで電話をかけていた。

しばらくしてマノハランが再びガラス窓を開けた。

「ウジさん、この発注価格は、やはり通常より五、六千ルピー高いようだ」

伝票を手に厳しい表情でいった。

一ルピーは約一円八十三銭なので、日本円換算で一万円前後である。

「間違いないですか？」

「うむ。インターネットで調べて、知り合いにも確認したから、間違いないと思う」

「そうですか……」

宇治はごくりと唾を飲む。

「これは工場長に事情聴取させるしかないだろうね」

「ええ、そうですね」

宇治はそういって一瞬考える。

工場長は色の黒い大柄な男で、仕事に厳しい反面、権威主義的で、詰問調で部下に話す癖がある。

「事情聴取は、総務のパータも一緒にやらせたほうがいいと思います」

パータは総務担当の現地社員で、仙人のような風貌で性格も穏やかである。こういうとき、一人でやらないのは、ベトナムの偽物製造業者のところに単身で乗り込んで鉈で追いかけられて以来の教訓だ。

「分かった。そのようにさせよう」


午後、宇治はマノハランと一緒に、一つ下の階にある工場の居室（休憩所兼事務室）で、着服が疑われるメンテナンス担当の社員に会った。

工場長とパータによる事情聴取は午前中に行われ、担当の男は「わたしは確かにこの発注書のとおりの価格で買った」と断固として主張したという。

マノハランが椅子にすわり、タミル語で男に話しかける。

宇治はタミル語は分からないが、事態がエスカレートしないよう、クッション役のつもりで同席した。

メンテナンス担当の男は眼鏡をかけ、細身で、元々神経質そうな印象である。チェンナイ近郊の出身でマノハランの遠縁にあたる。年齢は二十七歳で、約一年前に入社した。本来の仕事は工場のメンテナンスだが、新商品の生産ラインの工事で発注業務が立て込んでいたため、この一ヶ月ほど、少額の消耗品などの発注を任せていた。

しばらく男と話をすると、マノハランが自分のスマートフォンを取り出した。

「ミスター宇治、サプライヤー（納入業者）に、彼のいうことが正しいか、確かめてみるよ」

マノハランが英語でいい、宇治はうなずいた。

納入業者は電話にすぐに出て、マノハランが、手にした発注伝票を見ながら相手とタミル語で話をする。

マノハランは相槌を打ちながら、話を聞き、質問を発したりする。

そのうち、メンテナンス担当者の顔色が一変した。

（これは、何かあったたな……）

やがてマノハランは業者との話を終え、メンテナンス担当の男に二言、三言いってから、宇治のほうを向いた。

「ミスター宇治、サプライヤーが不正を認めたよ」

「えっ、本当に⁉」

「うむ。差額を現金で彼に渡したそうだ。詳しく話を聴きたいから、こちらに来てくれといったら、あと一時間くらいで来るそうだ」

宇治はその言葉にうなずきながら、一時間ということは、二、三時間後かなと思う。この国では時間に遅れるのは当たり前のことである。

宇治とマノハランは一つ上の階に戻り、業者が来るまで仕事をすることにした。

このときの判断を、せめて工場長にメンテナンス担当者の身柄を引き渡せばよかったと、後々まで悔いることになった。

宇治が自分の執務室に戻って、しばらく仕事をしていると、廊下のほうがなにやら騒がしくなった。階下から女性の悲鳴や泣き声のようなものも聞こえてくる。

(ん？　いったい、何だ？)

怪訝に思ったとき、工場長が隣のマノハランの部屋に慌てた様子で姿を現した。血相が一変して異様な雰囲気を漂わせ、非常事態が起きたのが一目瞭然だった。

「ウジさん、大変なことになった。……彼が自殺した」

マノハランがガラス窓を開けていった。

「げえっ、本当に⁉」

宇治は愕然とした顔で椅子から立ち上がる。

「メンテナンス室で首を吊っているのを工場の女性作業員が発見したそうだ」

メンテナンス室は工具などが置かれている部屋だ。

「死んだんですか⁉」

「もう息を引き取ったようだ。女性作業員が泣き叫んで工場長に報告して、工場長が慌ててわたしのところにやって来たという次第だ」

大柄な工場長が深刻な顔つきでマノハランのデスクの前に立っていた。

「そうですか……」

現地社員の自殺は宇治にとっても前代未聞の事態で、咄嗟にどうしていいのか分からなかった。

「ウジさん、あんたはすぐ家に帰ったほうがいい」

「えっ、どうしてです？」

「これから警察が来る。外国人がいると面倒なことになるかもしれない。拘束されるかもしれないから」

「うーん、そうですか……。分かりました。工場は操業停止ですね？」

「うむ。工場もオフィスも、必要最小限の人数を残して、全面的に停止しよう。警察や遺族への対応は、我々でやるから」

マノハランと話を終えると、宇治は、市内で営業マンに同行している濵野勝男に電話をかけ、事情を伝えて、自宅に直帰するよう指示した。

荷物をまとめ、帰宅するために階段を降り、一つ下の階を通りかかると、女性たちの泣き叫ぶ声が聞こえてきた。

宇治と入れ違いに、救急車がけたたましいサイレンを鳴らしながら、会社の敷地内に入って来た。


翌日――

業務は終日全面停止され、社員たちに対して事件の説明がなされた。

自殺した男の両親が会社にやって来て、現場を見て、社長のマノハランから経緯を聞いた。

父親は、「息子はたった五、六千ルピーのことで、命を絶ったのか」と嘆いたという。

自殺の正確な原因は分からなかったが、目の前で不正を暴かれたショックで、発作的に死んだ可能性もあると考えられた。インドも、日本ほどではないが自殺の多い国で、この年は十三万五千人が自殺した。

午前中、現場となったメンテナンス室でプージャ（ヒンズー教の祈り）が執り行われた。

臨時の祭壇が設置され、極彩色のヒンズー教の神様の絵を中央に、花束、バナナなどの果物、香、水差しなどが供えられた。素肌にオレンジ色の法衣をまとったヒンズー教の男の僧侶がやって来て、鈴がチリチリチリチリと鳴らされる中、弔いが行われた。辺りに香の煙が漂い、僧侶が手にした蠟燭の火を、神様の絵に向けて円を描くようにかざし、親族やインド人社員たちが両手を合わせ、祈りを捧げた。

その後、会社の正面玄関に設置された「ガネーシャ」の像の前でも、プージャが執り行われた。「ガネーシャ」は、片方の牙が欠けた象の頭と、豊満な太鼓腹を持つヒンズー教の神で、障害を取り除き、富をもたらすと信じられている。台座も含めて人の背丈ほどもある艶やかな木製の像には、赤や黄色の花で編んだ花輪がかけられ、果物や米が供えられ、小さな燭台に火が点された。

やがて遺体を乗せた霊柩車が到着し、プージャが捧げられたあと、両親とともに生家へと戻って行った。前日深夜、両親とともにやって来た親族五人は、味の素が手配した列車で故郷へ帰った。

宇治と濵野は、外国人がいるとトラブルが起きるかもしれないと、マノハランからアドバイスされ、霊柩車が走り去った午後になってから出勤した。

インド味の素社は、翌日から業務を通常通り再開した。

事件の五日後、警察がやって来て、事情聴取や現場検証を行い、調書を作成した。

3

翌二〇一一年三月中旬——

宇治弘晃は憤怒のあまり、頭から湯気を出しながら、東京の本社や直接の親会社であるタイ味の素社の担当者あてのメールをタイプしていた。

新商品のマサラ（カレー粉）の商品名は、英語のハッピーにタミル語のアンマ（お母さん）をかけた「Ｈａｐｉｍａ（ハピマ）」に決まった。商品名の候補に、味の素にアンマをかけた「Ａｊｉｍａ」も挙がり、社長のマノハランらインド人社員たちはそちらを推した。多数決で「Ａｊｉｍａ」に決まりかけたが、前年にインド味の素に着任した吉成祐輔が、新商品開発部長の権限で強引に「ハピマ」に決め、宇治は心の中で快哉を叫んだ。

味の素の名前が普及している国々では「アジゴン」（ベトナムの風味調味料で、「ソゴン」はベトナム語で美味しいという意味）、「アジノメン」（ペルーの即席麺）などを出しているが、インドではまだそこまで味の素の名前は浸透していない。

「ハピマ」のレシピや生産ラインも完成し、本来であれば、すでに生産を開始しているはずだった。しかし、この日、宇治は怒り心頭に発し、一度延期した生産開始予定日を再度延期せざるを得ないというメールを書いていた。原因は、包材（包装材料）を発注したデリーのメーカーが、シリンダープルーフ（円筒形の版を使って印刷した見本）をいつまでたっても送ってこないことだった。業を煮やして問い詰めたところ、納品時期に関して真っ赤な嘘をついていて、何もできていないことが判明したのだった。

〈各位　大変申し訳ありません。いったん延期にした生産開始日（三月二十三日）ですが、再度延期とさせて下さい。実際の生産開始日ですが、今のところ目途が立っておりません。早くても四月中旬になろうかと思います。

恥を忍んで事情を正直にお伝え致します。包材を発注したのが二月上旬で（この包材メーカーはデリーにあり、味の素のパッケージを問題なく供給しています）、シリンダープルーフがなかなか届かなかったため、この一週間、ずっと状況を問い合わせていました。「送ったのだが、ジェット・エアウェイズ（注・インドの民間航空会社）のターミナルが1から3に変わったので、トラブルになっている」「チェンナイ空港に取りに行って、明日までに届ける」などというやり取りがなされ、非常にストレスを感じておりました。一昨日来、マノハランさんから先方の社長に直談判し（社長も事態を把握しておらず）、実は先方の製造機器が故障しており、修理のためにドイツから技術者を招いていて、発注したシリンダー作成はゼロの状況であるということが十五分前に分かりました。つまり担当者はずっと嘘をつき続けていたのです。この会社に対しては、賠償訴訟を検討致します。

改めて包材用シリンダーを別の会社（コストよりスピード優先でチェンナイ近郊の会社）に発注し、その納期が確定次第、日程を連絡致します。お粗末な顚末で、皆様には多大なご迷惑をおかけし、お詫びのしようもありません。〉

しかしその後、タイ味の素社の研究開発部でインド味の素社を担当している日本人と何度かメールをやり取りし、この時点で包材のサプライヤーを変えると、さらに事態を複雑にする可能性があることに気付いた。

〈前田様（注・タイ味の素社担当者）

実際には、すでにオーディット（納入業者監査）済みのこの会社は「味の素」の包材の九〇パーセントを依頼しています。「蕎麦屋の出前」以上の嘘をついていたのは赦せない行為ですが、インドではこの程度のことは当たり前であるという実態にもとづくならば、これは我々の知らない新興国のビジネスのあり方だと考えられないこともありません。もう少し粘り強くこの会社と交渉してみます。そうでないと、益々大変なことになってしまいそうです。〉

一ヶ月半後（四月の終わり）――

「ハピマ」は四月二十五日から生産が開始され、同二十九日に出荷が始まった。

初出荷の際は、ヒンズー教の僧侶を呼んで「プージャ」の儀式が執り行われた。

工場は地上階にある味の素のリパック工場の隣につくられた。

元々は倉庫だった建物で、Aゾーンと、その三分の一ほどの広さのBゾーンに分かれている。二つの部屋はガラス窓のある壁で仕切られ、壁の下のほうに、人の腰ぐらいの高さの製品受け渡し口がある。そこに暖簾《のれん》のようなビニールカーテンが下がっていて、行き来せずに製品の受け渡しができる。

生産ラインがあるAゾーンは縦長の部屋で、天井から蛍光灯の白い光が降り注ぎ、壁には青白い光を放つ光触媒の殺虫器や、連絡事項などを書き込むホワイトボードが取り付けられている。清掃が行き届いた床は、淡いコバルトブルーのエポキシ樹脂で塗装されており、てらてらと光っている。

銀色に輝く真新しい機械はインド製で、生産ライン全体の長さは六、七メートル。

最初に、原料倉庫からすべてパウダー状のターメリック、コリアンダー、トウガラシ、クミン、炒《い》りタマネギ、塩、核酸（うま味成分）などを運んで来て、丸いターンテーブルに載せていく。計量担当者がテーブルを回しながら、それぞれの決められた量を計り、プラスチック・バケツに入れる。一バッチは七五キログラムである。

続いてそれをブレンダーに投入する。ステンレスの長方体の中で、らせん状の羽根が回転し、原料をかき混ぜる。

混合が終わると、ブレンダーの下から混合品を取り出し、プラスチック・バケツで運び、シフター（篩分機《ふるいわけ》）に投入し、ダマを粉砕したり、小石や枝などの異物を除去する。

その後、高さが二メートルくらいある充塡包装機にふるい分けた混合品をステンレススコップで投入すると、機械の下のほうからサシェに包装された製品が十袋ずつのカレンダーになって出てくる。

作業員は新たに雇われた者が多く、機械の扱いや作業に馴染みがないので、つい先日まで、食品研究所の藤田兼二が一週間出張して来て、宇治や吉成と一緒に指導した。

十人ほどの作業員は、頭から足首まで、真新しい薄茶色のヘアキャップと作業着でおおい、顔にマスク、両手に白いゴム手袋をはめている。リパック工場と違ってエアシャワーはないが、ローラー式の吸着器で、頭からつま先まで塵や埃を取り除いてから入室する。

「ストップ！　ドント・ドゥ・ザット！」

つばの付いた白いヘアキャップに、裾の長い白衣姿の宇治が、稼働前のブレンダーを小型のブラシで掃除していた作業員に声をかけた。

「ユー・マスト・カット・オフ・ザ・メイン・スイッチ・ファースト（最初に主電源を落とさないと駄目だよ）」

男の作業員はあいまいにうなずく。

（こりゃ、「指チョンパ」の怖さが分かってないな……）

ブレンダーの羽根はステンレス製で、高速で回転しているので、刃物のような威力を持っている。指の切断事故は食品業の宿痾《しゅくあ》だ。味の素では、全世界の工場で年間十件以上の指の切断や裂傷事故が起きたこともあり、そのときは技術系の本社副社長から「絶対に事故は起こすな」と厳命が下った。

（やっぱり藤田君がいったように、ソーセージで実演してみせないと駄目だな）

宇治は藤田から「ソーセージを使って、どうなるか見せたら、ＮＳ（ナショナル・スタッフ＝現地社員）も怖さが分かると思いますよ」とアドバイスされていた。

後日、ソーセージを持って来て、切断するところを見せると、インド人社員たちは「ウワォーッ！」と驚いて、後ずさりした。

（パッケージングのほうは、どうだ？）

宇治は生産ラインの最後にある、充塡包装機へと向かう。

五ルピー品用と十ルピー品用の二台があり、マトン用とチキン用それぞれの袋入りマサラのカレンダーが機械の下部から吐き出されていた。

（こりゃ駄目だなあ……）

五ルピー品用のカレンダーを見て、顔をしかめた。

十袋ごとのカレンダーではなく、五袋、三袋、二袋という変則で切断されていた。

「これ、十袋ずつ切れるようにしてくれるかな」

そばにいた包装担当者にいった。

隣の味の素のリパック工場で長年包装を担当してきたインド人男性で、「ハピマ」の製造のために異動させた。

「イエス、サー」

色黒で口髭を生やした小柄な男は機械を止め、白いゴム手袋をした手で、つまみを回したりし始める。

（うーん、返事はいいけど……そんな簡単に直るもんかね？）

包装担当の男は、ものの数分間で調整を終わらせ、機械を再始動した。

見ると、ちゃんと十袋ずつ切断されていた。

（えっ、あんな簡単な調整で直るの⁉）

宇治は、出て来たカレンダーを改めて手に取り、一袋ずつ確かめる。

（うーん、やっぱり印字アウトが多い……。参るな、これは！）

サシェの指定の場所以外に印字されているものが、結構あった。カレンダーのうち、一袋でもそういうものがあると、残り九袋もアウトになってしまう。

（もう少しだけ、許容範囲を広げるか……？）

インドの法律では、パッケージのどの場所でも印字さえあればいいことになっている。ただあまり広げると、見栄えが悪くなる。


二日後（五月二日、月曜日）――

「……えっ、四人も欠勤!?」

朝、「ハピマ」の工場にやって来た宇治と吉成は、スーパーバイザー（現場の責任者）のインド人男性から報告を受け、愕然となった。

「一人は、『急な用事ができて、親戚の家に行かなくてはならなくなった』と連絡があったんですが、それ以外は全員無断欠勤です」

白い制服姿のレオという名の大卒のスーパーバイザーがいった。

「こりゃ、もう会社には来ないってことだろうなあ」

宇治と吉成は苦々しげに顔を見合わせる。

インドでは、社員が突然会社に来なくなり、そのまま退職するのは日常茶飯事である。


その日、宇治が作業の指導をしていると、女性作業員が、灰色のプラスチック・バケツを両手に持って、材料をブレンダーに投入しようとしていた。

「ストップ！　ユー・マスト・ウェア・ゴーグルズ」

顔にゴーグルを着けていなかったので、注意した。

「オゥ、イエス！」

薄茶色の制服姿のインド人女性従業員は、ゴーグルを取りに行こうと、慌てて駆け出す。

「ドント・ラン！（走るな！）」

工場内で走るのは危険なのでまた注意した。

その瞬間、女性作業員の上着のポケットから何かが飛び出し、音を立てて床に落下した。見ると鋏《はさみ》だ。

（な、なんで鋏なんか持ってるんだ⁉）

制服は市販のものなので、ポケットがついているが、物は入れないように指導していた。

そのとき、太った男の新人が、よたよたと工場に入って来た。見ると、制服はつんつるてんで、足元はスリッパばきである。

「ちょっと、レオ、この人にサイズの合うユニフォームとシューズを支給してくれるかな」

宇治は、スーパーバイザーに指示した。

「いや、あのう……今、サイズがなくて。シューズも足に合うのがなくて」

「ああ、そうなの？　はあーっ」

スリッパでの作業は論外なので、新人はいったん工場の外に出した。

充塡包装機のほうに視線をやると、作業員の一人が、いったん停めた機械を自分で再始動しようとしていた。

「ノゥ！　ドント・スタート・ザ・マシン・ユアセルフ」

宇治は作業員を指さし、鋭い声で注意した。

「必要に応じて機械を停めるのはいいけど、再始動は必ずオペレーター（操作担当者）がやること」

午前十時半頃になると、作業員たちは、機械の操作担当者を除き、全員、ティータイムの休憩に行ってしまった。

（遅い！　どれだけ休憩を取るつもりなんだ⁉）

三十分以上戻って来ないので、彼らの代わりに作業をしている宇治と吉成は腕時計を見ながら苛々した。

「ティータイムは十五分、かつ二、三グループに分けて行かせるようにしないと駄目ですね」

吉成の言葉に、宇治が渋い表情でうなずいた。

その日は、朝になって作業をしていた印刷機の印字の設定を前日のうちに終わらせておくように指示した。

また作業員の一人から、オニオン・パウダーを保管するプラスチックの入れ物に粉が付着して汚いので、水で洗っていいかと訊かれたときは、「絶対ダメ」と答えた。水で洗うと湿気が残り、カビや菌が繁殖する恐れがあるからだ。その代わり、オニオン粉をビニール袋に入れ、それをプラスチックボックスで保管するようにさせた。

五月五日――

朝、宇治が生産ラインのそばで作業の指導をしていると、カビタという品質管理担当の女性社員が、憤然とした顔つきで工場に入って来た。

製品の菌の量などを定期的に検査し、インドおよび社内の食品安全基準が遵守されているかチェックしている大卒の女性である。

「ミスター宇治、マトンの包材の受け入れ検査がされていません！」

ヒンズー教徒で、眉間の上に赤い丸を付けたカビタの両目が吊り上がっていた。

包材を業者から受け取るときは、倉庫の担当者が注文通りの品物かどうかを検査するのが決まりだ。

「えっ、本当⁉」

宇治は驚いて、カビタと一緒に倉庫に向かった。

「あっ、こりゃ駄目だな！」

送られて来たロール状の包材（フィルム）を手に取って伸ばし、宇治は顔をしかめた。

マトン用の「ハピマ」の袋のデザインは、バナナの葉の上にＨａｐｉｍａという赤い文字、その下にマトン・カレーの写真が配置されている。

送られて来たフィルムは全体に色がくすんでおり、Ｈａｐｉｍａの文字のエッジ（縁）もぼやけている。印刷したのは、例の「蕎麦屋の出前」のデリーの包材メーカーだ。

あらためて吉成とカビタが全部をチェックしたところ、似たような不出来のロールが多数あった。

宇治はがっかりしながら、あまりにも出来が悪い六本のロールのうち二本をアウトにし、それ以外のなんとか我慢できるものは、上位者の権限で例外的に受け入れる「特採《とくさい》」（特別採用）にした。

「まったく、特採の連発だな」

宇治は憤懣やるかたない顔で受入票にサインする。

「この代金は、絶対払うなよ、絶対に」

宇治は、そばにいた「ハピマ」の工場長を務める大柄なインド人男性に厳命した。


一方、この日の生産はいたって順調だった。

生産ラインではマトン用マサラの生産を行い、二台ある充塡包装機のうちの一台は、前日に生産したチキン用マサラの五ルピー袋の充塡包装を、もう一台のほうはマトン用マサラの十ルピー袋の充塡包装を行なった。袋がよじれたりしてよく「チョコ停」（ちょこちょこ停止）する機械だが、この日はほとんど止まることなく、全員にとって気持ちのいい一日となった。

作業が終わったあと、作業員たちはブレンダーなど、機械類を掃除した。ブレンダーは水を絞ったタオルで拭い、乾いたタオルで乾拭きし、消毒用のアルコールを吹き付けてから乾燥させる。

袋詰め作業などをするBゾーンでは、Bゾーン用の青いヘアキャップと制服に身を包んだ若い女性社員が、後輩の女性社員に出来上がったカレンダーのたたみ方や、セットにして透明なプラスチック袋に入れるやり方を丁寧に指導していた。


五月十四日――

朝、工場に出勤した宇治は、Bゾーンに、前日に生産した完成品のバッグが大量に積まれているのを発見した。白いプラスチック・バッグで、緑のバナナの葉の上の赤いHapimaのロゴや社名、商品名などが印刷されており、米の二〇キロパックのような形とサイズである。

「ハピマ」は、五ルピー品は十袋のカレンダー五本を透明なプラスチック袋に入れ、それを十六袋、バッグに入れる。十ルピー品は、二カレンダーをプラスチック袋に入れ、三十袋をバッグに入れる。

「これ、なんでこんなにバッグが残ってるの？」

白いヘアキャップに白衣姿の宇治が訊いた。

「パレットがないんで、倉庫に運べないんです」

男のインド人社員がいった。

パレットは、商品をフォークリフトで運ぶとき、一番下に置くプラスチック製の台だ。インドでは高価なので、タイ味の素社から味の素と一緒に輸入していた。

「パレットが足りないのか……」

宇治が顔をしかめたとき、別のインド人社員がやって来た。

「ミスター宇治、ブルーボックスが足りないんですけど」

「えっ、ブルーボックスも⁉」

所定の数量のカレンダーを入れて封をしたプラスチック袋をBゾーンに運ぶのに使う青いプラスチック製のケースのことだ。

宇治が充塡包装機のところに行って稼働状況を見ると、どんどんカレンダーが吐き出されていた。

（まったく、こういうときに限って絶好調なんだよなあ！）

ブルーボックスが足りなければ、生産を停止しないといけなくなる。

宇治は、味の素のリパック工場の担当者を呼び、パレットをいくつか持って来てくれるよう頼んだ。

「ミスター宇治、パレットは、味の素や核酸の運搬に使ったり、マサラの原料保管にも使ってますから、数にまったく余裕がありません」

リパック工場の担当者がいうと、そばにいた倉庫の担当者が、そんなことはないといい出し、しばらくいい合いになった。

「販促品なんかにもパレットを使ってるんでしょ？　そういうのを一時的にでもいいから、回してよ」

宇治がいうと、リパック工場の担当者は渋々といった感じでうなずいた。

その後、パレットが一つ届けられたが、二つ目以降がなかなか届かず、リパック工場側でも四苦八苦してやりくりしている様子だった。


五月二十五日――

環境局の二人の査察官がやって来た。

本来、もっと早く来るはずだったが、インド味の素社の担当者がマサラ工場の登録申請を失念していたため、この時期になった。査察が終わらないと登録が認められないので、生産はいったん停止した。

やって来たのは三十代後半くらいの二人の男性査察官で、抜け目のなさそうな顔の大卒の役人たちである。

二人は工場をほんの少し見ただけで、あとは社長のマノハランと執務室で話し合いになった。

マノハランの部屋には大きな執務用のデスクが二卓並べて置かれており、宇治はマノハランの右側にすわった。

デスクが二つあるのは、インドの伝統的スタイルで、父親が息子に商売を教えるためだ。マノハランは自分の息子をインド味の素社に入社させたがっていたが、社長職や役員は世襲制ではないので、味の素側は認めなかった。

ワイシャツ姿の二人の役人は、マノハランのデスクの前に置かれた椅子にすわり、タミル語でやり取りを始めた。

しばらく話し合うと、二人の役人は、手元の申請書類のページをめくって、何事かいい、マノハランが説明や反論をすると、再び申請書類をめくり、ある箇所を指さして何事かいったりする。

(ははあ、これは書類の粗探しをして、金をせびり取ろうとしてるんだな)

二ヶ月ほど前に、別の役所の工場査察を受け、賄賂の支払いに応じなかったので、粗探しをされ、裏口に鉄製の非常階段をつくらなくてはならなくなった。費用は比較的安く、八万ルピー(十五万円弱)で済んだ。

また労働関係の役所の査察官が来たときも、賄賂の要求に応じなかったので、託児所を設置しなくてはならなくなった。そのときは、物置にベビーベッドと熊のぬいぐるみとガラガラを置き、「Nursery(託児所)」という看板を取り付け、「これが託児所です」といったら、認可された。しかし、その「託児所」が使われることは一度もなかった。

この日、環境局の二人の査察官との話し合いのあとで、宇治がマノハランにやり取りの内容を聞くと、やはり賄賂の要求だったという。

二人の査察官は、文章の綴りの間違いや、書式の間違いなどの粗探しをし、「許可証発行に二十五万ルピー（約四十六万円）かかる」といったそうである。マノハランが、「すぐに振り込むから振込先の口座の明細と、支払いのための請求書がほしい」と答えたところ、「いや、そうじゃなくて、自分に現金で二十五万ルピーを渡してほしいのだ」と要求したという。マノハランが、「我々は今まで不明瞭な金を一パイサ（百分の一ルピー）たりとも払ったことはない」と突っぱねると、黙り込んで、また書類の粗探しを始めたという。

「五千とか一万ルピーをくれっていうんなら理解できるが、二十五万ルピーというのは、自分の分際を知らなさすぎる」

マノハランは苦々しげにいった。

「郵便配達員も百ルピーだというから渡してるが、一万などといってきたら、断るよ」

インドでは、郵便配達員も多少の金をやらないと、郵便物を捨ててしまったりする。

翌日——

二人の査察官と話しても埒が明かないので、マノハランが科学問題担当のマネージャーと一緒に環境局を訪問し、査察官たちの上司に会い、来週月曜日（五月三十日）に委員会の裁定、翌日に許可証発行ということで話をつけた。生産のほうは、明日（五月二十七日）から再開していいことになった。賄賂等の要求は一切なく、夕食を一緒にすることになったという。マノハランは、英国スタイルの会員制ジェントルメンズ・クラブのメンバーで、大事な顧客などをそこでもてなしていた。

「ハピマ」の生産は五月二十七日に再開された。

作業員たちは日に日に習熟し、作業手順や職場のルールも出来上がっていき、やがて宇治や吉成が監督しなくてもいいようになった。

七月——

エジプトに新たに設立する現地法人の責任者になる内示を受けた宇治は、赴任準備のため、いったん日本に帰国した。内示前、直属の上司であるアセアン本部長（タイに駐在）などから心配され、「インドの次にエジプトで本当にいいのか？　強がりじゃないのか？」と何度も訊かれたが、「自分はずっと開拓地で仕事をしていきたいと思っています」と答えた。

このとき、サウジアラビアも新会社設立の候補地になっていた。同国には、メイド、看護師、労働者など、女性を中心に百万人近いフィリピン人出稼ぎ労働者が住んでおり、彼らが味の素を広げ、年間数千トンの市場ができていた。しかし、既存の売上げはゼロでも、八千四百五十三万人という、サウジの三倍の人口を有するエジプトのほうが、成長の可能性が大きいのではないかと考えられた。折しもエジプトでは、前年暮れに始まったチュニジアの「ジャスミン革命」に触発された大規模デモが発生し、去る二月、三十年近くにわたって国を独裁してきたムバーラク政権が崩壊。軍の最高評議会が暫定統治を行なっているところだった。

一方、食品研究所の小林健一は、ブラジル味の素社のR＆D部長の辞令を受け、サンパウロへと旅立った。

第七章

エジプト革命と動乱の日々

カイロ国際見本市でフーテンの寅の扮装をして
啖呵売をする宇治氏と、なぜか味の素の匂いを
かぐ地元の女性

1

二〇一一年九月十九日――

宇治弘晃は、エジプトの首都カイロにある法律事務所の一室で、エジプト人弁護士と話し合いをしていた。

世界的に有名な米系法律事務所で、ナイル川沿いに建つツインタワーの高層ビルの二十一階に入居していた。会議室は木を多用したクラシックなインテリアで、ニューヨークやロンドンのオフィス同様の高級感がある。

「……昨日、ＣＩＢのモカッタム支店に行って話を聞いたんですけど、会社の口座を使えるようにするのに、株主総会の決議は必要じゃなくて、取締役会の決議があればいいってことだったんですけどね」

スーツにネクタイ姿の宇治が英語でいった。

二週間ほど前にカイロに赴任し、ナイル川の中州ゲジラ島のホテルに仮住まいし、現地法人設立のために奔走していた。

目下の問題の一つは、会社の登録ができていないため、ＣＩＢ（Commercial International Bank、本店・カイロ）に振り込まれた約三億円の資本金を引き出すことができず、宇治が日本にある自分の個人預金口座からキャッシュカードで金を引き出し、立て替えていることだ。

「銀行がそういったんですか？」

艶やかな木製の楕円形の会議用テーブルで宇治と向き合った中年の女性弁護士が訊いた。

栗色の長い髪を頭の真ん中で分け、目や口が大きめでエキゾチックな顔立ちのエジプト人だ。米系法律事務所で雇われているエリートだけあって英語は非常に上手い。

「ええ、そういってましたよ」

「ああ、そうですか。銀行がそういうんなら、それでいいと思います」

あっさりいったので、宇治は、じゃあ今まで、あんたが株主総会をカイロか東京で開催しなければならないと頑なにいっていたのは、何だったんだ!? といいたくなる。

この米系法律事務所には、新会社の定款の作成、ＧＡＦＩ《ガフィ》（General Authority for Investment and Free Zones＝投資・フリーゾーン庁）への登録、宇治の労働ビザの取得といった法律的な手続きを依頼していた。レターヘッドとスタンプをつくること、書類の署名は黒ではなく青のインクですること、株主総会開催の通知は二週間前にメールではなくクーリエで送ることなど、こまごまとした助言を受けていた。

この女性弁護士はミーティングのときは必ずタイマーを押し、自分の娘の写真を見せたりしながら何気ない世間話を始め、それに相槌を打ったりしていると、六分間で百ドルというようなタイム・チャージをしっかりつけてくるので、油断も隙もない。こちらが何かいうと「じゃあ、ＧＡＦＩに訊いてみましょう」といって、自分たちの仕事をつくるのにも余念がない。

「ところで、ビザの延長の手続きをお願いしたいんですけど」

宇治がパスポートを出して、入国ビザのスタンプを見せた。日本で取得してきたビジネス・ビザの期間が一ヶ月しかなかったので、延長の手続きが必要だった。

「ああ、それはモガンマアに行けば、簡単にできますよ。うちの人間を同行させましょう」

モガンマアというのは、カイロの中心地であるタハリール広場に建っている政府合同庁舎のことだ。

ミーティングが終わったあと、紹介された人間は、禿頭で背が高く、でっぷりと太った男だった。おそらく五十代後半くらいだろうが、老人のように見える。

(こ、これが⁉ 大丈夫か……?)

相手の風采を見て、宇治は不安になった。

スーツこそ着ているが、要は事務所の雑用係だ。足が悪いらしく、片足を引きずるようにして歩く。

「じゃあ、行きましょうか」

宇治と握手をすると、男は片言の英語でいった。

二人は宇治の車でタハリール広場へと向かった。

気温は三十五度前後あり、灼け付くような強い日差しが降り注いでいた。しかし、湿気はなく、からっとしていて、チェンナイよりは過ごしやすい。

カイロの街は交通渋滞がひどく、道のところどころに、銃を持った兵隊が立っている。

去る一月から二月にかけ、カイロを中心に大規模な民衆のデモや暴動が繰り返され、三十年近くにわたって独裁を維持してきたホスニー・ムバーラク大統領が辞任に追い込まれた。その前後、チュニジアやリビアでも民衆運動がきっかけになって長期政権が崩壊し、一連の政変は「アラブの春」と呼ばれた。

現在、エジプトは軍の最高評議会が暫定統治しているが、民政移管への遅れに対する民衆の不満は高まっている。つい十日ほど前には、改革の推進を求めてタハリール広場で集会を開いていた千人ほどが、市内南西部、ギザ地区にあるイスラエル大使館を襲撃する事件が起きた。建物の防護壁をハンマーで壊し、若者らが大使館内に侵入し、歓声を上げる群衆の頭上から外交文書をばら撒いたり、車両に火を点けたりした。エジプト軍の特殊部隊が突入し、大使館員ら六人を救出したが、一人が死亡、約四百五十人が負傷した。

その四日前には、不正蓄財やデモ隊に対する発砲への関与の嫌疑で、ムバーラク前大統領の裁判が行われているカイロの東の警察学校前で、前大統領の支持派と反対派が衝突し、十数人が負傷し、二十人が逮捕された。

モガンマアは、革命の中心舞台となったタハリール広場の南西寄りに建っている。十二、三階建てのどっしりとした灰色のビルで、中には千三百以上の部屋があり、三万人が働き、毎日十万人が各種証明書を求めて訪れる。

大入道のような男は門番や警備の人々に親しげに挨拶し、建物の中に入っていった。

（知り合いみたいだなあ……）

宇治は男のあとをついていく。

中に入ると、汗と饐えた体臭が染みついたような、エジプトの古い建物独特の臭いがした。

一階（日本でいう二階）に上がると、ガラスで仕切られたたくさんの窓口があり、立錐の余地もないほど、申請者でごった返し、阿鼻叫喚の地獄絵図のようだった。

窓口の職員たちは申請者の応対をしているが、後ろのほうでは、頭にヒジャブ（ベール）をかぶった女性職員たちが、仕事などどこ吹く風といった顔で、お茶を飲みながらお喋りに興じており、この国の非効率行政を象徴するような光景である。

大入道のような男は、長蛇の列に並んでいる人々を無視して窓口に行くと、係の職員に何事かいって、宇治のパスポートと申請書類を渡した。

（順番飛ばして、大丈夫なのか？）

書類はすんなりと受理され、男は次の窓口へ向かう。

よたよた身体をゆすりながら歩くのだが、恐ろしく速く、途中で二度ほど見失った。

別の窓口に着くと、男は窓口の職員や奥にすわっている偉い人とも知り合いのようで、再び何事か手短かにいって、書類を差し出し、受理させた。

「アフター・トゥ・アワーズ、ユー・ゲット・ビザ（二時間したら、ビザが出るから）」

男がエジプト訛りの英語で宇治にいった。

あっけにとられつつ二時間後に窓口に行くと、待たされることもなく、すぐにパスポートを受け取ることができた。見ると、三ヶ月延長のはずが、六ヶ月延長されていた。

そのあと、マルチ・エントリー（複数回入国）のビザを申請したが、そちらもすんなり受理された。

翌日、午前十時に、再び芋洗い状態のフロアーに行くと、受け取りは午後二時と案内の紙に書いてあったが、窓口の女性は宇治の顔を憶えていて、あっさりパスポートを渡してくれた。開いて検《あらた》めると、収入印紙が貼られ、マルチ・エントリー・ビザのスタンプが押されていた。

（あの男は、いったい何者なんだ……？）

コネが何よりものをいう、この国の実態を見せつけられた思いがした。

十月十日——

宇治は、新会社の取締役兼セールス・マネージャー（販売部長）になる予定の島田周雄《ちかお》と一緒に、市内中心部のアーブディーン地区にある市場を訪れた。

ペルーのセヴィーチェやインドのラッサムのように、味の素に最も合う地元の料理を見つけ、それをキーメニューにして、販売を展開しようと考えていた。

カイロに赴任して、一ヶ月と一週間がたった。

新会社をつくるため、やるべきことは山ほどあり、社員の採用、自動車、オフィスの家具、パソコン、エアコン、冷蔵庫、変圧器、その他の什器・備品・消耗品等の購入、新会社の定款作成とGAFIへの登録手続き、銀行口座の凍結解除、就業規則の作成、ブラジル味の素社からの製品の輸入手続き、通関業者の選定、本社との打ち合わせ、関係先への挨拶回り、日本人会や日本商工会の行事への参加、住まいの契約と改装などに忙殺されていた。

カイロ市街は見た目は平穏だが、民衆の不満は相変わらず燻っていた。前日には、南部のアスワン県で教会が襲撃されたことに抗議するコプト教徒（エジプトの人口の約一割を占めるキリスト教の一派）のデモ隊と治安部隊などが衝突する事件が起きた。二十五人が死亡したほか、二百人以上が負傷し、市内中心部には一時外出禁止令が出された。

その日、宇治と島田が訪れた市場には、二十四軒の小売店と二十五軒の肉屋があった。

八百屋は木製の台の上に真っ赤なトマト、オレンジ、バナナ、ナス、じゃがいも、タマネギ、キュウリ、葉野菜などを堆《うずたか》く積み上げ、肉屋は大きな丸いアルミの盆の上に草を敷き、その上に鶏肉やレバーを並べたり、店頭に捌いた羊を吊るしたり、羊の頭を並べたりしている。穀物店は、穀物、豆類、スパイスを大きな四角い木の枡に入れて売り、食料品店は店頭の庇《ひさし》に調味料やインスタントコーヒーのカレンダーを吊るし、菓子・卵・油・ジュース・その他の食料品を売っている。パン屋はエーシュ（平焼きパン）その他のパンを何段もの棚に並べ、雑貨店は洗剤その他の日用雑貨を所狭しと並べている。狭い通路を行き交う買い物客は大半が女性で、ヒジャブで頭をおおい、足元まであるアーバーヤという長衣を着ている。

「ふーむ、こんなのがあるのか……」

宇治が一軒の店に置いてあるナスの総菜を見ていった。

ナスに縦に切れ目を入れ、そこにすり潰してスパイシーな味付けをしたトマトを挟んでいた。

店のおやじがアラビア語で「タファッダル（食べてみろ）」といい、身振りで促す。

宇治は遠慮なく一つもらい、少し食べてから、味の素をふりかけて食べてみる。いわゆる、「オンオフ・テスト」（味の素を使ったときとそうでないときの比較）である。

「おっ、これは合うよ！」

思わず笑みがこぼれた。

手にしたメモ帳に料理名を書き、二重丸のしるしをつける。

別の店では、すり潰したソラマメを小さく固めて、油で揚げたターメイヤを売っていた。これはエジプト人の国民食である。

二人はそれを少し買って、オンオフで試食してみる。

「これは三角だなあ」

「そうですね」

三十代半ばで大柄な島田がうなずき、値段を含めてメモをとる。

そのあと、煮込んだ豆や野菜をエーシュに挟んだものを買って試したが、味の素との相性は今一つで三角だった。一個七十五ピアストル（約九円六十三銭）だったが、これ一つで腹いっぱいになった。

「マギーのチキンブイヨンが、八グラムで十五ピアストルか……これは結構厳しいなあ」

別の店にあったマギーブイヨンの粉末のサシェを見て、宇治が思案顔になる。味の素は三グラムのサシェを二十五ピアストルで売り出す予定をしている。

別の店では、英語がそこそこできる店主がいたので、質問をすることができた。

「ハウ・メニィ・スークス・オブ・ディス・サイズ・アー・ゼア・イン・カイロ？（これぐらいの規模の市場は、カイロにいくつぐらいあるんですか？）」

「メイビー・ワン・ハンドレッド（だいたい百くらいだと思うよ）」

店主の男が答えた。

「おお、結構あるんだなあ！」

カイロのどこに市場があるのか分からないので、一つ一つ確かめながら、地図をつくっているところだった。

宇治はそれ以外にも、この市場は毎日何時から何時まで開いているのかとか、どんな商品が売れているのかとか、色々質問をした。店主と親しくあれこれ話していると、現場好きの血が騒いだ。

そのあと二人は、ナイル川を挟んだ対岸の商業・住宅地であるドッキ地区に車で移動し、道路沿いにある青空市場を調査した。


十月二十日――

日中、宇治は、ナイル川沿いの高層ビルの七階にあるＪＥＴＲＯ（日本貿易振興機構）のカイロ事務所で自分の仕事をさせてもらった。

ＪＥＴＲＯは、高宮純一所長も、担当の藪中愛子氏も、革命後の混乱を嫌って日本企業が撤退する風潮の中で、逆に本格的に進出しようとする味の素に好意的で、オフィスが整うまで、ＪＥＴＲＯの事務所を使わせてくれていた。パソコン、プリンター、コピー機などが備え付けられているので非常に便利で、藪中氏は、「きっと必要でしょうから」と、たくさんのクリアファイルやクリップまでくれた。

この日、隣国リビアで、カダフィ大佐が殺害された。

同国では、去る八月、「アラブの春」で、約四十二年間続いたカダフィ独裁体制が崩壊し、政府軍と反カダフィ派の「国民評議会」による内戦が続いている。テレビでは、カダフィの死体や腫れ上がった顔のむごたらしい写真が何度も流され、カイロ市内の通りでは、リビア国旗を振り回しながらワアワア鬨《とき》の声を上げている危険な匂いのする集団が歩いたりしていた。

この日は「花木《はなもく》」（イスラム教国は金曜日が休日）で、宇治は、夜、カイロの南の郊外のマーディ地区にあるアラビア石油の駐在員宅で、ダンスの合宿に参加した。来週開かれるカイロ日本人会の秋祭りで、日本人ソフトボール・チーム「ライジングサン」のメンバーが、「少女時代」（韓国の女性アイドルグループ）のダンスを披露するための合宿だった。

「ライジングサン」は、カイロ在住の米国人たちが、職場や友人同士でチームをつくって春と秋にリーグ戦を行う「カイロ・アメリカン・ソフトボール・リーグ」に参加している。四チームずつAリーグとBリーグに分かれていて、「ライジングサン」は唯一の外国人チームで、昨年秋、Aリーグに昇格した。都立新宿高校時代に野球部員だった宇治も、さっそくメンバーになった。

「『ヒットリゴト、オンナゴッコーロー』は、左手で自分の頭をしっかり指さして」

教える男性が動作をやってみせる。

「『顰蹙《ひんしゅく》だぁわ』から、おんなじ動きで。……じゃあ、もっかい最初からいってみましょう」

フローリングの広いリビングルームで、ソファーなどを壁際に寄せ、出演予定のメンバーたちが、Tシャツに短パン、ジャージーといった軽装で、K‐POPの軽快な歌の動画に合わせて踊る練習をする。

十人のメンバーは男五人、女五人で、年齢は二十代から四十代。最年長は四十九歳の宇治だ。連れてきた子どもたちが走り回ったり、一歳くらいの娘を片手で胸に抱いて踊る母親もいる。子どもがむずかったりすると、父親か母親が練習を中断し、面倒を見る。

ジージージージー、ベイビベイビというリフレインが印象的なヒット曲『Ｇｅｅ』の一番は皆、踊れるようになっていたので、二番、三番と、真夜中過ぎまで、眠気をこらえながら練習が続いた。

宇治は、立ち位置や表情に気を配りながら踊っているうちに、学生時代にやっていた芝居の公演前の緊張感を懐かしく思い出した。

その晩は、宇治より何歳か下で、「ライジングサン」の監督であるＪＩＣＡ（国際協力機構）の技術協力専門家、神谷哲郎《かみたにてつお》氏のフラットに泊めてもらった。


翌日――

午前八時、宇治は神谷家の寝室で目覚めた。

シャワーを使わせてもらい、持参したノートパソコンを開いて、仕事のメールを処理する。

せっかくの休みだが、金曜日は日本の本社が開いており、会社立ち上げ手続きのため、急いで返信しなくてはならないメールも多い。

「宇治さん、朝食ができましたので、どうぞ」

仕事をしていると、神谷氏が呼びに来た。

「おお、これは感涙ものです！」

テーブルに用意された神谷夫人手づくりの朝食を見て、宇治は感激した。ご飯、焼き鮭、明太子、納豆、海苔、卵焼き、漬物という、伝統的な日本の朝食で、エジプトに来て初めてお目にかかった。

神谷家の子どもたち三人も交えて朝食となり、宇治はご飯をお代わりした。

その日は、午前十時半に再び全員が集合し、午後二時までダンスの練習をし、その後、マーディー地区にある「ガヤ」という韓国レストランで合宿打ち上げの昼食会になった。

「お疲れさまでーす」

「お疲れー」

十五人ほどで乾杯し、賑やかにお喋りしながら、焼き肉、チヂミ、海苔巻き、キムチ、ナムルなどに舌鼓を打つ。

店の内装は、艶やかな木材を多く使った落ち着いた雰囲気で、韓国の民族衣装姿の男女の額入りの絵などが壁に飾られている。

「いやー、最後まで、びしっと決まるようになりましたねえ」

宇治は満面の笑みでビールを飲み、隣の人と話をする。

「そうですねえ。最初はスローの動画でもまったくついていけなかったですけどねえ」

「これは絶対受けますよ」

十人揃って三番まで、約三分半の踊りをきちんと踊れるようになり、皆、達成感にひたりながら食事を楽しんだ。

(ん？　何だ……？)

食事が終わりに近づいた頃、二人の女性が泣いているのが目に入った。

(何があったんだ？)

女性の一人が何事かを話し、それを聞いた男性が皆にいった。

「テレ朝の野村さんが、リビアで亡くなったそうです」

「ええっ!?」

三十七歳のテレビ朝日の野村能久《よしひさ》カイロ支局長は、マーディーに住んでいて、この日、集まっていた人々と家族ぐるみの付き合いがあった。

「カダフィが殺されたんで、昨日の晩、陸路でリビア入りしたそうです。それで現場に向かっている途中、交通事故に遭ったらしいです」

あとで分かった事故の詳細によると、野村氏は、支局のエジプト人女性助手とリビアに入り、この日、現地から電話でレポートしたあと、リビア人男性の運転するSUVで、カダフィ殺害現場の中部の港町シルトに向かっていた。事故原因は、運転手の運転ミスと見られ、車が道路を外れ、近くの空港の壁に衝突したという。野村氏、助手、運転手の三人が死亡し、日本人カメラマンが足に怪我を負った。

「とりあえず、今日はこれでお開きにしましょう。今後、どうするかは、追って相談ということで」

リーダー格の神谷がいい、動揺した一同はうなずき、それぞれレストランを後にした。


一週間後（十月二十八日）——

午後二時から、ピラミッドに近いギザ地区にある日本人学校の校庭で、カイロ日本人会の秋祭りが開催された。

特設ステージが設けられ、日本人やエジプト人有志によるギターの弾き語り、ダンス、日本舞踊、手品、漫才などが披露され、神輿担ぎ、盆踊り、福引抽選会が行われた。

ステージの周囲には、焼きそばやフランクフルト・ソーセージなどの屋台、金魚すくいや射的の店が設けられ、JICAのボランティアたちによる手工芸品のバザーも開かれた。奥田紀宏駐エジプト大使も出席し、日本人、エジプト人など数百人が詰めかけ、午後五時半、盛況のうちに終わった。

しかし、日本人ソフトボール・チーム「ライジングサン」有志十人によるダンスの披露は、テレビ朝日の野村支局長の事故死で女性陣の動揺が大きく、取り止めとなった。宇治は射的の店の手伝いをした。

その晩、宇治は「ライジングサン」の夕食会のため、ナイル川左岸のモハンデシーン地区にある「パクシーズ」というレストランに出かけた。ナイル川にかかる橋を渡ってすぐのスフィンクス広場の西寄りに建つアモウン・ホテルの地下にある韓国料理店だった。

広い店内に入ると、秋祭りの運営の中心になった日本人会行事部とJICAのボランティアたちも慰労会をやっており、八十人ほどの日本人で貸し切り状態だった。静かに食事をしているグループもいれば、一気飲みをして騒いでいるグループもいた。

宇治は、しばらく「ライジングサン」のメンバーたちと食事をしたあと、ビールのグラスを手に、秋祭りで見かけたJICAのボランティアたちの席に移った。

「ああどうも、こんにちはー。昼間お会いしましたね。ここ、いいですか？」

「いいですよー、どうぞ」

JICAの青年海外協力隊員の女性たち五人のテーブルだった。カイロのほか、アレキサンドリア、ババレイヤ、ルクソールなど各地でモノづくり支援や障がい者支援に携わっている若い女性たちで、秋祭りに参加するためカイロにやって来ていた。
「今日はたくさんお買い上げ、有難うございました」

小林容子さんという、明るい笑顔の二十代の隊員が宇治にいった。エジプト北部、地中海に面した港町ダミエッタにある障がい児通所施設で活動を行なっているという。

「ああ、いえいえ。いい品物だったんで、日本へのお土産にしようと思いまして」

宇治はバザーで売られていたポーチを千エジプトポンド（約一万二千七百円）分くらいまとめ買いをした。障がい者施設でつくられたもので、ラマダン月の天幕などに用いられる幾何学模様や、落ち着いた海老茶色の無地のものなど、長く使えそうなデザインで、日本への土産品に格好だった。

「……へーえ、味の素に合うエジプト料理を探してるんですかあ」

宇治の仕事の話を聞いて、小林さんがいった。

「うん。色々試してるんだけど、これだ！っていうのがまだ見つかんなくてねえ」

「今まで、どんな料理を試されたんですか？」

「基本的に、ありとあらゆるものを試したんだけど……。こないだ、トルシーで、これだ！と思ったんだけどねえ」

「ああ、あのお漬物ですね」

トルシーは、ニンジン、キュウリ、ピーマン、ペコロス（プチオニオン）などを酢漬けにしたピクルスで、中東、トルコ、イラン、アフガニスタンなどで広く食されている。

「味の素を入れたら、劇的に美味くなったんで、もうこれで決まりだと思ったんだけど、エジプト人に試食させたら、美味しくないっていうんだよ」

オンオフ・テストをやったところ、「甘くなる」といって敬遠するエジプト人が多く、トルシーは、強い酸味としょっぱさがあってこそ美味しいと感じるようだった。

トルシーとよく一緒に市場に置いてあるポテトチップスも、味の素をかけると美味しくなったが、家庭でつくる料理ではなく、キーメニューにするには今一つ小粒だった。

「ロッズは試されましたか？」

「ロッズ？」

宇治は聞いたことがない料理だった。

「塩と油を入れて炊いたお米のことです。エジプトの家庭のご飯です」

小林さんはダミエッタで、週の半分は現地のエジプト人の家で昼食を食べているという。

一方、宇治や島田はまだそこまで現地の家庭に入り込めていなかった。

「ロッズっていうのは、エジプト人は結構食べるんですか？」

「お昼ご飯の主食はたいていロッズですよ。もちろんおかずも付けますけど。年に三百回は食べると思います」

「そんなに!?」

もし味の素が合えば、キーメニューにできる。

「エジプトでは、痩せたいと思ってる女性がすごく多いんです。でもやっぱり食事っていうのは、庶民にとって一番の楽しみなんです」

（うーん、やっぱり現地に溶け込んでいる人の視点は鋭いなあ……）

「なので、油の代わりに味の素で味付けができるんなら、カロリーを気にする女性にもウケると思うんです」

「なるほど……。エジプト人のお友達に、味の素を使って、ロッズを炊いてもらったりできますか？　サンプルは明日にでもお渡ししますから」

「ええ、いいですよ」

小林さんは、仏様のような顔でにっこりした。


二日後——

宇治は、オフィスでエジプト人女性秘書と話をした。

先日ようやくGAFIに登録ができたエジプト味の素食品社のオフィスは、カイロの中心部から東南東の方角へ八キロメートルほど行った小高い丘の上のモカッタム地区にある。同地区には、大きな商店街、住宅地のほか、マムルーク朝時代（十三〜十六世紀）につくられた、広さ約一・五平方キロメートルという大規模な墳墓群「死者の町」があり、低所得者たちが住み着き、スラム化している。また、ごみ収集を生業とするコプト教徒たちがごみの山の中で豚を飼いながら暮らすマンシェイヤ・ナーセル地区もある。ここには「ハンガラニーヤ」と呼ばれる盗賊の集団も住んでいる。

カイロは交通渋滞がひどいので、市内中心部からモカッタムまで車で一時間半くらいかかることがあり、採用した営業マンたちは出勤時刻を守れず、宇治も移動にうんざりしていた。こういうとんでもない場所にオフィスを構えることになったのは、現地法人設立についてのフィージビリティ・スタディをやった日本人担当者が、調査の際に手伝いとして雇ったエジプト人通訳に騙されたからだ。宇治は、なるべく早くオフィスを移転しようと考えていた。

「あなたはロッズはつくれるの？」

まだパソコンなども届いていないがらんとしたオフィスで、宇治がエジプト人女性秘書に日本語で訊いた。

「つくれますよ。わたし、料理は得意です」

頭をヒジャブでおおった秘書がいった。

面長で、二十三歳という年齢のわりには大人びた風貌である。父親がカイロ大学の日本語学科長で、父親について日本に三年住んだことがあり、自身も同学科を出ている。しかし、働いた経験はほとんどないので、仕事は頼りにならない。

「実は、ロッズをキーメニュー候補に考えてるんだよね。……でもここにはキッチンがないから、たとえば僕の家に来てつくったりできない？」

宇治は、先月、ナイル川左岸のアグーザ地区にある月六百八十ドルのフラットに引っ越した。同じビルにはエジプト人のほか、スーダン人、リビア人、イエメン人などが住んでいる。

「駄目です、それはハラーム（イスラム教の禁止事項）です」

未婚の女性が男性の家に行くことは許されないという。

「昼間に、僕以外に誰か人をよんでも？」

「それでも駄目です」

秘書の女性はきっぱりといった。

（そうなのか……。参るね）

オフィスが入っている五階建てビルの脇の半地下の部屋に住んでいるバワーブ（門番）一家の台所を使わせてもらえないかと思って見に行ったが、小さなコンロが一つあるだけで、まともな料理がつくれるような設備ではなかった。

「上のキッチンでつくらせてもらったらどうですか？」

秘書が、フィージビリティ・スタディを手伝ったエジプト人通訳の名前を出していった。妻が四十歳くらいの日本人女性で、このビルの四階のフラットに住んでいる。通訳の男はビルの大家と結託して、不必要なほど広い地上階（日本でいう一階）の一フロアー全部を味の素に高額で借りさせ、大家から裏金をもらっていると宇治は睨んでいた。

「あっ、そうか！　その手があったか」

「わたし、頼んできます」

秘書が四階に行って、日本人の奥さんに話し、二人でフラットのキッチンでロッズをつくることになった。ただし、通訳の夫が外から戻って来るまでは、宇治はフラットに入ってはいけないという。

（イスラム教って、厄介だなあ……）

秘書が奥さんと一緒に調理を始め、しばらくすると通訳の夫が外出先から戻って来た。頭髪をオールバックにし、口髭をたくわえ、ビジネスマン然とした四十五歳くらいのエジプト人だ。

「じゃあ、一緒に行きましょうか」

宇治は、夫と一緒に上の階に上がり、フラットに入った。キッチンからロッズを炊くいい匂いがしていた。

「入りますよー」

宇治と夫はキッチンに足を踏み入れた。

「キャアーッ！」

途端に、秘書と奥さんが悲鳴を上げ、背中を丸めて頭を両手でおおった。

女性同士だったので、ヒジャブをとって調理をしていたのだ。

宇治と夫は驚いてキッチンから飛び出した。

（あー、こっちがびっくりした！　ベールを着けてないっていうのは、下着姿みたいな感覚なのかなあ……？）

しばらくすると、ヒジャブを着けた二人から、入ってもいいといわれた。

薄茶色の茶飯のようなロッズが炊き上がっていた。

つくり方を聞くと、研《と》いだ米の半分ほどを油とバターで炒め、茶色くなったら残りの半分を入れてさらに炒め、黒コショウ、クミンパウダー、塩、マギーブイヨンを溶かした水で炊いたという。

マギーブイヨンで炒めた細いパスタも入っていた。

宇治は、味の素を入れていないものと、入れたものを試食してみた。

（ん!?　これは美味いじゃないか！）

味の素を入れたほうが、格段に美味しくなっていた。

「ちょっと食べ比べてみてよ」

秘書のメナと通訳の夫に、オンオフの試食をしてもらう。

二人は神妙な顔つきで、代わるがわる二種類のロッズをスプーンで口に運ぶ。

「どう？」

「うーん、味の素を入れたほうは、なんか甘いですね」

二人ともお気に召さない様子。

「どれくらい味の素を入れたんですか？」

宇治が、日本人の奥さんに訊いた。細身で清楚なタイプで、二十代後半くらいに見える。

「三グラムの袋を二つ入れてみました」

（そうなのか……。四人分に三グラム二袋はちょっと多いかもなあ。マギーなし、パスタなし、味の素一袋でつくったら違うんじゃないだろうか？）


二日後（十一月二日）――

イスラムの「巡礼月」の十日に行われる「犠牲祭」が四日後に迫り、カイロの街は羊で溢れ返っていた。生きている羊も、皮を剝がれて肉屋の店頭に吊るされた羊もある。富める者は、屠《ほふ》った羊の肉を、貧しい人々に分け与える。ラクダや牛を屠って分け与えるお金持ちもいる。

この日、宇治と島田は、カイロ屈指の大市場であるインババのスークで、ロッズと味の素のオンオフ試食会を行なった。試食したのは約二百人である。

マギーなし、パスタなし、四人分に味の素のサシェ一袋でつくったロッズの評判は劇的で、九七パーセントの人が普通のものより美味しいと評価した。またロッズにマギーブイヨンを使っている人は七パーセントに過ぎないこともアンケートで分かった。

同じ頃、ダミエッタにいる青年海外協力隊員の小林容子さんからも、味の素を入れたロッズが現地の人たちから絶賛されたという報せがあった。

宇治と島田は大喜びし、「ロッズに味の素」をキーメニューに決め、ポスターやちらしの準備に取りかかった。

2

翌二〇一二年一月二日――

エジプト味の素食品社は営業を開始した。

しかし、二人雇った営業マンのうち一人しか会社に来ず、もう一人も雇用関係の書類を取りに行ったため、セールスを始められたのは午後二時だった。

セールスの場所は、モカッタム地区の麓にあるカイロ最大級のスラム街、マンシェイヤ・ナーセル地区の市場である。ブラジル味の素社から送られてきた商品の通関が遅れ、四五四グラムの大袋（一ポンド袋）しかなかったため、なかなか売れなかったが、繁盛している店の、色の浅黒い、口髭の店主が買ってくれた。売れたのはこの一軒だけだったが、それでも記念すべき初インボイスとなった。

間もなくメインの商品である三グラムの小袋も到着し、売上げは思った以上に伸びていった。営業マンがまだ二人しかおらず、最初はそれほど売れないだろうと思って輸入量を抑えたため、販売制限をせざるを得なくなるほどだった。発売して一ヶ月もする頃には、マンシェイヤ・ナーセル地区の市場で、商品を求める店主が営業マンのショルダーバッグを開け、「全部置いていけ」というほどになった。ベトナム人やインド人に比べると、エジプト人は新し物好きで、「ロッズに味の素」という販売方法も効いているように思われた。

一方、デモや暴動は相変わらず続いていた。

政治の主導権争いをしているのは、①軍の最高評議会、②前年十一月から三回に分けて行われた人民議会（国会）選挙でそれぞれ約四七パーセントと約二五パーセントの議席数を獲得した自由公正党とヌール党などのイスラム主義勢力、③ムバーラク政権を倒した一年前のデモを主導したリベラル系若者グループの三つだ。

前年十一月には、若者グループなど民主化勢力約十万人がタハリール広場に集結し、治安部隊と衝突して三十人以上が死亡し、千七百人以上が負傷した。日本人学校も休校になり、アラビア石油など一部の日本企業の駐在員が家族とともに国外に避難した。

十二月中旬から下旬にかけても、各地でデモ隊と治安部隊が衝突し、一週間で十五人が死亡し、古文書を収めたカイロの国立施設が放火され、貴重な歴史的資料が失われたりした。

治安の悪化で、外国人旅行者がほとんど来なくなり、基幹産業である観光業は大打撃をこうむった。経済が悪化し、各地でガソリンやプロパンガスが不足した。今年一月中旬には、カイロのガソリンスタンドに長蛇の列ができ、エジプト味の素食品社も車を動かせなくなったので、営業活動を一時休止した。

二月一日には、北部の港湾都市ポートサイドのサッカー場で地元のサポーターがカイロのチームに襲いかかり、七十四人が死亡する暴動が起き、軍の治安維持の責任を追及するデモが、アレキサンドリアやカイロまで広がった。治安部隊はデモ隊に対し、催涙ガスだけでなく、散弾銃も使用するようになり、死者や負傷者が続出した。

三月に入るとエジプト名物の「ハムシーン」と呼ばれる砂嵐が吹き始めた。アラビア語で「五十」を意味し、五十日間ほど続く砂嵐だ。エジプトの西に広がるサハラ砂漠から風に乗って運ばれて来る砂塵が街を覆うと、あたり一帯が暗くなり、日によっては一〇〇メートル先も見えず、呼吸器系の障害も引き起こす。

四月――

火焔樹が真っ赤な花を咲かせ、再び炎暑の季節が始まった。

道が比較的空《す》いている土曜日、宇治は、総務担当者と一緒に、アーブディーン地区のオフィスビルのオーナーと話をしていた。

モカッタム地区にある現在のオフィスは、社員の自宅やセールス活動をする市場からあまりにも遠いので、大家と話し合い、五月末に引き払うことにした。

宇治は、新オフィス用の物件を探すためにカイロ市内のほうぼうを歩き続けた。

「……ディス・プロパティ・イズ・ニアー・メトロ・ステーション（この物件は、地下鉄の駅にも近いです）」

宇治の隣にすわった総務の担当者がオフィスビルのオーナーのアラビア語を英訳し、宇治に伝える。

担当者は四十歳の男で、頭髪がかなり後退した苦労人ふうの顔に縁なし眼鏡をかけている。高卒の叩き上げで、観光業界で働いて身につけた英語は、実務には十分だが、「call（呼ぶ）」を「coll」と書いたりする。百二十四引く八十七の計算をやるのに汗を流しながら三分以上かかったりもするが、無遅刻無欠勤で、仕事ぶりは手堅く、色々な人脈も持っており、トラブルなども上手にさばいていく。ただし手綱をゆるめると好き勝手なことをやり出すので注意を要する。

「でもまだ工事の最中でしょ？　いつ入居できるの？」

宇治が英語で訊き、それを総務担当者がアラビア語で相手に伝える。

オーナーは五十歳くらいで、髪が薄く、眼鏡をかけていて、こすっからそうな男である。

物件は、事務所スペースが八十平米、倉庫が四十平米。近くに公営駐車場もあり、月の家賃は平米あたり五十エジプトポンド（約六百七十七円）と、まずまずの条件である。

「もし味の素が入居すると決まれば、二週間でできるといってます」

総務担当者が相手の答えを英訳していった。

「二週間？」

（ずいぶん早いな。眉唾じゃないか？）

「インドじゃ、二週間っていうと、すぐ半年になるんだけどね」

「ここはインドじゃありません。二週間といえば、一ヶ月でできます」

総務の担当者は大まじめにいった。

（なるほど、二倍の法則か）

先進国では、工期遅れはあってはいけない話だが、発展途上国でならば納得がいく。

翌週土曜日――

宇治は、再び総務の担当者と一緒に新オフィス用の物件探しに出かけた。この日は、第一希望のドッキ地区に絞って探すことにした。

物件のオーナーから「物件を見るときは路地裏でアイロンをかけている親父に案内を頼め」といわれていたが、行ってみると、アイロンがけをしているはずの親父の店はシャッターが下りていた。

仕方がないので、別の場所にある不動産屋に向かった。

ところが事務所には上エジプト方面の出身と思しい色の黒い子どもが一人いるだけだった。

「どこにいるのかな？　呼び出してくれるかな」

宇治がいい、総務の男が携帯で電話をかけた。

「三十分後に来るそうです」

不動産屋の主人と話した総務の男がいった。

（三十分ってことは、一時間か一時間半後だろうなあ）

エジプト時間に換算し、昼食をとることにした。

付近はイエメン人が多く住んでおり、イエメン料理店がいくつもあった。ピラフ、鶏肉、羊肉などが美味い。

「イエメン人のご飯の食べ方は、インド人と違うね」

イエメン料理店のテーブルで食事をしながら、周囲の人々を見て宇治がいった。

「どう違うんですか？」

総務担当の男と宇治の車の運転手は興味深げな表情。

「インド人は四本の指ですくって親指で口に押し込むんだけど、イエメン人は五本の指で摑んで口に押し込むね」

宇治は、インド流をやってみせる。

「へえ、日本人の場合は、どうするんです？」

「おにぎりっていう、米を丸く握った食べ物があって、イエメン人と同じように五本の指で摑んで食べるよ」

昼食が終わり、時間つぶしにあたりをほっつき歩いていると、総務担当の男が「あそこに賃貸物件がありますよ」と指さした。

アラビア語で「リ・ルイージャーリ（貸します）」という張り紙がしてあった。

「電話してみましょう」

総務担当の男が張り紙に書かれていた番号に電話をかけた。

「アロー？　……アイワ。アナ・ミン・シャリカ・アジノモト……（もしもし。……はい。味の素という会社の者なんだけどね……）」

総務担当の男は相手と話す。

しばらく話をして、電話を切った。

「広さは百二十五平米で、月の家賃は五千（エジプト）ポンドだそうです。月曜日に中を見せられるといってました」

「ふーん、そう。なかなかよさそうな物件だねえ。半分を事務所にして、半分を倉庫にすればいいかなあ」

　宇治は、張り紙がしてある物件に視線をやる。

　先ほどの不動産屋の場所に戻り、しばらく待つと、不動産屋の男が予想通り一時間半後に悪びれもせずに現れ、物件に案内するという。しかし、物件の場所を知らず、別の事務所で教えてもらって宇治たちを案内した。見てみると、地上階にある出入り口がビル内のフラットの一般の住民と共同で、路地裏に面しているため商品を積んだ車が入れないなど、オフィスには不適だった。

　その後、アイロンがけの親父の店に行くと、店は開いていて、近くのガレージのような物件に案内された。広さは倉庫としては十分だが、汚いこと甚だしく、とても引っ越そうという気持ちにはなれなかった。

　アイロン屋まで戻ると、店の横にすわった黒ずくめで、恐ろしく太った女が何事かいってきた。

「あれ、なんていってるの？」

　宇治は、総務担当の男に訊いた。

「あの物件は非常にいい物件だから、一平米二百ポンドじゃないと、貸せないといってます」

「なんだその値段は⁉」

　宇治はあまりの高さに目を剝く。

「そもそもこの女はオーナーとどういう関係なの？」

「なんの関係もないと思います」

　要は、高い値段を呑ませて、自分が交渉したから、金を寄越せとでもいうつもりか、あるいはただの暇つぶしらしい。

五月中旬――

ベトナム味の素社で、宇治の上司の販売部長だった浅井幸広が、三泊四日の出張でカイロにやって来た。

五十八歳になった浅井は、数年前に海外食品部の部付部長になった。仕事は、世界各国を訪れ、行商を指導することで、まさに「地球行商人」だ。インド味の素社にも十回くらい出張し、濵野勝男らの指導をしていた。

到着した翌日、浅井は、宇治、島田とともに、終日、マーディー地区の市場でセールス活動を視察した。

「……結構お客さんはフレンドリーだねえ」

炎暑の中、二人の営業マンがセールスをするのを見ながら、ポロシャツ姿の浅井がいった。

浅井は慶應義塾大学の柔道部出身で、元々がっちりしたスポーツマン体型だが、ベトナム時代に比べると風貌も人当りも丸みが出ていた。海外食品部の前に監査部を経験したせいか、指導に深みも加わっていた。

「エジプト人は陽気で、人懐こいです。利益率とかグラム単価はあんまり気にしなくて、理よりも情を優先させる傾向があります」

宇治の言葉に浅井がうなずく。

一月に三グラムのサシェの販売を始めたが、カレンダー（十二サシェ）、パック（十カレンダー）はもとより、最近は、ケース（十五パック＝五・四キログラム）買いも出てきていた。

この日は、五〇グラム品を初めて販売したが、かなりよく売れていた。

「最初からこれだけ売れるっていうのは、初期のベトナムでもインドでもなかったよなあ」

浅井は手ごたえを感じている表情。

「ただ営業マンの歩きタバコはよくないなあ。ブランドの評価に影響するから。それと車中在庫をチェックしながらタバコを吸うのも止めさせないと」

その言葉に宇治はうなずく。

今はまだ営業マンは二人しかおらず、教育も十分にできていなかった。その二人ですら、ヘルニアだとか様々な理由をつけて、しょっちゅうずる休みをする。一人は、三年間無免許で自分の車を運転していて、朝、警察に捕まり、遅刻して来たこともあった。

そのくせ権利の主張だけは熱心で、セールスに同行する島田が、モチベーションを上げるために、ポケットマネーで昼食を毎日おごっていたら、「昼食付きという雇用条件だと思っていた」といってきたりする。

翌日、浅井は、マンシェイヤ・ナーセル地区の市場でのセールスを視察し、セールスチームと一緒にオフィスに戻ってから、島田と二人の営業マンに指導をした。

店主と商品やインボイスをやり取りするときの所作、回訪を重ねれば重ねるほど顧客の信頼が増し、反応がよくなること、営業用の車を駐車しているとき窓が開けっぱなし、キーが挿しっぱなし、エンジンがかけっぱなしのケースがあり、非常に危険であることなど、こまごまとした注意や指導をした。

その翌日の午前中、宇治と浅井は、市内のホテルのコーヒーラウンジで、総括的な打ち合わせをした。

浅井は午後の飛行機で次の出張地のイスタンブールへと向かう。

「……とにかく、エジプトは有望なマーケットだと思うから、営業マンを早く増やして、アウトレット（取引店）の数をどんどん拡大することだなあ」

天井が高くクーラーがよく利いたラウンジのソファーにすわって、浅井がいった。はいている革靴はぴかぴかである。ベトナム時代から靴磨きへの援助も兼ね、いつも靴をきれいに磨かせていた。

「それとオフィスは早いとこ、引っ越したほうがいいいな。今のオフィスはとにかく不便だし、遅刻や欠勤の原因にもなる」

「はい、それはもちろん」

新オフィスの物件探しは続いており、ある眼科医が持っているドッキ地区の物件が最有力候補に浮上していた。

「昔と違って、海外のリテールビジネスも、日本人はマーケティング（営業企画）主体になって、付き合うのはもっぱら代理店なんだよな」

浅井がコーヒーを飲み、悩ましげにいった。

「現場は現地スタッフに任せっきりだから、だんだん足腰が弱くなってきてる」

行商が伝統のアジアでも、タイ、フィリピン、ベトナムといった大きな現地法人は金があるので、そういった傾向が出てきている。

「そうですね。大きな法人だって、初めは金がなくて、知恵と工夫と気合と根性でやってたんですけどね」

宇治は、ベトナム時代に浅井と一緒に手に豆をつくりながら台車を曳いた。

「そういうのを分かる人がだんだんいなくなって、経営はスピードで、これからはM&Aだとかいってるんだよ。だけど、全然違う企業文化の会社が急に一緒にくっついたって、そんな簡単に上手くいかないよ」

実際、買収した企業の中には、香港の液体調味料や冷凍食品の会社のように上手くいっていないケースもある。

「今、あなたがエジプトでやってるような、お金と代理店を使わないで、地道な行商スタイルで市場を開拓するケースは少なくなってきてるだろ？」

浅井の言葉に宇治がうなずく。

グリーンベレーを取り巻く環境は、直販体制でアジアの市場を次々と開拓していった一九六〇〜一九九〇年代に比べるとかなり変わってきている。経済のグローバル化によって、株主への還元や四半期収益が重視される米国型経営が日本に入ってきたことが一因だ。

「エジプトでビジネスを成功させないと、『宇治さんという変わった人の独特のやり方』で終わってしまう。そうなったら、これからの新興市場開拓が、ますます大金バラマキ、豪華経営、ゴージャス暮らしの他人任せになってしまう」

浅井は懸念をにじませていった。

「だから何としてもエジプトを成功させてほしい」

五月二十二日――

カイロに桃が出回る季節になった。小ぶりだが、皮を剝いて食べると日本の桃と同じ味がする。

街は、史上初の大統領選挙のポスターで溢れ返っていた。五千年を超えるエジプトの歴史で初めて、国家元首を選ぶための投票が明日と明後日に行われる。

電柱や建物の壁に取り付けられたポスターには、候補者の大きな顔写真とともに、天秤、はしご、馬、鷲、傘、太陽、船といったマークが付けられている。エジプトでは四人に一人は文字が読めないので、そういう人たちが投票するときの目印だ。

立候補者は十三人で、有力候補は五人である。穏健派イスラム原理主義組織であるムスリム同胞団の政党で、国会で与党になった自由公正党党首ムハンマド・モルシー、元空軍の最高司令官で、ムバーラク政権の最後の首相を務めたアフマド・シャフィーク、元外相アムル・ムーサ、青年勢力や都市部のリベラルな知識人の支持を集める左翼活動家ハムディーン・サバーヒー、元カイロ大学の学生運動の指導者で、医師のアブドゥルメナイム・アブルフトゥーフ。

その日、宇治は総務と会計の二人の担当者を伴って、新オフィス兼倉庫として借りる物件のオーナーの家を訪れ、賃貸契約をした。

オーナーは眼科医で、『鉄腕アトム』のお茶の水博士のような風貌の好人物だった。富裕層相手のレーシック手術で相当稼いでいるらしく、ギザ地区の高層階のフラットに住んでいた。緑の芝生が広がるシューティング・クラブ（総合運動クラブ）を一望のもとに見下ろす非常に立派なフラットだった。

借りる物件はドッキ地区の半地下のアパートの二室で、一つを事務所、一つを倉庫に使う。近くに銀行、スーパー、何軒ものレストランがあり、便利な場所だった。半地下なので薄暗く、床や壁を含め大幅なリフォームが必要だが、オーナーの眼科医は他の家主と違って強欲ではなく、宇治の希望をすべて受け入れ、用意していった契約書にもすんなりサインした。

宇治が、二ヶ月分の敷金と一ヶ月分の礼金を現金で支払うと、驚いたことに、オーナーはその場で不動産屋に一ヶ月分の札束を領収証もなしにひょいと手渡した。


夕方、宇治は、総務担当者が探してきた営業マン候補者の面接をした。

年齢は三十二歳で、地場の食品会社でスーパーバイザーをやっているという、髪の毛をポマードで固めたきざな感じの男だった。

志望の動機を訊くと、「オーガナイズされた（組織立った）会社で働きたいから」という。宇治が、味の素の販売方法を説明すると「エジプトではそういう販売方法はしない。こうやって、ああやって」と始めるので、「あなたに教えてもらう必要はない。あなたが我々のやり方でやるのだ。まずはフィールドマン（一営業マン）から始めて、ハードワークを見せてくれたら、スーパーバイザーやマネージャーに昇進する道もある」と説明した。しかし、「エジプトではフィールドマンを一年やったらスーパーバイザーに昇進し、次になんとかに昇進し……」と始める。人の話をまったく聞かず、ひたすら自己主張することで自分を大きく見せようという、エジプト人によくいるタイプである。

（……駄目だ、こりゃ！）

うんざりする思いで、早々に面接を打ち切った。

総務の担当者を呼び「今の男みたいなのは話にならない。変な色に染まっていない素直な人間を探してほしい」と命じた。

その後、営業マンの採用基準をつくり、目を合わさないで話す人間、相手の話を途中で遮る人間、こちらの業務のやり方に反論する人間は採用しないことにした。

また内臓疾患の有無を見極めるため、立って左右に一回転ずつさせ、ふらつかないかチェックし、薬物やアルコール依存症でないかをチェックするため、目をつぶって片足立ちをさせ、袖を肩までまくらせて刺青の有無を調べ、「リンゴが一個三エジプト・ポンド、ミカンが一個二エジプト・ポンド、リンゴ三個とミカン二個でいくら？」という質問をして、暗算能力も確認するようにした。

五月二十八日――

夜、選挙管理委員会が大統領選挙の結果を発表した。

最多得票者は、ムスリム同胞団系の自由公正党党首で、カリフォルニア州立大学の准教授やザガジグ大学（エジプトの国立大学）の教授を務めたこともある工学博士のモルシーで二四・八パーセント、二位が空軍出身の元首相、シャフィークで二三・七パーセント。過半数を獲得した候補者がいなかったので、この二人で決選投票が行われることになった。三位には、ダークホースで、昨年の民主化デモに参加した革命派候補の一人である元人民議会（下院に相当）議員で左派の活動家、ハムディーン・サバーヒーが二〇・七パーセントの票を獲得して入った。

エジプトでは都市部の有権者は約三割、地方農村部が約七割で、信仰心が篤い農村部では、イスラム系の候補者が支持を集める。昨年、革命を主導し、ムバーラク政権を倒したのは都市部の若者たちだったが、選挙をするとイスラム系候補者が勝つ。

同胞団と軍部の候補者が上位二人を占めるという、既存勢力の勝利に若者たちは憤慨した。数千人が「革命は誰の手にも渡さない」と、タハリール広場に集まり、「タハリールから大統領を送り出そう」という看板を掲げ、怒りを表した。一部が暴徒化し、シャフィーク候補の選挙運動本部を襲撃し、放火した。

抗議デモは北部のアレキサンドリア、ポートサイド、スエズなどの都市部でも行われ、アレキサンドリアでは、約二千人が市内を行進しながらモルシー、シャフィーク両候補のポスターを破いたりした。

宇治の秘書も「わたしも怒っている。デモに参加したい」というので、宇治は「選挙は国民が求めたもので、多少のトラブルはあったかもしれないけれど、公正に行われたんでしょ？　その結果が気に食わないといって、デモや暴力に訴えるのは民主主義に反している」と諭した。

結局、青年勢力は、もしシャフィークが大統領になれば、多くの若者が命を落とした革命が無意味になるとして、同胞団のイスラム志向や権力欲に対する警戒感をくすぶらせながらも、モルシーに投票するしかなかった。複数の青年勢力、野党の代表者、ムスリム同胞団は、カイロ北部のホテルに集まって協議し、モルシー支持で合意した。

六月二十四日――

一週間前に決選投票が行われた大統領選挙の結果が発表される日となり、カイロの街は朝からいしれぬ緊張感に包まれていた。

予定されていたカイロ日本人会理事会は中止になった。宇治の秘書には、危ないので早く帰宅するよう両親から電話が頻繁にかかってくるので、午後二時過ぎに帰宅させた。営業マンは午後二時半に帰社し、金勘定と日報の作成をさせた上で全員を帰宅させ、宇治は最後にオフィスを後にした。

車で市内中心部に向かいながらカーラジオを聞いていると、午後三時に始まった選管の発表は、二十七の県ごとに異議申し立ての審査結果を長々と説明し、なかなか選挙の結果をいわない。道は恐ろしく空いていて、三十分という普段では考えられない早さでザマレク地区に着いた。銀行や高級食材店は、略奪を恐れてシャッターを下ろしていた。宇治は、「HANA」という古くからある韓国料理店で冷麺を食べ、ぎらぎら照り付ける太陽の光を浴びながら、徒歩で自分の住まいまで戻った。モハンデシーン地区とアグーザ地区の境界のアフマド・オラビー通りの近くにある古いビル内のフラットである。寝室二つにリビング、バス・トイレ、キッチンが付いている。付近には、店先に鶏を入れた籠を並べた鶏屋、八百屋、食料品店、床屋など、商店が多い。カフェでは、男たちが水タバコを吸い、近くのモスクからは礼拝を呼びかけるアザーンが一日五回聞こえてくる。

エレベーターで八階にある自分のフラットに戻り、リビングでテレビを観ていると、午後四時十分に、モルシーが新大統領に選ばれたと発表された。得票率は、モルシーが五一・七パーセント、シャフィークが四八・三パーセントだった。その瞬間、外で何発もの銃声か花火のような音がして、通りでは車のクラクションの音がやかましく鳴り響いた。テレビに映っているタハリール広場には数万人の群衆がつめかけ、モルシーのポスターを掲げた宣伝カーが何台も駐車し、赤白黒のエジプト国旗がはためいていた。気温は四十度という暑さで、噴霧器をかついだ若者が人々に水をかけて回っていいた。モルシーの当選が発表されると、群衆は「ウォー」という地響きのような歓声を上げた。やがて人々はメッカの方角を向いて地面にひざまずき、祈りを捧げ始めた。

六月二十七日――

エジプト味の素食品社はドッキ地区の新オフィスに引っ越した。半地下で、あまり日が差さないため、夏は涼しくてよいが、冬は寒い。窓には泥棒除けの鉄格子ががっちりと付いている。宇治の朝の通勤時間はわずか十分になった。他の社員たちも今までより遥かに通勤が楽になり、遅刻が激減した。

六月三十日――

選挙で当選したモルシーが大統領に就任し、民政移管が実施された。しかし、軍部に首根っこを押さえつけられての国家元首就任だった。

軍は、新憲法制定までの統治指針となる憲法宣言（暫定憲法）の改定版を独断でまとめ、当面、立法権や予算の権限を掌握し、数多くの重要政府機関の実権も握る。モルシーは当初、慣例どおり議会での就任宣誓を主張したが、軍が首を縦に振らず、軍の影響力が強い憲法裁判所での宣誓となった。

宣誓のあと、カイロ大学で就任演説をしたモルシーは、最前列に居並ぶタンタウィ軍最高評議会議長ら軍の幹部らを前に「軍最高評議会は、民意に取って代わることはないという約束を守った。民意で選ばれた機関がその役割を取り戻し、軍は国境を守る任務へと戻る」と述べ、対抗心をあらわにした。

3

七月二十日——

宇治がエジプトに赴任して以来、初めてのラマダン（断食月）が始まった。

これから約一ヶ月間、イスラム教徒は日中、食事を断ち、水も飲まない。モスクには一晩中煌々と灯りが点されて人々が祈りを捧げ、喧嘩や悪口といった悪行も忌避される神聖な月だ。一方、日没とともに一斉に始まる夕食は普段より豪華で、ナイトクラブや飲食店などでは夜通し宴会が行われる。食料の消費量は年間で一番多く、ラマダン太りをする人々も多い。外国人など、異教徒は断食をする必要はないが、日中は、断食をしている人々をなるべく刺激しないよう、おおっぴらな飲食は控える。

この日は金曜日の休日だったので、宇治は昼過ぎからギザ地区のナイル川沿いにあるフォーシーズンズ・ホテルのプールで二キロメートルほど泳ぎ、サウナに入り、マッサージを受けた。日本人会の事務局の本棚から借りてきた本を読み、午後七時半頃、ホテルを出た。

驚いたことに、普段は大渋滞している通りには、車がほとんど走っておらず、がらんとしていた。皆、家に帰って一日の飢えと渇きを癒すため、食事に没頭しているのだ。

（こりゃ参ったなあ……）

しばらく待つと、ようやく一台のタクシーが寄って来た。

「モハンデシーン」

宇治が行先をいうと、運転手は駄目駄目という感じで首を振り、走り去った。彼の家の方角と違っていたようだ。

（仕方がない、歩くか）

ホテルから宇治の住むフラットまでは六キロメートルくらいある。

タクシーが来ないかと思って、時々後ろを振り返りながら十五分ほど歩いたところで、ようやく一台を拾うことができた。

フラットに戻り、夕食をとったあと、エレベーターで階下に降りると、ビルのバワーブ（門番）五人のうち四人がいた。

「ラマダン・カリーム！（恵み多きラマダン、おめでとう！）」

宇治は笑顔でお祝いを述べ、彼らにご祝儀（チップ）を渡した。

翌日は、ラマダン月の初営業日だった。

宇治は様子を見るため、二人の営業マンと島田のセールスに同行した。市場の店の八五パーセントくらいは営業していたが、人出は普段の五分の一以下で、特に午前中は閑散としていた。店の人々も普段よりおとなしい感じがした。前の週は猛暑だったが、この日は雲も風もあり、比較的しのぎやすかった。しかし、営業マンたちは水も飲まないので、辛そうである。

通常は午後五時半終業だが、ラマダン期間中は午後三時終業にした。それでも三日後には、営業マンは二人とも出勤して来なかった。一人は電話にも出ず、もう一人は「寝過ごした。今から行きます」といって、午前十一時頃会社にやって来た。普段は真面目な宇治の車の運転手までぼんやりするようになった。

ラマダン期間中、人々は夜中じゅう起きて飲み食いし、午前五時頃に日の出前のお祈りをしたあと朝七時頃まで短い眠りを取り、日中は飲まず食わずで午後七時近くまで過ごし、再び日の出前まで飲み食いする。これでは仕事の効率が上がらないのは当然で、社会全体がゆるゆるになる。日中は睡眠不足と空腹で気が立っているせいで、つまらない揉め事も増える。

七月二十九日には、営業マンが二人とも「疲れたから休む」と連絡してきた。やむなく島田が一人でインババの市場でセールス活動をし、エジプトに二度目の出張でやって来た浅井と宇治が指導のために同行した。炎天下で三人とも疲労困憊し、島田は下痢を起こし、浅井との夕食を欠席した。

八月十一日——

宇治は、ザマレク地区にあるヒルトン・カイロ・ザマレク・レジデンスという高層ホテル兼アパートの地上階に入っている「牧野」という日本料理店で、島田、フォーシーズンズ・ホテルに勤務している菅野真澄《かんのますみ》さんという日本人女性と夕食をとった。

菅野さんは島田の小学校の先輩で、島田の父が菅野さんの実家の理髪店に通っていたという。

「……ところで、毎日停電で、嫌んなっちゃいますよねえ」

テーブル席で、タコのから揚げを箸でつまみ、宇治がぼやいた。

ラマダンに入ってから毎晩午後九時頃から一時間から一時間半停電するようになり、本も読めず、インターネットも使えず、調理もできないので困っていた。

「ほんとよねー。モルシ（モルシー大統領）が悪いのよ」

白ワインを傾けながら菅野さんがいった。「ジャルダン・ドゥ・ニル（ナイルの庭園）」という名のエジプト産ワインだ。

菅野さんはショートヘアで、ズンバやヨガのインストラクターもやっている、活発で面倒見のよい中年女性である。日本人のご主人は優しいピアノの先生で、夫婦で一九九〇年代後半からカイロに住んでいる。

「えっ、どういうことですか？　選挙で選ばれた大統領ですよね」

「なにいってるの。モルシは同胞団よ。ガザのハマスとつながってて、エジプトの電力を流してるのよ」

イスラム同胞団は、西洋からの独立とイスラム文化の復興を掲げ、一九二八年に北部スエズ運河沿いのイスマイリアで創設された穏健派のイスラム原理主義組織（スンニー派）だ。

ガザ地区を支配しているハマスは、ムスリム同胞団のパレスチナ支部を母体として生まれた政党で、イスラム原理主義を掲げ、イスラエルに対して武装闘争を続けている。

「えっ、電力をガザに!?　それじゃ、エジプトにとって不利益じゃないですか？」

「同胞団は、エジプトのことなんか二の次よ。日本でも宗教系の政党は、親元の宗教団体のいいなりになるでしょ。それと同じよ」

「うーむ、それは分かりやすいたとえですねえ」

同胞団が選挙で圧倒的な動員力を持っている点も日本の宗教団体と同じである。

「ガザとの間にトンネル掘って、物資を送って、向こうからはテロリストが入って来るのよ。そのうちピラミッドをカタールに売り飛ばすかもしれないわよ」

パレスチナのガザ地区とエジプトの国境は、イスラエルとエジプトによって封鎖ないしは厳しく規制されているが、地下に千本以上のトンネルが掘られている。食料品、建築資材、医薬品、自動車などありとあらゆる物資がガザ地区に運び込まれているほか、密入国や武器、弾薬、ドラッグなどの輸送にも使われているといわれる。

一方、ピラミッドのほうは、この約半年後、資金不足に喘ぐエジプト財務省がムスリム同胞団の幹部とともに、カタールに対して巨額の援助と引き換えにピラミッドなどエジプトの考古遺産を賃貸するという案を示したが、考古省の猛反対で実現しなかった。


翌八月十二日——

宇治は、会社の従業員と家族を招いて「イフタール」を開いた。場所は会社の近くにあるカジュアルなレストランで、柱や壁にラマダン月特有の色とりどりの幾何学模様の布が飾られていた。

イフタールは、ラマダン月に開かれる、日中の断食明けの夕食会で、親族や友人を招いて行われることが多い。また、職場単位で開かれるもの、会社が取引先を招いて開く大規模なもの、公園などにテーブルを設け、貧しい人々に施しをするためのものなど様々だ。

長テーブルを囲んだのは、宇治、島田、総務担当の男、二人の営業マン、秘書とその妹、会計係の男とその妻、宇治の車の運転手の十人で、皆嬉しそうだ。二人の営業マンのうち一人はこの日会社を休み、もう一人は寝坊して遅刻したが、イフタールには遅れずにやって来た。

「アッラーフ・アクバル……」

午後六時四十分になると、外のスピーカーから礼拝を呼びかけるアザーンが響き渡った。

これが始まると、夕食をとってよいことになっている。

「エブリバディ、サンキュー・フォー・ユア・ハード・ワーク。プリーズ・エンジョイ・アワ・ファースト・イフタール……（みんな、ハードワークを有難う。我々の初めてのイフタールを楽しんで……）」

宇治が立ち上がって、挨拶を始めた。

（えっ、もう食ってる⁉）

宇治の両目が点になった。

テーブルを囲んだエジプト人たちは、挨拶も聞かず、一斉に食べ始めた。

メニューは、カルカデと呼ばれるハイビスカス・ジュース、コーラ、グリルド・チキン、コフタ（羊のひき肉のグリル）、フライドポテト、エーシュなどである。皆、お互いに話もせず、貪り食っている。

周囲のテーブルでも、大勢のエジプト人たちが、一斉にがつがつ食事を始めた。

（はあー、なるほど。断食明けで、挨拶なんか聞くどころじゃないんだろうなあ）

宇治もすわって、食事を始めた。

三十分ほど、無言の行のように食事が進み、ようやく飢えと渇きが満たされ、人心地ついた頃、ぼつぼつ会話が始まった。

「新しいオフィスになって、通勤が楽になったよね」

宇治が向かいの席にすわった総務の男に英語で話しかけた。

「はい、本当に。はっきりいって、よりによってモカッタムにオフィスを構えたのは、信じがたいことでした」

額がかなり後退した苦労人ふうの顔に縁なし眼鏡をかけた総務の男がいった。

「車にガソリンを入れる回数も減って、時間の無駄がなくなりました」

宇治の近くにすわった年輩の運転手がいった。

やがて食事が終わり、テーブルの皿の上には鶏の骨が散乱し、皆満ち足りた表情になった。

「ソー、レッツ・ゴー・トゥ・シーシャ」

宇治が近くのカフェにシーシャ（水タバコ）を吸いに行こうと誘うと、皆、ついて来た。

路上に並べられた椅子にすわり、宇治の若い女性秘書や彼女の二十歳の大学生の妹も、鼻から煙を出しながら、シーシャを楽しんだ。喫煙しない人たちは、シャーイ（紅茶）やコーヒーを飲みながらお喋りに興じた。途中で停電はあったが、屋外カフェでのゆるい雰囲気のひと時は楽しいものだった。


この日、モルシー大統領が軍に反撃する出来事があった。

大統領が、軍のトップである最高評議会議長兼国防相のタンタウィと、副議長のアナンを引退させ、タンタウィの後任に陸軍少将のアブドル・ファッターフ・シーシーを任命したのだ。また六月に軍が出した憲法宣言を無効にし、大統領が立法権を掌握するという新憲法宣言を発布した。さらに海軍、空軍などの司令官三人を退役させ、軍首脳陣の大幅な入れ替えも行われた。

この解任劇は表向き友好的なものだった。タンタウィとアナンは大統領顧問となり、タンタウィには国家最高位の勲章であるナイル勲章、アナンにはそれに次ぐ共和国勲章が与えられ、大統領官邸での授章式で二人がモルシーとにこやかに談笑する様子がテレビで報じられた。

軍のほうでも、国民の評判が悪かったタンタウィを退任させ、組織の若返りを図ろうという目論見があり、同胞団と何らかの取引をしたと見られた。

翌日——
会社を休んでイフタールにだけ参加した営業マンは、また仕事を休んだ。子どものようなふるまいに宇治は唖然とするばかりだった。もう一人の営業マンは、朝、電話をかけてきて、仕事を休みたいというので、駄目だ、出てこいといって出勤させた。出勤はしたが、セールスを終えて帰社すると「暑くてしんどいので、明日休む。ラマダンが明けたら休まない」と弱音を吐いた。元々責任感が希薄なところに断食という厄介な習慣が拍車をかけていて、宇治はやれやれという気分だった。

八月三十日——

ラマダンとそれに続く三日間のお祭り、「イード・ル・フィトル」も九日前に終わり、エジプト社会もようやく正常に復してきた。

夜、宇治はカイロ日本人会の行事部の会議に出席した。カイロ日本人会には総務部、広報部、会計、学校運営委員会などいくつかの執行機関があるが、行事部が最も多忙で、人数も多い。宇治は、周囲の人々から半ば押し付けられるようにして、責任者である行事部理事を引き受けていた。

カイロ日本人会の事務局は、ナイル川の中州であるザマレク地区をほぼ東西に横切って延びる七月二十六日通りから少し南に下った閑静な住宅街のビルの五階にあるフラットだ。中に入ると広いラウンジがあり、その左手奥に会議室などがある。以前はマリオット・ホテルに事務局があったが、在留邦人の減少で費用負担が難しくなり移転した。

「……ええと、盆踊りですけど、例年と同じように、行事部の奥さんたちに練習してもらって、当日はサクラで踊ってもらうという流れでいいでしょうか？」

蛍光灯の明かりの下で、行事部のメンバー十人とともにテーブルについた宇治が訊いた。

この日の話し合いは、主に十月十九日の午後に開催される予定の日本人会の秋祭りについてだった。カイロ日本人会最大の行事で、会場はギザ地区にある日本人学校の校庭である。ステージをつくって色々な出し物をやったり、食べ物やゲームの屋台を出したりして、日本人同士の親睦を深めると同時に、エジプト人に日本文化に親しんでもらおうというものだ。ステージでは、日本語を学んでいるエジプト人学生による日本語劇、歌、踊り、手品などのパフォーマンスが披露され、そのあと神輿が登場し、全員で盆踊り、福引、宇治の閉会挨拶となる。当日は、日没の祈りが午後五時二十一分頃から始まるので、必ずそれまでに終わらせる必要がある。神聖な祈りの時間に異教徒が騒いでいると、怒ったエジプト人たちが周囲のフラットから石や物を投げてくるからだ。

「ただ、盆踊りのサクラは、お金をもらうわけじゃなくて、ボランティア参加ですよね。行事部の部員が忙しく働くのは当然だとしても、奥さん方に強制するってわけにはいかないんじゃないですか？」

日本大使館の四十代前半のアラビストの男性がいった。

「うちの家内は去年嫌がってたんだけど、無理やりやらされて、もうやりたくないっていってるんですよね」

日本大使館の別の男性が悩ましげな顔でいった。

三十歳くらいの、スポーツ刈りで眼鏡をかけた朴訥とした雰囲気の人物である。

「しかし、そんなこといってたら、誰もやらんでしょう。『東京音頭』が流れて、誰も出てこなかったら、しらけますよ」

関西系総合商社の単身赴任の中年男性がいった。実務に長けており、自転車が趣味である。

「例年、マーディー（地区）の奥さん方が集まってやってるでしょう？　今年もお願いできませんかね？」

色が浅黒く、武骨な感じの建設会社の男性がいった。行事部の副理事で、頼りになる人物だ。

「いや、一部の人に負担をかけるっていうのは、やっぱりよくないですよ。日本人学校で何とかならないんですか？」

大使館のアラビストの男性がいった。

「我々のほうはステージをやってるんで、余裕がないです」

日本人学校の音楽の先生がいった。スポーツ刈りで、鹿児島出身の実直な人物である。

この後、話し合いは紛糾し、結局、宇治が「じゃあ盆踊りについては、次回持ち越しにして、また考えるということにしましょう」といって、次の議題に移った。

秋祭りに関して決めなくてはならないことは山ほどある。ボランティアの募集方法、会場レイアウト、電気関係の工事、アラビア語のアナウンス係、氷の保管方法、食材の仕入れ先、焼きそばの調理手順など、枚挙にいとまがない。

さらに秋祭りの前の週に行われる日本人会運動会についても、開催案内、警備の段取り、来賓と行事部員の水や弁当の手配方法など、数多くの事項を話し合わなくてはならない。

結局、この日の話し合いは三時間に及んだ。会議のあと、宇治は単身赴任者たち三人を夕食に誘い、「牧野」で閉店の十二時過ぎまで飲んで話をした。

翌日は金曜日の休日だった。

宇治はフラットで本でも読んでのんびりしようと思っていた。しかし、午前中から盆踊りの件で何本か電話がかかってきて、また紛糾の渦中に放り込まれた。

(それにしても、どうして盆踊りでこんなに揉《も》めるんだ? ちょっと普通じゃないなあ……)

訝っていると、また電話がかかってきた。

「……宇治さん、内緒ですけど、奥さん方は、毎年、マーディーの○×さんの家で練習してるんですよ」

昨日の会議に出席していた総合商社の駐在員で、日本人ソフトボール・チーム、ライジングサンのメンバーでもある男性がいった。

「ええ、そうらしいですね」

そのことは昨日の会議で聞いていた。

「それでですね、どうも皆さん、○×さんの奥さんのことが嫌いらしいんですよ」

「ええ、○×本人もああいう人間なんですけど、奥さんも同じような感じなんです」

「えっ、そうなんですか!?」

「うーん、そうでしたか！」

宇治は、紛糾する理由がようやく分かった。
○×というのは、電話をかけてきた駐在員の会社の次席である。宇治より一歳年上で、いつも偉そうに上から目線で喋るタイプだ。宇治は単身赴任だったので、奥さん同士の話は耳に入ってきていなかったが、電話をかけてきた男性は家族帯同、しかも同じ会社なので事情をよく知っていた。
それから一時間後、当の○×氏から電話がかかってきた。

「宇治さん、聞いたんだけどさ、盆踊りで人集めができてないんだって？」

例によって上から目線で、詰問調である。

「ええ、まあ……。行事部のメンバーが奥さんに無理強いするのは嫌だっていってまして」

「駄目だよ、そんな我が儘を許したら。盆踊りなんて強制しないと誰もやらないだろ？」

「自然発生的には、出てこないですかねえ？」

「出てくるわけないだろ。だからうちのカミさんがみんなを集めて指導してるんだよ」

（うーん、それが押し付けだってとられて、嫌がられてるんだよなあ……）

「だいたい祭りなんて、楽しむのは子どもだけだろ？　大人は子どもを楽しませる役割に徹すればいいんだよ」

「そうなんですかねえ？　大人も楽しいと思いますけど」

「甘い甘い、理事は楽しもうなんて考えないで、びしっと強制的にやらせないと」

（はあー、まったく……、自分たちが原因っていうのが、分かってないんだよなあ、この人）

宇治は内心でぼやくが、あなたの奥さんが嫌われてるからですともいえない。またこの人や夫人にしても、ボランティアで協力してくれているわけで、その点に関しては有難いことである。

結局、延々一時間にわたって電話で説教を拝聴するはめになった。

この前後から、宇治に送られてくる秋祭り関連のメールが激増した。会社の仕事のほうも、営業マンの採用・教育・解雇、ブラジル味の素社への輸入代金支払い手続き、会計処理の監督、備品の購入、東京などからやって来る出張者のアテンド、リパック工場の用地探しなど、容赦なく襲いかかってきた。

（いくらみんなのためとはいえ、これはボランティアの域を完全に超えている。来年は絶対に引き受けないぞ！）

連日、秋祭りに関する数十通のメールの処理に忙殺されながら、宇治はかたく心に誓った。

お祭りの本番の約一ヶ月前の九月二十二日には、有給休暇をとって、ボランティアの人たちに慣れてもらうため、焼きそば、フランクフルト・ソーセージ、飲茶、焼きトウモロコシなどの屋台の予行演習を実施した。場所は鹿島建設の資材置き場で、クレーン車に高々と鯉のぼりがはためいていた。同社は、エジプトで外国の大使公邸や日系企業のオフィス・工場の改修工事を請け負いながら、カイロの地下鉄など大型工事の受注を目指している。

予行演習はバスを手配して八十人を送迎し、一緒に来た子どもたちのために、スイカ割りなどの余興もやり、それだけでお祭りのようだった。焼きそばの麺をほぐす水に「ほんだし」を入れると劇的に味がよくなるという発見もあった。

また行事部で、あちらこちらの企業を回って福引の景品を千二百三十点集め、事前の抽選も行なった。

十月十二日には、日本人学校の運動会が行われ、宇治は行事部理事として一日奔走した。大人の綱引きや玉入れもあり、宇治は出身地別対抗リレーの北海道・東北チームの五十歳以上の枠で走った。行事部がリレーの各チームの人数を従来より多くしたので、色んなところから文句が出たり、来賓と行事部員の弁当を和食ではなくカッサンドにしたら「量が少ない」「ソースが付いていない」といった不満が出たりもしたが、無事に終了した。

十月十九日――

カイロ日本人会秋祭りが開催され、日本人会会員約二百人、エジプト人など非会員約五百人が詰めかけた。開会は午後一時で、午後五時過ぎに終了したが、宇治ら行事部員たちは早朝から準備に追われた。食べ物の屋台で最も人気があったのは焼きそばで、延々三時間焼き続け、四百六十食を完売した。飲茶は少し残ったが、焼きトウモロコシ、ソーセージ、弁当、ビール、ジュースなどは完売で、ボランティア用の弁当も余ったものはすべて売った。ステージの出し物では、国際交流基金がアレキサンドリアで開講している日本語講座で勉強しているエジプト人たちが日本語劇を披露したのと、日本語学校の音楽の先生がキーボード、妻がフルートを演奏し、三人の子どもたちが歌を歌ったのが印象的だった。紛糾の末、例年どおりマーディー地区に奥さん方が集まって練習した盆踊りは、日本人会の婦人たちが浴衣姿で大きな輪になってリードし、日本人やエジプト人たちが飛び入りで参加し、ステージの上では子どもたちが輪になって踊った。最も心配していた時間管理も予定を五分過ぎただけで全日程が終了し、朝から立ち続けで指示を出した宇治は疲労困憊した。

その晩、「牧野」で行われた行事部の打ち上げは大いに盛り上がり、宇治は酒と心地よい疲労感でふらふらになった。夜中にフラットに戻ったとき、一人で歩けず、バワーブ（門番）に支えられて八階の部屋まで戻った。

翌朝、目覚めると、ドアノブのところに北大恵迪《けいてき》寮時代から使っている赤フンがかかっていた。

（ん？　皺が寄っている。……ということは、どこかで使ったのか？）

あとで聞くと、「牧野」で中締め後も持ち込んだワインがなくなるまで飲み続け、赤フン姿になって、不知火《しらぬい》型土俵入りを披露したのだという。

十一月二十二日――

モルシー大統領が、新憲法制定や人民議会選挙までの間、すべての大統領令や決定は、裁判所を含むいかなる機関の干渉も受けないとする新たな憲法宣言を発布した。同氏が、司法、立法、行政の三権を掌握すると宣言したに等しいものだった。

これに対し、世俗主義勢力や司法界は猛烈に反発し、全土で抗議デモや暴動が起きた。カイロでは、数万人規模の反モルシー派のデモがタハリール広場を埋め尽くし、北部のアレキサンドリア、ポートサイド、スエズなどでは、同胞団傘下の自由公正党の事務所が襲撃や焼き討ちに遭った。

モルシー大統領は、反対派に対抗するため、憲法制定の手続きを急がせた。

十一月三十日、ムスリム同胞団が多数を占める憲法起草委員会は、約十九時間の最終審議の末、数に物をいわせて新憲法案を強行可決した。

新憲法は、①カイロにあるイスラム教スンニー派の総本山であるアズハル機構を立法過程に関与させ、②国防大臣は軍人から選ばれるとして文民統制を否定し、③軍に敵対的な人間は軍事法廷で裁くことができ、④大統領など権力者に対する侮辱罪適用を可能にするといった、民主主義とはかけ離れ、また軍との取引が疑われる多数の規定が盛り込まれていた。

十二月十五日と二十二日には、新憲法案の是非を問う国民投票が実施された。反対派がボイコットしたため、投票率は約三三パーセントと低調だったが、六三・八パーセントの賛成多数で、同案が承認された。同二十六日にモルシー大統領が署名し、新憲法は発効した。

翌二〇一三年一月二十六日――

前年二月に、北部ポートサイドのサッカー場で、地元のサポーターがカイロのチームに襲いかかり、七十四人が死亡した暴動に関し、殺人罪などで起訴された観客二十一人に対する判決が下される日になった。判決内容が甘ければカイロで、厳しければポートサイドで暴動が起きることが予想されたので、宇治は、朝、営業マンたちを送り出すとき、何かあった場合はすぐに帰社するよう命じ、総務の担当者には一日中テレビのニュースをつけっぱなしにさせた。

果たして判決は、二十一人全員絞首刑という厳しいものだった。カイロは平穏だったが、ポートサイドでは、被告人たちの親族や支援者らが自動小銃などで武装し、彼らが収監された刑務所や警察署を襲撃した。治安部隊との銃撃戦で、三十三人が死亡し、多数が負傷する事態となった。二十一人の被告人のうち、六人は逃走した。

モルシー大統領は、治安悪化の激しい北部のポートサイド、スエズ、イスマイリアの三県に非常事態宣言を出し、一ヶ月間、夜間外出を禁止した。

これとは別に、カイロやアレキサンドリアで反大統領派と警官隊の衝突が起き、二十五日から二十七日かけて、十人以上が死亡し、五百人以上が負傷した。

エジプト社会は、ムスリム同胞団とそれに敵対する勢力との分断が決定的になった。

4

二月下旬——

宇治は、オフィスの社長室のデスクで、総務担当の男から報告を聞いていた。

「やっぱりいうこと聞かないか……」

水色の作業服姿の宇治が、苦々しげな顔でいった。

作業服は川崎工場のお下がりで、エジプト味の素食品社の冬の制服として譲り受けたものだった。

「はい、この二日間も注意したんですが、相変わらずジーパンで来ています」

社長用のデスクにくっ付いた会議用テーブルで、総務担当の男が悩ましげな表情でいった。

昨年のラマダン明けに入社した営業マンの一人が、制服のチャコールグレーのズボンをはかないで毎日出社しているのだった。

「それで、はかない理由は何だっていってるの?」

「あのズボンは汚れてしまったので、ゴミとして捨てる、といっています」

縁なし眼鏡の総務担当の男がいった。

「なに、ゴミとして捨てる!?」

宇治が目を剝く。

(会社が金を出して、わざわざ仕立てて支給したものを、ゴミとして捨てるっていうのは、どういう神経なんだ!?)

「分かった。会社のルールに公然と挑戦するというのなら、これはもうワーニング・レターしかないね」

「そうですね」

宇治はワーニング・レターを作成し、件《くだん》の営業マンを社長室に呼んだ。

「きみは制服のズボンをはかないようだけれど、理由は何なのかな？」

宇治は、努めて穏やかに英語で語りかけた。

「ルールだっていうのは分かってます。でも総務の担当者が、僕にひどいいい方をするんです。もうしょっちゅう……」

宇治の目の前にすわった営業マンは感情もあらわにまくし立てる。

二十四歳で、背が低く、坊主頭で、口の周りにうっすら髭を生やした顔は、日本の田舎の親父のように見える。出張でやって来る浅井は「坊主」と呼んでいた。

隣にセールス・マネージャーの島田がすわっていた。

「総務の担当者の話は別問題でしょ？　制服のズボンをはくのは会社のルールなんだから、守ってもらわないと」

「いや、おんなじ問題です！　どうしてかというと……」

坊主頭の営業マンは、巻き舌のきついエジプト訛りの英語でなおもまくし立てようとする。

「この件については、あなたにワーニング・レターを出すことにしました」

宇治は相手の言葉を遮り、英文のレターを読み上げる。

制服のズボンをはかないことは就業規則違反であり、改善されなければ処分を受けるという内容だった。

「きみには二つのチョイスがある。一つは就業規則を守ること。もう一つは会社を辞めることです」

厳しい表情で宇治がレターを差し出した。法律的に解雇の根拠となり得る文書だ。

「分かりました」

営業マンは抵抗を諦め、淡々と受け取り、サインした。


翌朝——

「サバーハル・ヘール（お早うございます）」

「サバーハン・ヌール（お早う）」

出勤して来た件の営業マンを見ると、ちゃんと制服のズボンをはいていた。しかも、汚れていないまっさらの新品だ。

（なんだ、まったくの新品じゃないか！　どこが汚れてるっていうんだ⁉）

宇治は呆れたが、営業マンは涼しい顔をしている。

「お前、いってることが違うじゃないか！」といいたい気分だったが、いってもしょうがないと思い直した。

（まあ、何でもいいから自己主張がしたかったんだろう。もしかすると、総務に日頃色々注意されるもんだから、反抗してみたかったのかもしれないな）

エジプト人たちは、何でも抵抗したり、主張したりしてみて、要求がとおったら儲けもの、とおらなくても元々と考えているふしがある。こういう発想が、何かあるとすぐ集まってデモを起こすという社会現象に通じている。

この営業マンは性格が明るく、人懐っこく、粘りもあるので、期待していた一人だった。

その後、態度もあらたまり、仕事ぶりもよかったので、七月にショブラ地区のデポのセールス・リーダーに昇格させた。しばらくはリーダーとして真面目に仕事をしていたが、翌年になると身勝手な言動が目立ち出した。五月に三グラム品のパック（十カレンダー＝百二十サシェ）を定価の二十一エジプトポンドではなく二十二・五ポンドで販売し、差額を着服していた不正が発覚した。ペナルティとして、減給と営業手当（一日十二ポンド＝約百七十一円）の一年間の停止処分にしたところ、自分から辞めていった。

日々のトラブルは相変わらず数えきれないほどあったが、エジプト味の素食品社は営業基盤を着々と拡大していった。

二月にカイロ市内のナイル川右岸のショブラ地区に最初のデポを開設し、五月に同南部のトゥーラ地区に二つめのデポも開設した。営業チームは、ドッキ本社に車両二チーム、バイク二人、ショブラに車両一チーム、バイク一人、トゥーラに車両一チームとなった。

三月六日には、一日の三グラム品の販売が十ケース（一ケースは五・四キログラム）を超え、過去最高を記録した。

三月十九日――

カイロの東の郊外、ナスルシティにある見本市会場で十日間にわたるカイロ国際見本市が始まり、味の素は日本館に出展した。

ブースでは、味の素グループやキーメニューであるロッズの調理方法を紹介するパネルを展示し、島田やエジプト人社員たちが試食や販売を行なった。

最終日、宇治は、フーテンの寅の格好をして、啖呵売《たんかばい》をやった。

「さあ、エジプトの皆さんこんにちは。ものの始まりが一ならば国の始まりが大和の国、島の始まりが淡路島なら泥棒の始まりが石川の五右衛門、ここに持ってきた味の素はただの白い粉じゃない、ジーちゃんもバーちゃんもみんなの料理を美味しくするものだ」

頭に鉢巻を締め、ダボシャツに首から下げたお守り、腹巻姿の宇治は、寅さんになりきって口上を述べる。

後方のブースで、社員や臨時販売員のエジプト人女性らがせっせと味の素を販売する。

「角は一流デパートの黒木屋赤木屋白木屋で、紅おしろいつけたお姉ちゃんに下さい頂戴といっても五十や百は下らない代物、今日はなんと、うま味調味料味の素、ハムシーン・グラム・タラータ・ギニー、ノッス・キロ・アシャラ・ギニー（五十グラム三ポンド、半キロ十ポンド）」

数字のところだけアラビア語で、あとは日本語だ。

「さあほっかむりのお姉ちゃんも、オバＱ目出し帽のおばちゃんも寄ってらっしゃい見てらっしゃい」

威勢のいい口上に、エジプト人たちがどっと集まり、味の素が飛ぶように売れた。

五月下旬には、ナイル川右岸のカイロの庶民地区、サイイダ・ゼーナブで、ロッズに続くキーメニュー候補であるイフタール用スープのオンオフ試食会をやった。ほぼ全員が、味の素を入れたほうが美味しいという結果で、ラマダンが始まったらこのスープで攻勢をかけることにした。

去年のラマダンの頃にいた二人の営業マンは解雇したが、五月の時点で総勢十一人の営業マンがバッグを肩から提げて直販に従事するようになった。採用を担当している総務の男が、求める人材の特徴をよく理解するようになり、採用のコツも飲み込めてきたことや、一昨年の革命以来の経済不振で、買い手市場になったことが主な理由である。

エジプトの四大外貨収入源は、多い順に、観光、海外の出稼ぎエジプト人労働者からの送金、石油・ガス輸出、スエズ運河通行料だが、革命以前の水準を保っているのはスエズ運河の通行料収入だけだ。観光収入にいたっては、最盛期の三分の一に落ち込んでいる。

モルシー政権に対しては、青年勢力、リベラル、左派が「タマッルド（反抗、造反）」キャンペーンを開始し、大統領の辞任を求める署名活動が始まった。彼らが嫌ったのは経済不振もさることながら、社会の急速なイスラム化だ。モルシーが大統領になってからは、政府組織の幹部のみならず、公立学校の校長までムスリム同胞団メンバーにとって代わられた。

「タマッルド」は、大統領就任一周年にぶつける形で、六月三十日にタハリール広場における大規模デモを計画し、社会のイスラム化を嫌うコプト教徒たちもこれを支持した。

現地の日本人社会では、暴動は六月くらいに必ず起きるというのが共通認識になった。

宇治は四月に一時帰国した際に、総務リスク管理部と海外食品部に対し、①あと数ヶ月以内に革命のようなことが起きる、②そのときに備えて、島田は日本に帰任させる、③自分は三週間分の食料と水を備蓄してカイロで籠城する、という基本方針を説明し、了承をとった。

籠城することにしたのは、二〇一一年の革命の際に、脱出しようとする群衆で空港が大混乱し、トイレが糞尿で溢れ返っているような状態の中で、大勢の人々が何日も足止めを食ったことや、革命のようなことが起きるとしても、それは同胞団と反同胞団の争いで、外国人に矛先が向くことはないはずだと考えたからだ。

治安は坂道を転げ落ちるように悪化し、反政府デモや暴動が全土で日常化し、死傷者が頻繁に出るようになった。政府は軍の部隊を各地に緊急配備し、暴徒の抑え込みに躍起になった。

味の素がセールス活動を行う市場では、喧嘩が日常茶飯事となり、ナイフを振り回す者も数多く見られた。六月五日には、ザマレクのマリオット・ホテル前で、携帯電話をひったくられそうになって抵抗した日本人が、ナイフで数ヶ所を刺される事件が起きた。

六月十六日には、在エジプト日本商工会の会合で日本大使館の治安管轄の担当者が目下の状況について説明し、①六月三十日は今年最大級のデモになり、治安部隊との衝突の可能性がある、②タハリール広場、大統領官邸付近などでは投石や放火が起こり得る、③米国大使館はすでに六月三十日の休業を発表しているが、日本大使館は今のところ開館予定、といったことを話した。

六月二十日には、お祈りのために駐車していた味の素の営業用のスズキのバンのガラスが叩き割られ、空の現金バッグが盗まれ、その翌日には、別のスズキのバンが一台そっくり盗まれた。宇治は、すぐ保険会社に連絡し、補償金受け取りの手続きをした。弁護士からは「こういうときは、犯人から身代金のように金の要求がある。警察に届けてもよいが、あてにならないので、身代金を払うのがエジプトでは一般的です」といわれた。

六月二十三日には、カイロの近郊で四人のシーア派教徒が大勢のスンニー派住民によって暴行・殺害され、遺体を街頭で引きずり回され、家に放火されるという事件が起きた。モルシーの出身母体のムスリム同胞団も、それと手を組んだアズハル機構もスンニー派で、シーア派に対する社会の敵意を黙認した。

六月二十五日、ガソリン不足が激しくなり、味の素のカイロの南のトゥーラのデポは営業用のバンに給油ができず、一日セールスを休止した。

六月二十六日、朝、味の素のオフィスの近くのナイル川にかかるエル・ガラア橋が、付近のガソリンスタンドから延びる給油の車列で、まともに通れなくなった。

カイロをはじめとする大都市では、大規模な衝突を回避するため、軍の装甲車が展開された。

その晩、モルシー大統領は国民に対して緊急演説を行い、自分にも誤りがあったと認め、憲法の修正協議を提案する一方、反体制派を名指しで非難し、かえって事態を悪化させた。宇治は、日本人の知人たちと夕食をとった際に、ガソリンスタンドで割り込みをした人間が殺害される事件が二件あったと知らされた。

エジプト味の素食品社は、六月二十九、三十日の両日、休業することにした。銀行がいつ開くか分からないので、六月分の給料は現金で準備した。

六月二十八日、金曜礼拝のあと、各地で反政権派と政権支持派のデモが始まった。反政権派の若者たちがカイロのタハリール広場を封鎖して、車両が入れないようにし、デモ参加者が続々と集まり始めた。政権支持派はムスリム同胞団本部や大統領宮殿付近に集まり、国歌を歌ったり国旗を振ったりしながら、大統領への支持を訴えた。アレキサンドリアでは、衝突を撮影していた二十一歳の米国人の学生が何者かによって刺殺された。保健省は二十六、二十七日の二日間で、両勢力の衝突などで三人が死亡し、四百六十七人が負傷したと発表した。

六月三十日――

Xデーがやってきた。

宇治は終日、フラットに留まって、テレビ、インターネット、フェイスブックなどで情報収集をした。タハリール広場は、二年前の革命のときより多い二十万人とも五十万人ともいわれる反モルシー派の人々で溢れ返っていた。しかし、政権支持派がそちらに向かわず、カイロ東部のナスルシティ地区に向かったため、衝突は起きなかった。一方、ムスリム同胞団の本部があるモカッタムは火の海になり、宇治は、もし会社がドッキ地区に移転していなかったらと思うと、ぞっとした。

両派のデモの規模はエジプト全土で二千七百万人にまで拡大し、事態は膠着状態に入った。

七月一日――

前日夜半からガソリンの供給が再開し、二十分も行列すれば給油できる状態まで回復した。供給不足の原因は、政府がデモへの参加を妨害しようとやっていたとか、逆に軍がモルシー政権への反感を煽るためにやったとか、色々な噂があった。

エジプト味の素食品社は営業を再開し、新たなキーメニューであるイフタール・スープのポスターの配布も開始した。

午後四時三十分、軍のトップであるアブドル・ファッタ―フ・シーシー国軍総司令官兼国防相が国営テレビ局をつうじて声明を出し、モルシー大統領に四十八時間以内に国民の要求に応え、事態を収拾することを求め、それができない場合は、軍が独自の再民主化に向けて行程表を発表するとした。事実上のクーデターである。

間もなく、軍のヘリコプターが、タハリール広場に詰めかけた群衆を勇気づけるかのように、エジプト国旗をはためかせながら低空で飛行し、群衆は歓呼で迎えた。

これに対し、「タマッルド」の主催者、イスラム教初期の原則や精神への回帰を目指すサラフ主義政党、警察、司法界などが直接・間接に支持を表明し、社会の流れは一気に反モルシーへと傾いた。

七月二日――

この日もカイロの市場ではいつもどおり商いが行われ、味の素の売上げも通常と変わらなかった。

宇治は、籠城に備えて少しずつ食料品を備蓄し始めた。

夜、モルシーが、大統領として最後となる四十五分間の演説を国営テレビをつうじて行なった。銀縁眼鏡をかけ、半白の口髭の顔に怒りと焦燥感を滲ませ、「国民は、自由で公正な選挙でわたしを選んだ。この正当性こそが我が国を守り、流血を避ける唯一の道だ。正当性を守る対価がわたしの血であるのなら、血を流す準備はある」と強硬姿勢を示した。

夜になると、宇治のフラットの近所から銃声、車のクラクション、叫び声などが何度も聞こえてきた。あとで分かったが、歩いて三分ほどのアフマド・オラビー通りで大きな衝突があり、一人が死亡し、歩いて五分ほどの場所でも銃撃戦で二人が死亡していた。

午後十一時過ぎ、宇治の携帯電話が鳴った。

「ミッ、ミスター・ウジ……、アイ・キャーント・カム・トゥ・ジ・オフィス・トッ……トゥモロ
ー（う、宇治さん……僕、あ、明日、会社に行けないです……）」

（ん？　泣いているのか？）

泣きながら電話をかけてきたのは、会計担当の男だった。

年齢は三十歳過ぎで、カイロ大学商学部を出ている。柔道の経験がある巨漢で、仕事はあまり速くないが、絶対に不正はしない誠実さを宇治は評価していた。

「ホワット・ハプンド？（何があったの？）」

「デッド・ボディーズ……デッド……、アイ・ソゥ・ゼム・ジャスト・イン・フロント・オブ・ミ
ー（死体です……死体……目の前で見たんです）」

声が震えていた。

「落ち着きなさい。今、どこにいるの？」

「家です。今、外から戻ったところです」

それを聞いて、宇治は思わず顔をしかめた。

社員たちには不用意に外出しないよう指示してあった。しかし、教育のある若者たちは皆反モルシーで、会計担当の男もデモに参加したようだ。

この日、カイロ大学前で大統領支持派のデモが武装した集団に襲撃され、十六人が死亡し、約二百人が負傷した。タハリール広場でも銃声が鳴り響き、催涙ガスが使われた。


七月三日――

開戦前夜のような、ものものしい雰囲気の朝を迎えた。

この日、午後五時に軍がモルシー大統領に突きつけた四十八時間の期限が到来する。

エジプト味の素食品社からわずか二キロメートル強という目と鼻の先のタハリール広場は、テントなどで夜明かしした群衆でぎっしりと埋め尽くされていた。

宇治は朝礼で、六人の若い営業マンたちを前に訓示をした。

「エジプトは大変な状況になっているけれど、スーク（市場）はいつも通りで、何も変わっていません。人々はどんな状況でも、美味しい物を食べたいと思っています」

宇治の英語の言葉を、揃いの赤いポロシャツの営業マンたちがじっと聞く。半分くらいは短めの顎鬚《あごひげ》をたくわえ、全員が日々の営業活動で陽焼けしている。シャツの左胸には白いお椀のマークと味の素の文字が入っている。

「我々の責任は、そうした人々の生活に貢献することです」

話を聞く営業マンたちの表情は、高揚感に溢れていた。

軍が大統領を退陣させ、国を変えてくれることに大きな期待を抱いているのだった。

「こんな状況でも、味の素を待っている人たちがいるのだから届けよう。我々は人々に美味しさと幸せを届けているのです。グッド・セールス！　イン・シャー・アッラー」

朝礼が終わると、営業マンたちは笑顔で出て行った。

その日も前日同様、市場では普段と変わらぬ商いが行われ、味の素の売上げは普段より多いくらいだった。

午後三時前、営業マンたちは帰社した。いつもはだらっとした感じがあるが、この日は打って変わって、何かを成し遂げたような充実感に溢れた表情をしていた。

バイクセールスの営業マンが売上げの新記録をつくったので、皆で記念写真を撮って祝った。


夜、宇治はフラットでカレーライスの夕食をとり、英語のナイルTV、BBC、アラビア語のアル・ウーラーTVの三つのチャンネルを代わる代わる観ながら、情勢の推移を追った。

午後九時、テレビでシーシー国防相の会見が始まった。

憲法を停止し、モルシー氏から大統領権限を剝奪すること、最高憲法裁判所のアドリー・マンスール長官が暫定大統領に就任し、大統領選挙と人民議会選挙を早急に実施することなどを発表した。

発表を受け、宇治のフラットの周囲では銃声か花火か分からない破裂音や車のクラクションが鳴り響き、八階の部屋の窓から、タハリール広場に向かって歩き出す人々の姿が見えた。

テレビでは、タハリール広場を埋め尽くした群衆が花火を打ち上げ、歓喜している様子が映し出された。音声は歓呼の声が地鳴りのように響き渡るのを伝えていた。一年前、モルシーの大統領当選が発表され、群衆がこぞって歓呼の雄たけびを上げた場所とは思えない振り子の振れようだ。

同じ頃、大統領宮殿から二キロメートルほど離れたラービア・アダウィーヤ・モスクなど市内の複数の場所で、ムスリム同胞団の支持者たちがヘルメットや棍棒で武装し、コンクリートブロック片を道路に積み上げて封鎖し、モルシー大統領の正当性を訴える集会を開いていた。

オバマ米大統領は「モルシー大統領を退陣させ、憲法を停止したエジプト軍の決定を深く懸念する」という声明を発表し、フランスのオランド大統領は「民主的に選出された大統領が退陣させられるのは、(民主主義の) 失敗だ」、英国のヘイグ外相は「民主政治の問題解決に軍が介入することは支持できない」と述べ、国連の潘基文事務総長はエジプトのアムル外相との電話会談で、軍の介入に対する深い懸念を伝えた。

七月八日——

朝六時、宇治は、携帯電話の着信音で起こされた。

「ミスター・ウジ、すぐにテレビを観て下さい!」

電話をかけてきたのは、総務担当の男だった。

「テロリストが共和国防衛隊の本部に侵入して銃撃戦になって、同胞団員三十人が死亡しました!」

「ええっ⁉」

宇治はいっぺんに目が覚めた。

「テロリストたちが、カイロ市内に逃げ込んでいます！」

急いでテレビをつけると、BBCもナイルTVも「URGENT（緊急速報）」のテロップを付けて事件を報じていた。

共和国防衛隊は、大統領を警護するエジプト軍の部隊で、本部はカイロ北東部のヘリオポリスにある。ここにモルシー前大統領が拘束されていると見られ、ムスリム同胞団員らが抗議デモを行っていた。彼らが夜明け前のお祈りをしているとき、武装集団が現れて銃撃してきたという。しかし、情報が錯綜しているようで、アナウンサーも事態を十分把握していない様子だった。

（これは危ないぞ！）

宇治は直感し、前日から営業を再開した会社を休業することにして、総務担当の男と手分けして、社員たちに連絡した。巨漢の会計担当の男がなかなか起きないので、参った。

その後、本社の定期連絡メンバーに緊急で事態を報告した。

午前八時半に日本大使館の治安担当者と日本商工会メンバーに「今朝の事件で休業」とメールすると、まだ事件を知らないメンバーたちから「何があったんですか？」という電話が立て続けにかかってきた。

その後、銃撃事件で少なくとも五十一人が死亡し、四百三十五人が負傷したことが分かった。軍は武装テロリストによる襲撃であるとしたが、同胞団側は、事態の混乱を狙った軍と警察の私服要員の仕業であると主張した。

同胞団に次ぐイスラムの第二勢力であるサラフ主義のヌール党は、デモ隊が銃撃されたことに抗議し、暫定政権樹立のための交渉から離脱すると発表した。

モルシーと同胞団を支持する勢力は、カイロ市内北東部のラービア・アダウィーヤ広場とカイロ大学前のナフダ広場に座り込み、抗議を続けた。また「正当性を支持する国民連盟」を結成し、全国各地で抗議デモを行なった。

カイロなど主要都市では、死傷者が出る銃撃戦や衝突が日常化した。街のあちらこちらに軍の戦車や装甲車が展開し、自分たちの地域にデモ隊が入らないようにしようと自警団も活動していた。道路の敷石は投石に使うためにはがされ、同胞団が古タイヤを積み上げて燃やし、道を封鎖したりしていた。宇治のフラットの周囲でも銃声が聞こえることがあり、日没後はなるべく外出しないようにした。

しかし、表通りを外れ、庶民の市場に一歩足を踏み入れると、光景は一変し、普段と変わらぬ暮らしが営まれていた。ごみや野菜くずが散乱する道に沿って軒を連ねる間口一間ほどの食料品店や米穀店は商品を店頭いっぱいに陳列し、八百屋は木の台の上に野菜や果物を積み上げ、女たちは道端で群がる蠅を追いながら魚や肉を商い、肉屋は生きた鶏やウサギの籠を並べ、ガラベーヤ姿の雑貨売りの男はサンダルを満載したリヤカーを曳き、色とりどりのヒジャブを頭に巻いた女たちや、頭からつま先まで真っ黒な服装の女たちが買い物かごを提げて行き交い、店主と値段の交渉をし、味の素のセールスマンたちが、真っ赤な揃いのポロシャツの肩に大きなバッグを提げ、セールスをして歩いていた。

七月九日から、宇治が赴任して二度目のラマダンが始まり、夕方、ランタンが灯り始めると、人々はお祈りを捧げたり、イフタールをとったりした。味の素は新たなキーメニューのイフタール・スープのチラシやポスターを配った。

七月三十一日には、会社のイフタールをドッキ地区の肉料理店で開いた。路上にせり出した長テーブルに全社員二十人が揃った光景を見て、宇治はようやく組織が出来上がってきた喜びを感じた。前年同様、アザーンの開始とともに全員ががつがつと食事を始め、年に一度の会社の宴会はわずか三十分で終了した。物乞いがやってきて、テーブルの上にあまっていたエーシュ（パン）を恵んでくれというので、恵んでやった。

翌日、仕事を休んだ営業マンが三人いて、昨年同様、宇治を落胆させた。

八月十四日――

ラマダンに続く三日間のお祭り「イード・ル・フィトル」が明けて六日目の朝、宇治は自宅のフラットで目覚め、居間にあるテレビをつけた。

次の瞬間、戦場のような光景が目に飛び込んできた。

カーキ色の装甲車がモルシー支持者たちが居座る広場を包囲し、ヘルメットに銃で武装した黒ずくめの治安部隊員たちが人々を拘束していた。

いくつもの大きな火の手が上がり、渦巻く黒い煙の中から逃げ惑う人々が飛び出して来ていた。モルシーの大きな写真を掲げ、抗議の叫び声を上げる人々もいる。

ヘリコプターが低空で旋回し、ラウドスピーカーで退去を命じている。

（強制排除が始まったのか!?）

前日、カイロ市内の数ヶ所で同胞団支持者と住民が衝突し、警察の治安部隊が出動する騒ぎになった。その夜、軍の幹部が国営テレビをつうじ、座り込みを続けているモルシー支持派を数時間後に強制排除すると宣言した。

（これは休業にしなくては！）

宇治は自分の携帯電話を手に取る。

（ん？　つながらない？　どうしてだ!?）

画面に現れた総務担当者の名前を何度タップしても、電話が全然つながらない。

（カイロ大学前でも強制排除をやってるから、その影響か？　それともこのスマホが駄目なのか？）

宇治は焦る。

（そうだ！　島田の携帯があった）

立ち上がって、六月に日本に帰任した島田の携帯電話を手にし、充電しながら総務担当の男に電話をかけた。

今度はつながった。

「ハロー、ウジ・スピーキング」

「ミスター・ウジ。携帯がつながらないので、どうしたかと思ってました」

相手は少し前から電話をしていた様子。

「強制排除が始まったみたいだね。今日は休業にしよう」

「はい。そうだと思って、みんなに連絡しました」

「ああ、そう。それはよかった！」

こういうときに備え、権限委譲をしてあったのが役に立った。

その日、宇治は本社にメールで状況を報告したあと、テレビのチャンネルを替えながら、事態の推移を見守った。

画面に映し出される光景は、まるで戦争映画だった。

催涙ガスの白煙、テントなどが燃える赤い炎と黒煙、叫びながら逃げ惑う人々、パーン、パーンと響き渡る銃声、怪我をした人を二、三人がかりで抱え、必死の形相で走る男たち、両手を上げて投降する人々、棍棒で頭を叩き割られる人、血だまりの中で倒れたままの死傷者たち、ビルの屋上から治安部隊に向かって投石する人々、別のビルの屋上から逃げ惑う人々を狙撃する黒ずくめの治安部隊員たち、モルシーの顔写真入りの横断幕や積み上げられた土嚢やコンクリート片を突き崩すブルドーザー、装甲車の上から人々に向けてバンバンバンバンと銃弾を発射する治安部隊員……。

強制排除は夕方までにほぼ終了したが、治安部隊は女性や投降する人々まで実弾で銃撃した。ラービア・アダウィーヤ広場とカイロ大学前のナフダ広場の二ヶ所で少なくとも八百十七人が死亡し、三千九百九十四人が負傷した。また「スカイニュース」の英国人カメラマンなどジャーナリスト四人も死亡した。

暫定政権は、カイロやアレキサンドリアなど十四県で、午後七時から朝六時までの外出禁止令を発した。

米国のオバマ大統領は「エジプト暫定政権および治安部隊の行動を激しく非難する」とし、来月に予定されていたエジプト軍との合同軍事演習を中止した。英独仏の政府はそれぞれエジプト大使を呼んで抗議し、スウェーデンのビルト外相は「ＥＵとＩＭＦはエジプトに対する支援計画を見直すべきだ」と述べ、トルコのエルドアン大統領は国連安全保障理事会の即時開催を求めた。

また暫定政府のエルバラダイ副大統領（前国際原子力機関事務局長）が強制排除に抗議し、辞意を表明した。

それに続く十日間は、エジプト全土で流血と報復の惨事が繰り返された。モルシー支持派は全土で抗議デモを行い、政府の事務所を襲撃し、治安部隊と衝突した。同胞団支持者らはカイロ中央駅のそばのファタハ・モスクに立てこもり、治安部隊と銃撃戦を展開し、シナイ半島北部のラファで治安部隊員が乗ったバスを襲撃して二十四人を殺害し、二十一ヶ所の警察署と、少なくとも三十六のコプト教会を焼き討ちした。警察側は、拘留していた同胞団支持者三十六人がカイロ郊外の刑務所に移送される途中、逃亡を図ったとして殺害した。この間、エジプト中北部のミニヤ県にある国立博物館が略奪に遭い、ミイラやスカラベをはじめとする約千点の考古遺物の大半が持ち去られた。

日本の外務省は、危険情報スポット「３・５（できるだけ国外に出ることを検討して下さい）」を出し、日本人学校は教員とその家族、ＪＩＣＡは青年海外協力隊員と専門調査員およびその家族の計四十五人、日本大使館は館員の家族全員と研修生の計四十人を国外に退避させ、民間企業も退避を始めた。

一方、エジプト味の素食品社は、強制排除から四日目の八月十八日には、普段より勤務時間を一時間短縮した上で営業を再開した。カイロ市内のすべての橋の出入り口に装甲車が配備され、あちらこちらで検問が行われていた。コプト教徒の店は襲撃を恐れて閉めているが、スークの人通りはいつもと変わらず、人々は陽気に商売をしていた。身の危険を感じることもなかった。デモ隊と治安部隊が衝突しそうだという情報が入れば、その地区を担当するチームに急いで連絡し、帰社させた。社員のうち運転手と営業マン一人が同胞団支持者で、運転手のほうは敬虔なムスリムの象徴である顎鬚を剃ったが、営業マンのほうは顎鬚をたくわえたままなので、商店主からしばしば追い返された。八月二十二日には、オフィスのすぐそばで銃声十発が鳴り響き、周囲も騒然となった。運転手とオフィスボーイが外に飛び出して行こうとしたので、宇治は止めて、「非常時は身を守ることが最優先。情報はテレビや電話で集めること」と命じ、門とドアを施錠した。

銃撃戦や爆弾テロは散発的に続き、宇治のフラットの近くで、ムスリム同胞団のシンボルである四本指のマークを掲げて太鼓を叩きながら歩くデモを見かけたりもしたが、武力で勝る政府側が同胞団側を屈服させていった。四本指のマークは、去る八月に強制排除が行なわれ、多数の死傷者を出したラービア・アダウィーヤ（八世紀頃の女性のイスラム神秘主義者）広場の「ラービア」がアラビア語の「第四の」を意味することから来ている。

その後、治安は徐々に落ち着き、八月二十四日には夜間の外出禁止が二時間繰り下げられ、午後九時から朝六時までになった（ただし金曜日は従来通り）。

これを受けて、エジプト味の素食品社は営業時間を通常に戻した。八月二十九日には、ナイル川デルタ地方の市場開拓のため、ショブラ地区の営業マンたちをカイロの北東約七六キロメートルのザガジグに送り込んだ。

十一月四日には、モルシー前大統領の初公判が、カイロの東の郊外にある警察学校内に設けられた特別法廷で開かれた。罪状は、反モルシー政権のデモ隊を襲撃するよう扇動し、少なくとも十人を殺害させた罪などで、ムスリム同胞団幹部十四人も一緒に起訴された。警察学校にはモルシー支持者らが押し寄せたが、有刺鉄線と治安部隊によって押し止《とど》められた。

この日、カイロ市内の学校はすべて臨時休校となり、多くの会社も休業した。道がすいていたので、味の素のセールスは普段よりスムーズだった。

5

翌二〇一四年六月十五日――

宇治は社長室に、営業マンの一人を呼びつけた。

国会議員の息子で、最初に面接したとき「父親の選挙のときは十日間ほど有休を取ります」というので、いったん不採用にしたが、なかなか営業マンが採れない時期だったので、七ヶ月後に迷いながら採用した。

自分の車も持っているボンボンで、イスラム教徒なのにおおっぴらに酒を飲み、ドラッグを使っているという噂もあった。しょっちゅう遅刻したり休んだりで、仕事も手抜きが多かった。ワーニング・レターを出したこともあるが、カエルの面に小便だった。

一ヶ月ほど前も、夕方、みんなが協力してアレキサンドリアに行く営業用のバンに商品の積み込みをしていると、一人だけお洒落な服装をして帰ろうとしていたので、手伝うようにいうと、「わたしは用事があるんです」と従わない。「十五分遅れると相手にいいなさい」と命じ、社長室に呼んでワーニング・レターを手渡し、頻繁な遅刻や免許を忘れて営業に出られなかったことなど、問題点を指摘した。てっきり自分から辞めるものと思って、退職関係の書類も用意していたが、「おっしゃるとおりです」と、あっさりレターにサインし、「次から気を付けます」というので、拍子抜けした。

しかしその後も態度が改まることはなかった。

同僚と二人で北のスエズ運河沿いの町スエズに出張したときは、一カレンダーのインボイスが五件という、さぼっていたのが明らかな伝票枚数で、やましいのか、宇治のところに日報のサインをもらいに来なかった。

「きみはどうしてそんなに休んだり、遅刻したりするのかね？」

その日、宇治は、男をクビにするつもりで切り出した。

宇治の社長用デスクの前の会議用のテーブルに、宇治から見て左側に営業マン、右側に総務担当の男がすわっていた。

「二回もワーニング・レターをもらいながら、何の改善もないのは、なぜなんだね？」

総務担当の男が宇治の英語をアラビア語に通訳する。

営業マンは黙ってその言葉を聞いている。ヨーロッパ人とのハーフのような風貌のにやけ顔で、すらりとした体型をしていた。

「やる気がないんなら、今すぐほかの仕事を探したほうがいいと思うけどね」

強い口調でいうと、相手はようやく観念した。

「分かりました。辞めます」

あっさりいって、総務担当者が差し出した退職の書類にサインを始めた。

（この男には、何をいっても響かないのか？）

悪びれたふうもなく、さらさらとサインをする男を眺めながら思う。

（家が金持ちだから、労働とか金を稼ぐという発想自体が最初からないのか？）

サインし終わると、営業マンは総務担当の男の執務室でしばらく話し合ったあと、帰って行った。


二週間後――

島田の後任の販売部長である石崎嘉一は、ドッキのオフィスで仕事をしていた。

三十一歳の石崎は、早稲田大学を卒業し、最初に五年ほど中国支店で山口県や広島県の営業を担当した。その後、海外食品部でうま味調味料の海外での事業支援に携わり、昨年九月、カイロに着任した。大柄で髪も眉も黒々とし、精神的にタフで、落ち着いた人柄である。毎日営業マンたちに同行し、ＯＪＴでグリーンベレー・ウェイを教えているが、この日は月に二回ある内勤日だった。

足音がして、誰かがオフィスに入って来た。

視線を向けると、辞めた議員の息子の元営業マンだった。

石崎に軽く目で挨拶をすると、元営業マンは奥にある総務担当者の部屋に入って行った。つい先日、残りの給料を受け取りにやって来たとき、口論になって足元にネズミ花火のような発火装置を投げつけ、「二度と来るな」といわれていた。

しばらく話し合っていたが、やがて激しい口論になった。

「グワアーッ！」

「ギャアーッ！」

部屋から大きな悲鳴が聞こえたかと思うと、元営業マンが飛び出して来て、走って逃げて行った。

（ん、なんだこれは⁉）

総務の部屋から白い煙が漂ってきた。

椅子から立ち上がった石崎は、目がちかちかするので驚いた。

「ガハッ、ゲホッ……ティアーガス（催涙ガス）にやられた！　め、目が見えん！」

総務の男が両目を手で押さえ、ガスが充満した部屋からよろめくように出て来た。同じ部屋にいたオフィスボーイ（雑用係）の年輩の男も、催涙ガスを浴び、苦しそうな顔をしている。

二人は部屋の前にあるキッチンに駆け込むと、水道水でじゃばじゃば目や顔を洗った。

「ミスター・イシザキ、これから病院に行きます」

二人は、流れ出る涙や鼻水をハンカチでふき取ったりしながら、必死になって石崎にいった。濡れた顔や胸のあたりが赤くなっていた。

「うん、もちろん。今日はもう帰宅していいから」

石崎も目と鼻をハンカチで押さえ、オフィスのすべての窓を開けさせた。

この日、宇治は、グリーンベレーのベテランで常務執行役員の村林誠のカイロ市内視察に同行していた。石崎は直ちに宇治の携帯に電話をかけ、事件のことを報告した。

　五月二十六日から二十八日まで、日中の最高気温が四十度に達する炎暑の中、大統領選挙が行われ、前国防相でクーデター後の暫定政権の副首相を務めたアブドル・ファッターフ・シーシーが九二・九パーセントという高い得票率で当選した。対抗馬だった左派政治家のハムディーン・サバーヒーは、「自由な社会」を掲げ、二〇一一年の政変の原動力となった若者層への浸透を図ったが、メディアがシーシー礼賛のキャンペーンを繰り広げ、若者層が現状に失望して投票を棄権したため、まったく歯が立たなかった。ムスリム同胞団支持勢力の多くも棄権し、投票率は四七・五パーセントと低調だった。

　治安はだいぶ落ち着いてきていた。昨年十一月にすべてのデモを文書による届け出制とし、参加者が覆面で顔を隠したり、武器を携行したりすることを禁じる法律が成立したことや、治安機関が強権的にデモやムスリム同胞団の活動を取り締まったことが功を奏した。

　それでも警察、軍、政府機関、地下鉄などを標的にした襲撃や爆破事件が毎月のように起き、毎回、数人から二十人超の死者が出ていた。

　さらにシリア北部のラッカを「首都」とするアルカーイダ系のイスラム過激派組織ＩＳＩＬ（イラク・レバントのイスラム国、自称ＩＳ＝イスラム国）がシリアとイラクで急激に勢力を伸ばし、米国人記者の首を刎ねて殺害したりしていた。彼らがエジプトに勢力を拡大し、邦人を誘拐したりしないとも限らないので、この年四月からカイロ日本人会の会長になった宇治は、邦人保護のため大使館や各社の代表者と定期的に話し合いを持った。

八月二十三日――

午前中、宇治が社長室で仕事をしていると、洒落た服を着た議員の息子の元営業マンが突然入って来た。

目つきや雰囲気から、明らかに与太者と分かる男も一緒だった。

「何の用だ?」

宇治は厳しい眼差しでいった。

「残っている給料と書類をもらいに来たんだよ。俺の権利だからな。出してもらおう」

従業員の採用にあたっては、出生証明書や徴兵に関する証明書の原本を預かっていた。

「まずそいつを外に出せ。ここはそういう人間の入って来る場所じゃない」

宇治が与太者を目で示していった。

元営業マンがアラビア語で何やら話すと、与太者は威嚇するような視線を宇治に投げつけ、部屋から出て行った。

「お前ねえ、自分のやったこと、分かってるのか?」

宇治が訊いた。

「催涙ガスを人の顔に向けて撃ったんだぞ。今日も持ってるのか?」

「ああ、持ってるさ」

元営業マンは、にやけた顔に薄笑いを浮かべた。

「あいつも持ってるし、外の友達も持ってる。みんな持ってる」

「そんな人間とは話す気はない。すぐに出て行け」

「金を寄越さないつもりか？」

「お前が自分のやったことを反省して、謝るのが先だろう。親父とよく話をしろ」

一歩も退かずに叱りつけると、相手はアラビア語で捨て台詞を吐き、退散した。

催涙ガス事件のときは、村林常務が出張で来ていて忙しく、総務担当の男も「今警察に届けると、何度も出頭しなくてはならなくなって面倒だ。それに警察はたいしたことはしてくれない」というので、そのままにしておいた。

しかしこの日は、警察官を呼び、日本大使館の領事部から警察に対して申し入れもしてもらったところ、ドッキ警察署の幹部がやって来た。その後、宇治は弁護士とともに警察署に出向き、調書を作成してもらった。


翌日、元営業マンの父親である議員がオフィスにやって来て、残りの給料と書類を受け取って帰って行った。禿頭で恰幅のよい父親は、ネクタイを締め、いい背広を着て、いかにも上流階級の人間という感じだった。応対したのは主に総務の担当者だったが、父親は息子から適当な話を聞かされていたようで、しきりに謝っていた。金持ちが息子を甘やかすとこうなるという、見本のような親子だった。

十二月上旬——
カイロは冬に入り、日中は涼しくて過ごしやすいが、朝晩はジャンパーを着ないと寒い季節になった。

宇治はオフィスで前日のセールスレポートを読んでいた。この頃には、二人のスーパーバイザーの下に、七チーム・十四人という営業体制になっていた。

レポートは、販売部長の石崎がエクセルで作成したものだった。その日の販売実績、回訪ルート、回訪した市場の特徴・販売状況・今後の販売戦略などが詳細に記されていた。「気づき」の欄には、営業マンたちに関する所見が書かれていた。

〈○×は靴下をはいていなかった。忘れたらしい。ペナルティ六LE（エジプト・ポンド）となるわけだが、何とも間抜けな感じ。数字にこだわったり、時間があればMR（マーケティングリサーチ）したりと良い面はあるのだが、いかんせん社会人としての常識の欠如が激しく、改善の見込みがない。〉

マーケティングリサーチとは、路地を回って新規の店を探すことだ。

〈○△はやはり微妙。たまに遅刻や突発休、ノーショウを起こすが、クビにするほどひどくはない。が、ぱらぱらしょうもない問題を起こしたり、集中力がなかったり、お喋りが止まらなかったり、得意先との接し方が横柄であったりと、全体の営業レベルは低い。明るい良い笑顔を持っているだけにもったいないが、二年間やってこのレベルという点をどう評価し、対応するかは契約更新時の悩みのたね。〉

その下に「その他」の欄があり、九項目ほど、雑感や連絡事項的なことが書かれていた。

（あっ、またこんなことといってきたのか⁉）

連絡事項の一つを読んで、宇治は軽くため息をついた。

トゥーラのデポの営業マンの一人が、カイロの南一一五キロメートルのベニ・スエフの町への出張営業を拒んでいるという。最初は「食あたりを起こした」といっていたが、その後、ベニ・スエフにいる親族にセールスをやっている自分の姿を見られたくないのだと本心を打ち明けた。

その営業マンは、黒々とした顎鬚《あごひげ》をたくわえたイスラム教徒で、以前、カイロで小学校の先生をしていた。先生を辞めたのは、給料が安いからだという。

（ロバには見られたくない、か……）

宇治も以前、ショブラ地区のデポの営業マンから同じような担当地域替えを願い出られたことがあった。やはり親族がいる地域の営業には行きたくないというのが理由だった。最初はいったいどういうことなのかまったく理解できなかったが、この国では、目ざとくテークチャンスし、汗を流すことなく口利きをしたり、商品を右から左に動かしたりして大金を儲ける人間が利口で、汗水たらしたり、人にぺこぺこしたりして地道に働くのは「ロバ」だと馬鹿にされるのだった（エジプトでは、ありとあらゆる場所でロバが荷車を曳かされている）。日本とは真逆の価値感だが、これがエジプトの社会だ。営業マンに限らず、実績も熱意もないくせに、楽をして一儲けしようと、「自分を味の素のソール・ディストリビューター（独占販売代理店）にしてくれ」と、臆面もなくいってくる人間も数多くいる。

（まあ、そういう理由なら、仕方がないか……）

以前のケースも、担当エリアを変えて対処した。

今回いってきたトゥーラの営業マンは、セールストークは上手く、販売力はあるが、それ以外のことはやりたがらない欠点があった。継続的に買ってくれている店を回訪しない、取引先の店頭の商品の陳列や掃除をしない、上司であるスーパーバイザーの指示に従わない、同僚と喧嘩をして相手の手を噛む、といった問題行動が見られた。

結局、ドッキの本社に異動させ、レストランなどの外食店への販売担当とし、再教育することにした。

6

翌二〇一五年一月十六日——

宇治は、カイロ日本人会会長として、カイロ市内中心部、ガーデンシティ地区にある「フォーシーズンズ・ホテル・アット・ナイル・プラザ」三階の一室で、日本の安倍晋三首相を迎えた。

首相は、六日間の日程でエジプト、ヨルダン、イスラエル、パレスチナ暫定自治区の歴訪を開始したところで、この日の午後四時頃、政府専用機でカイロ空港に到着した。

宇治は、事前に在エジプト日本商工会会長の伊藤忠商事カイロ事務所長とともに、空港のタラップの下で首相を出迎えてもらえるかと打診され、応諾していたが、直前で取り止めになった。

首相は、カイロに到着後、世耕弘成官房副長官をはじめとする政府関係者や、商社・ゼネコンなど約四十社の財界人を引き連れ、日本の支援で建設が進められているギザの「大エジプト博物館」の現場を視察してから、ホテルにやって来た。

「安倍です」

ダークスーツの左の襟に議員バッジを着け、赤茶色と銀色のストライプのネクタイを締めた首相は、笑顔で右手を差し出した。寝起きのように、頭髪が少し跳ねていた。

宇治が畏まって握手を交わすと、首相の手はマシュマロのように柔らかかった。

（うーん、この人は生まれてこのかた、力仕事や水仕事とは無縁の人生を送ってきたんだろうなあ……）

「味の素の宇治です。日本人会会長を仰せつかっております」

白いワイシャツに落ち着いた青と濃紺の柄のネクタイを締め、ダークスーツの左の襟に会社のバッジを着けた宇治がいった。

「それはご苦労様です」

首相は微笑をたたえていった。

そばにエジプト駐劄《ちゅうさつ》の香川剛廣《たけひろ》大使と、日本からやって来た随員が付き添っていた。

「伊藤さんは？」

首相が訊いた。口調は丁寧で、現地の日本人ビジネスマンに対する敬意が感じられた。

「今晩の便で着いて、明日の朝から合流させて頂く予定です」

味の素の伊藤雅俊社長は、秘書室兼経営企画部の男性社員をともない、深夜に到着するブリティッシュ・エアウェイズの便でやって来ることになっていた。

首相の昭恵夫人は、その場にはいなかった。カイロの女性たちとの会合に出席しているということだった。日本食レストラン「牧野」に勤務している、昭恵夫人と立教大学の同窓で、日本にいた頃から夫人と親しい日本人女性にあとで聞くと、カップラーメンなど色々な日本食を土産にもらったという。

その晩、安倍首相はフォーシーズンズ・ホテル・アット・ナイル・プラザのイタリアン・レストラン「ベッラ」で、日本・エジプト経済合同委員会のイブラヒム・エル・アラビー委員長主催の夕食会に出席し、翌日、経済合同委員会の会議やシーシー大統領との首脳会談に臨んだ。首相は、中東全体で二十五億ドルの経済支援、ISIL対策として周辺国に約二億ドルの支援、アレキサンドリアの空港や電力網の整備のためエジプトに三億六千万ドル相当の円借款供与を行うことなどを表明し、次の訪問地ヨルダンに向かった。

伊藤雅俊社長は、経済合同委員会の会議と安倍・シーシー拡大首脳会談に出席したあと、エジプト味の素食品社のセールスに同行し、ドッキのオフィスでエジプト人社員たちを激励した。

一月二十九日——

仕事を終え、アグーザのフラットに帰宅した宇治は、パソコンの前にすわり、インターネットのニュースなどをチェックした。

(むっ、何だこれは⁉)

スクリーンに表示された記述を見て、表情を曇らせた。

(二月十一日までにエジプトから退去しない外国人は、標的にされる……?)

見ていたのは、カイロ在住のイスラム思想研究者、飯山陽《あかり》氏のブログ「どこまでもエジプト」

だった。同氏が、毎日アラビア語の新聞やニュースを翻訳して解説しており、日本のどのメディアよりも情報が早いので、帰宅後にチェックするのを習慣にしていた。

その日のブログには、ムスリム同胞団の衛星テレビ局「ラービア」をつうじ、「革命的懲罰運動」と名乗るグループが、エジプトに滞在しているすべての外国人に対して即時に退去することを要求し、二月十一日までに退去しなければ、「標的」になるという声明を出したと書かれていた。

また同グループは、エジプトで活動するすべての外国企業に二月二十日までに一切の活動を止めることも求め、したがわない場合はやはり「標的」にするとしていた。

さらに、モルシー元大統領が追放された一昨年の「クーデター」を支援する各国に支援の中止を求め、したがわなければそれらの国の中東におけるすべての権益が激しい敵対行為に見舞われると警告していた。

（これは、どれくらい本気の話なんだ……？）

宇治は、嫌な気分に囚《とら》われる。

声明を出したグループの実態は不明だが、内容や発表方法からいって、同胞団に近いことは間違いない。同グループの名前で開設されているツイッターには、エジプトの警察に対する爆弾攻撃等の犯行声明が掲載されているので、反政府過激派集団の可能性が高い。

おりしも五日前、シリアでＩＳＩＬに拘束された自称・民間軍事会社経営者の湯川遥菜《はるな》氏が殺害され、遺体の画像やＩＳＩＬによる犯行声明がインターネット上で流されていた。

翌日、三ヶ月ほど前にＩＳＩＬによって拘束されていたジャーナリストの後藤健二氏が、先の米国人記者や湯川氏同様、オレンジ色の服を着せられ、首を刎ねられて殺害され、その動画がインターネット上に掲載された。

二月上旬――

宇治はザマレク地区にある日本食レストラン「牧野」で、産経新聞の特派員（中東支局長）と夕食をとった。アラビア語に堪能で、カイロに六年くらい駐在している取材熱心な記者で、定期的に会って情報交換をしていた。

二月十一日までの退去要求が出されたことで、在留邦人の間に恐怖が広がっていた。

全土で一日七件程度の爆弾テロも発生するようになった。従来のテロは軍や警察を狙ったものだったが、今や無差別化し、味の素がセールス活動をする庶民の市場でも発生するようになった。

意見交換をしながら食事をしていると、相手のスマホの着信音が鳴った。

「……うん、イエス。オゥ、サンキュー！　アイル・ハヴ・ア・ルック（有難う。見てみるよ）」

粘り強そうな雰囲気の細面に眼鏡をかけ、イスラム教徒のように口の周りと顎に黒々とした髭をたくわえた中年の記者が、スマホを耳にあてていった。相手は部下のエジプト人支局員のようだ。

「IS《アイエス》（イスラム国＝ISIL）が、例のヨルダン人パイロットを焼き殺したそうです」

通話スイッチを切り、記者がいった。

「げっ、本当ですか⁉」

昨年十二月二十四日、ラッカ付近でヨルダン軍戦闘機が墜落し、操縦していた二十六歳のヨルダン人中尉がISILに捕らえられた。ISILは同中尉および、拘束中の日本人ジャーナリスト、後藤健二氏と、ヨルダンで死刑判決を受けたイラク人女性テロリストの人質交換を要求した。ヨルダン政府は中尉が生きている証拠を提示するよう求めたが、ＩＳＩＬはこれに応じず、後藤氏のほうは数日前に殺害された。

「ＩＳが殺害の動画を今しがたネットにアップしたそうです。うちの助手が送ってきたんで、一緒に観ますか？」

「え？　ええ、はい」

宇治が戸惑いながらいうと、産経の記者はスマホの画面を見せ、動画をスタートした。

まるで『地獄の黙示録』か何かの映画のように演出された動画だった。荒涼とした土漠に置かれた鉄の檻の中に、オレンジ色の服を着せられた中尉が入れられていた。ガソリンを導火線のように撒いて火を点け、生きたまま焼き殺す様子が一部始終撮影されていた。

宇治は動画を観て、気分が悪くなった。

翌日――

（くっ……苦しい！）

夕方、オフィスの社長室で仕事をしていた宇治は、思わず水色の作業服の胸を手で押さえた。

（息が、できない……。何だ、これは⁉）

顔を歪めて背中を丸め、しばらく胸を押さえてじっとしていると、痛みがやわらいできた。

携帯電話を手に取り、日本大使館の医務官に電話をかけた。東邦大学医学部出身の医師で、日本人会会長になって以来、在留邦人の医療問題を話し合うため、定期的に会っていた。

宇治より少し年上の男性医師は、症状を聞くと、「すぐに病院に行きなさい」といい、カイロタワーのそばの、設備が比較的よいアングロ・アメリカン病院を紹介してくれた。

病院で血圧を測ると、上の数値が二百を超えていた。心電図もとったが、心臓に異常はなく、高血圧という診断だった。元々血圧は高めだったが、このところの治安に対する緊張感で上がったとしか考えられなかった。ヨルダン人中尉焼き殺しの残酷な動画を観たことも、精神的なストレスになっていたかもしれない。

本社に報告すると、即刻一時帰国せよとの命令が出た。

帰国するのはテロリストの脅迫に屈するようでもあり、邦人を守るべき立場の日本人会会長としても心苦しかったが、命令にしたがい、二月十三日にエジプトを出国した。留守宅が大阪だったので、吹田市にある吹田徳洲会病院で精密検査を受け、降圧剤を処方された。病院には二、三回通院し、二月二十四日にカイロに戻った。

エジプト国内や周辺の治安は一段と悪化し、二月は報道されたものだけで約二百件のテロや衝突事件が全土で発生した。

二月七日、エジプト治安当局がシナイ半島におけるテロ掃討作戦で三日間に百五十一人（うち外国人二十五人）のテロリストを殺害したと発表、八日、カイロのサッカー場で観客と治安部隊が衝突し、十九人が死亡、十五日、ISILがコプト教徒のエジプト人出稼ぎ労働者二十一人をリビアで斬首した映像を公開し、翌日、エジプト空軍がリビアのISILの拠点を報復爆撃、二十六日、宇治の住まいの近くのモハンデシーン地区の携帯電話ショップ三ヶ所で同時爆破テロが起き、一人が死亡、三月二日、味の素の主要な市場であるマンシェイヤ・ナーセル地区で爆弾が発見され、解体処理される、四日、石崎が住むザマレク地区の警察で発砲事件が起き、一人が負傷、といった具合だった。

エジプトから撤退した日本企業はなかったが、一部の会社は、出張の名目で駐在員をドバイなどに退避させた。エジプト味の素食品社も、退去要求期限の二月十一日以降の様子を見るため、石崎を研修の名目で二月十日から十六日まで日本に退避させ、営業マンの地方出張を一部制限した。

八月十二日——

エジプト在住の外国人たちを震え上がらせる事件が発生した。

ＩＳＩＬの分派で、エジプトのシナイ半島を拠点とする「ＩＳシナイ州」が、フランス系の石油・ガス関連地質・地球物理学サービス会社ＣＧＧ（Compagnie Générale de Géophysique）に勤務していた三十一歳のクロアチア人地勢技術者を斬首した写真と声明を公開したのだ。

同技術者は、先月二十二日に、カイロの西の郊外の幹線道路で誘拐され、八月五日になって「ＩＳシナイ州」が、四十八時間以内にエジプト国内のすべての女性受刑者を釈放しなければ、同氏を殺害するというエジプト政府に宛てた動画を公開していた。

斬首の写真は砂漠のような場所で、首が切断された遺体のかたわらに、ＩＳＩＬの黒い旗やナイフが突き立てられていた。殺害した理由は、クロアチアがＩＳＩＬに対する戦争に参加しているからだという説明文が付けられていた。

エジプトでＩＳＩＬ系の組織が外国人を誘拐・殺害したのは初めてのことだった。同国に滞在している外国人たちは、今後、自分たちの身に同じことが起きてもおかしくないと、恐怖に囚われた。

宇治は、警察庁から日本大使館に出向している治安担当官のアドバイスにしたがい、自宅や会社を出て車に乗るときは、必ず左右を五秒間ずつ確認するようにした。誘拐犯は必ず下見をするので、「この男は簡単には狙えない」と印象づけるためだった。また通勤ルートを三種類用意し、遠回りでも毎日ルートを変えた。色々な人たちと治安状況についての情報交換も頻繁に行なった。


十月中旬――

海外食品部の部付部長で「地球行商指導人」の浅井幸広が出張でやって来て、ショブラ地区のデポで、エジプト人営業マンたちに対し、マナー研修を行なった。

この頃には、ショブラとトゥーラに加え、アレキサンドリアとナイルデルタ地方のタンタ（カイロの北八四キロメートル）にもデポを開設し、営業網が拡大していた。また神奈川県川崎市にある食品研究所と協力しながら、米飯用ニンニク調味料「ロッズ・ビシャアレーヤ」の開発も進んでいた。

「ドゥ・ユー・スィンク・ディス・イズ・オーケー？（みんな、こういう態度はいいと思いますか？）」

白いポロシャツ姿で、筋肉質だが腹のあたりがいくぶん丸くなった浅井が、ポケットに両手を突っ込み、チンピラのように肩をゆすりながら歩いてみせる。

「ノー」

浅井の問いかけに、揃いの真っ赤なポロシャツ姿で、手帳にメモをとっていた営業マンたちが、苦笑いしながら首を振る。

デポは表通りに面した商店用の賃貸スペースで、ガラス扉の上の壁に「味の素」というアラビア語の看板が掲げられている。中に入ると、右手の壁際に私服を吊るすハンガーラックがあり、その反対側には何枚かのパレットの上に商品の段ボール箱や販促用の景品が堆《うずたか》く積み上げられている。幾何学模様のタイル張りの床は古く、擦り減っているが、清掃は行き届いている。

奥には、ミーティング用のテーブルや移動式のホワイトボードなどが置かれている。ホワイトボードには、アラビア語のセールス十訓や営業目標などの紙が張られ、目標に対する進捗状況がマジックペンで手書きされている。

「じゃあ、こういうのは、どうですか？」

浅井は、柱に片手をついて寄りかかり、相手に商品を見せる。

営業マンたちはまた苦笑いし、「ノー」と首を振る。

「それじゃ、あなた、どういうのがいいか、やってみて。僕が店主の役をやるから」

営業マンの一人を指名し、彼の前に立った。

浅井が得意とするロールプレイングによる教育だ。

黒い顎鬚をうっすらとたくわえた真面目そうな二十代の営業マンは、商品を両手で持って浅井に示し、アラビア語で丁寧に説明をする。

「はい、そうですね。もうちょっと笑顔があるとなおいいね」

浅井が英語でいうと、営業マンは照れたような笑みを浮かべた。

「マナー、アピアランス（身だしなみ）、グリーティング（挨拶）、スマイル。この四つが大事です」

全員の記憶に焼き付けるように、一つずつ強調していった。

「では、こういう態度はどうですか？」

浅井は伝票をびりっと乱暴に破き、店主役の営業マンの目を見ないで、それを差し出す。

「イズ・ディス・オーケー？」

「ノー」

営業マンたちは、苦笑しながら首を振る。

（あれは、みんな初期の営業マンたちがやってたことなんだよなあ……）

石崎と並んで研修の様子を見ながら、宇治はエジプトで営業を始めた頃を思い出す。

今では、皆、セールス十訓にもとづいてセールス活動をやるようになったが、最初の頃の態度は地のままのひどさだった。

ロールプレイングによるマナー研修は、単純でやや大げさだが、教育効果は大いにあった。

浅井は去る七月にもエジプトにやって来て、こまごまとした指導をしていった。以前は、地方にもよく出かけていたが、最近はカイロ市内でのみ指導を行なっている。地方に行くために砂漠地帯の幹線道路を通るのは危険だからだ。

浅井は、宇治がエジプトに駐在した七年十ヶ月の間に二十五回出張でやって来て、営業マンを指導したり、商品や会社運営に関し、宇治にアドバイスをしたりした。

エジプトの治安は、当局による力ずくの取り締まりで、多少落ち着きを取り戻してきていた。外国人に対する攻撃や誘拐も起きていなかった。八月のクロアチア人技術者の殺害事件は金目当てで、誘拐実行犯グループは数千万ユーロの身代金を要求したものの、ＣＧＧ社に生存の証拠を提示するよう求められたりして応じてもらえなかったため、「ＩＳシナイ州」に人質を渡したというのが真相らしく、ＩＳＩＬがエジプト国内の外国人を狙い始めたわけではなさそうだった。

十月三十日には、例年通りカイロ日本人会の秋祭りが開催され、エジプト在住の日本人以外に、約八百人のエジプト人が詰めかけ、大盛況だった。午前中はリハーサルが行われ、午後一時半から始まった本番では、国際交流基金がアレキサンドリアで運営している日本語講座で勉強するエジプト人たちによる演劇『桃太郎』、日本大使館警備班によるミニ護身術講座、カイロ日本人学校の一〜三年生による踊りなどのほか、ダンス、漫才、歌、バンド演奏などが披露され、最後は恒例の神輿担ぎ、盆踊り、福引で締め括られた。香川剛廣大使も屋台で焼きそばを焼き、宇治は三年連続でステージの司会者を務めた。かつて駐在員の夫人たちが敬遠していた盆踊りは、ズンバのインストラクターでもあるフォーシーズンズ・ホテル勤務の菅野さんが、盆踊りの練習そのものをズンバ仲間の娯楽に変え、練習を積んだ夫人たちが「東京音頭」「ドラえもん音頭」「ダンシング・ヒーロー」を賑やかに踊って盛り上げた。

第八章

ナイジェリアの納豆調味料

イフェの王宮でテレビ局の取材を受ける、ヨルバ族の民族衣装姿の仁木純一氏

1

二〇一五年夏——

エジプトで宇治弘晃や石崎嘉一がイスラム過激派に警戒をしながら営業活動を続けていた頃、小林健一はナイジェリアのラゴスに赴任した。

ペルーにいた頃は若手研究職だった小林も間もなく五十歳を迎える。インド味の素社のためにマサラ（カレー粉）「Hapima（ハピマ）」を開発したあと二〇一一年から二年間、ブラジル味の素社に出向して新製品開発の仕事をし、その後、川崎市にある食品生産統括センターで海外法人のための新製品開発と製造技術の支援に携わり、去る七月、WASCO（ウエスト・アフリカン・シーズニング社、現・ナイジェリア味の素食品社）のナンバー2（技術担当取締役）として着任した。

小林は、ラゴスに赴任すると早速、地元の店で食べ歩きを始めた。ペルーでの経験から、普段から現地の食事を食べ、舌（味覚）を現地化しておかないと、地元の消費者が求める商品を開発できないと頭に叩き込まれていたからだ。また、現地の人々の調理方法を調べ、どんなニーズがあるかを掴み、新商品（食品や調味料）の開発につなげようと考えていた。

それから間もなく――

ラゴスは、いつものように蒸し蒸ししていた。

四月から雨季に入り、空はどんよりと曇り、雷をともなった激しいスコールがよく降る。最も暑い三月、四月ほどではないものの、日中の気温は三十度前後まで上昇する。

小林は、白のボタンダウンの半袖シャツ姿で、財布とスマートフォンを薄いグレーのズボンのポケットに入れ、ウスマンという名の護衛の私服警察官と一緒に、アパパ郵便局の裏手に昼食に出かけた。

WASCOの本社と工場がある港湾・工業地帯、アパパ地区には庶民の食堂が無数にあり、一食三百から四百ナイラ（約百八十六円から二百四十八円）で食べられる。

食べ物屋は、パラソルの下の露店、掘っ立て小屋、木造や波型亜鉛鉄板壁の建物の一階を食堂にしたものなど様々である。貧しさと統一感のなさは戦後の日本の闇市を彷彿させる。店頭のガラスケースの中に、魚や鶏の揚げ物などを並べている店もある。食器や食材はだいたい地べたに置いた大きなボウルで洗われる。

一軒の家の前では、地べたに置いた臼でヤムイモを長い棒で搗《つ》いていた。搗き上がった「パウンデッド・ヤム」は水を入れたヨーヨーのように弾力があり、それをソフトボールくらいの大きさに丸め、手でちぎって食べる。どんなおかずにも合う癖のない主食で、日本人好みの味である。

「ディス・ワン・アンド・ディス・ワン・プリーズ（これとこれを）」

小林は一軒の店で、魚のフライとエグシスープを注文した。

低い天井に裸電球がぶら下がった簡易食堂で、安っぽいテーブルとプラスチックの椅子が並べられている。奥にガラスのショーケースで仕切られた厨房があり、女たちが働いていた。

「オゥ、ハロー、ケン！　ハウ・アー・ユー？」

店のおかみさんが小林に気が付いて、笑顔で近づいて来た。背は低く、太っており、年齢は三十代後半くらい。艶のよいコーヒー色の肌をしており、黄色の柄模様に青いダリヤのような花がプリントされた目にも鮮やかな上着に、同じデザインのパンツ姿。爆発したようなアフロヘアはヘアバンドで押さえている。

「ハーイ、イフォマ！　アイム・ファイン。アンド・ユー？」

小林はテーブルから立ち上がり、イボ族の言葉で「よいもの」を意味するイフォマ（Ifeoma）という名のおかみさんと抱擁を交わす。自分は味の素の社員で、ナイジェリアの料理を研究しているということは伝えてある。

ほかの店は何度も通っていると、外国人と見て段々値上げしたりしてくるが、この店はそういうこともなく、いつも現地の人と同じ値段で食べさせてくれていた。

「この魚はグチ（イシモチ）だよね？　どうやってつくるの？」

小林は目の前に運ばれて来た魚のフライを指さす。

背びれや尾びれがやや大きめの肉厚の魚で、頭部が切り落とされ、油で揚げられていた。スズキ目の魚で味がよく、日本ではかまぼこの原料にも使われる。

「ジャスト・フライ（素揚げにするのよ）」

「へえー、フライねえ」

（たぶん鱗を落としたり、色々下ごしらえをするんだろうなあ）

エグシスープとパウンデッド・ヤムが運ばれて来た。

エグシスープは、細かく切った羊や牛の肉、魚の燻製、タマネギ、ニンニク、ホウレンソウなどを、エグシ（メロンの種）を乾かして粉末にしたものと一緒にヤシ油で炒めたものだ。「スープ」という名前が付いているが、一種の煮込みで、パウンデッド・ヤムとともに食べる。ラゴス州などナイジェリア南西部に住むヨルバ族の郷土料理で、現在ではほぼ全土に広まっている。

（うん、相変わらず美味い！）

小林は料理の味に感心する。グチのフライは皮がかりっと揚げられていて香ばしい。黄土色のエグシスープはこってりとしており、スパイシーでコクのある味で、パウンデッド・ヤムによく合う。

それから間もなく――

朝七時、アパパ郵便局の裏手にあるあちらこちらの食べ物屋で朝の仕込みが始まっていた。

まだ多少涼しいが、まとわりつくような日差しが暑い一日を予感させる。

近くの通りから、バイクの排気音やピーピーという警笛音が聞こえていた。

小林は出勤前にイフォマさんの店で、商品開発のために料理の仕込みを見学させてもらった。

彼女には、よい関係を保つため、一メニューあたり一万ナイラ（約六千二百円）という、現地では少し多めの謝礼も払っている。

仕込みが行われるのは店のそばの一坪半くらいのコンクリート敷きのスペースだ。大きな調理台があり、後方にあるつぶれかけた物置小屋の上の大きなタンクからホースで水が引かれている。

男女の従業員七、八人が、野菜の葉をちぎったり、魚をさばいたり、コンロの鍋で肉や野菜を煮たりしていた。

この日、見せてもらったのは、オクラ・スープの仕込みだった。

縮れ毛を後頭部で結び、黒っぽい半袖シャツにジーンズ姿の若い女性従業員が、「シャキ」と呼ばれる牛や山羊の臓物や牛肉を数センチ大に切ったものや加工肉を鍋の中に入れていく。牛肉は安いスジの入った部位だ。

そこに細かく刻んだ紫と白のタマネギ、マギーブイヨン、塩を加えて炒める。

「水は使わないんですね？」

スマートフォンで写真を撮りながら小林が、かたわらのイフォマさんに訊いた。

写真を撮っておくと、撮影時間の記録から各工程の所要時間が分かるので、便利である。

「この段階ではね。肉に水分があるし、調味料をしっかりからませたいので」

カラフルな服装のイフォマさんが、へらでガスコンロの上の鍋をかき混ぜる若い女性を見ながらいう。

煮るのはだし汁をとるためで、肉そのものは別の料理の付け合わせに使う。

しばらくかき混ぜると、鍋に蓋をした。

「これで、中火で十分から十五分加熱するのよ」

その言葉に小林はうなずく。

加熱が終わると、肉を柔らかくするため、若い女性は水を加え、またしばらく煮る。

「コツはね、あんまりスパイスや調味料を加えないことなの」

「へえ、そうなんですか」

「スパイスや調味料は、パーム油と相性がよくないのよ。だからこの料理だけじゃなくて、ヤシの油を使うときは、主に塩とブイヨンで味付けをするの」

ナイジェリア料理では、アブラヤシの果実からとったパーム油をよく使う。

イフォマさんは、別の鍋で「ポンモ」と呼ばれる牛の皮に塩、ブイヨン、細かく刻んだタマネギ、水を加えて煮込んでいる太めの中年女性を示す。

女性はそばのまな板の上にオクラを載せ、細かく刻み始める。

「これは自分の好きなサイズにチョップ（刻む）すればいいのよ」

中年女性は、カッカッカッカッカッと音を立てて包丁を素早く動かしながらオクラを細かく切り刻んでいく。

（ふーん、なるほど。ちょっと違う長さに切るのか）

写真を写しながら小林は思う。

細かく刻んだもののほか、ある程度形を残して見栄えをよくするため、一センチ程度の長さに切ったものもつくっていた。

次に赤いピーマンの種を抜き、トウガラシ、スコッチ・ボンネットと呼ばれる小ぶりの赤唐辛子と一緒に刻む。

そのあと、なまずやシャワという一〇センチ弱の平たい魚など、三種類の魚の燻製を手で細かくちぎりながら、骨を取っていく。

「このシャワは骨が多いので、ちゃんと取ってやらないと、子どもが口に怪我したりするから」

そういって中年女性に取った骨を見せるように現地語でいった。見ると背骨の両側に硬そうな骨が並んでいた。

それが終わると、煮た牛の皮、ちぎった燻製の魚を一つの鍋で煮る。

「ここでローカスト・ビーンズとクレイフィッシュ・パウダーをパーム油で炒めるの」

ローカスト・ビーンズはイナゴ豆、クレイフィッシュ・パウダーは小エビの粉末である。

（うーん、やっぱりイナゴ豆を使うんだなあ……）

イナゴ豆がナイジェリア料理の重要な調味料ではないかと小林は睨んでいた。

若い女性がフライパンに赤っぽいパーム油をたっぷりたらし、イナゴ豆と小エビの粉末を入れ、手早く炒める。

その後、先ほど刻んだピーマン類を加えて炒め、ブイヨンを入れて熱する。

十分あまり熱したあと、フライパンに肉のだし汁を注ぎ、煮た牛の皮を加え、しばらく煮て、最後にオクラを入れ、よくかき混ぜながら炒める。

「あまり炒めすぎると、ノット・チュウィー（歯ごたえがない）になるから、五分くらいね」

最後に全体に小エビの粉末をかけてかき混ぜ、安くて滋養たっぷりのオクラ・スープが完成した。


翌二〇一六年一月――

小林健一は、ラゴス市の北西寄りの空港に近いオショディ市場で、集まった人々に手品を披露した。

オショディ市場は、ラゴス市を南北に貫く幹線道路沿いの東西約百メートル、南北約二五〇メートルほどの市内最大級の市場で、見渡す限りの人間の大海原の中に、色とりどりの大きなパラソルが開き、その下で果物、野菜、雑貨などありとあらゆる商品が商われている。集まった人々の数はざっと見て数万人。そばの通りは、黄色いワゴン車の乗り合いバスなどが三列の数珠つなぎになり、ピピピピーッ、パパパパーッという警笛音、人々の怒鳴り声、叫び声がひっきりなしに聞こえ、お祭りのような喧噪だ。

近くに、市場を監視する白いパトカーも停まっていた。ここは、ごろつきの多い犯罪の巣窟でもある。スリやひったくりが横行し、商店には銃や弾薬が隠されている。しかし、味の素の営業マンたちが商売をしている市場なので、小林は、手品で人々に平和な気持ちになってもらおうと考えた。すぐそばで、護衛のラゴス警察の私服警官ローランドが見守っていた。この年の初めから小林の護衛担当になった三十代半ばの男で、胸板が厚くて姿勢がよく、いつも気魄をみなぎらせている。

「……ディス・ワン・イズ・ア・テン・ナイラ・ノート（これは十ナイラ札ですよね）」

Tシャツに膝丈の半ズボンの小林は、眼鏡をかけたナイジェリアの教育者、アルヴァン・イコクの肖像画が描かれた、赤っぽい十ナイラ（約五円九十銭）紙幣を両手で人々の前に広げて見せる。

「では、これを折りたたんでいきまーす」

目の前の人々が十ナイラ紙幣であることを十分認識したのを見届け、札を折りたたんでいく。

最初に縦に二つ折りし、それをさらに二度折り、もとの大きさの八分の一に折りたたんだ。

「はい、小さくなりました」

小林は折りたたんだ紙幣を左手に持ち、それを右手の人差し指で軽く叩いたあと、右手の指を小刻みに揺らし、紙幣に魔法の粉でもかけるような仕草をする。

集まった人々は、いったい何が起きるのだろうという顔で見ている。半袖のシャツにズボン姿の黒人の男たちは、肩幅が広く筋肉質で、屈強な身体つきである。

「では、開いていきまーす」

小林は、折りたたんだ十ナイラ紙幣を少しずつ開いていく。直前の一瞬の間に、あらかじめ八分の一サイズに折りたたみ、ずっと十ナイラ紙幣の裏に隠し持っていた千ナイラ（約五百九十円）紙幣を巧妙に表側に持ってきていた。

「オオオーッ！」

人々が、八分の一から四分の一に、さらに二分の一に開かれてゆく紙幣を見ながら、驚きの表情になる。

赤っぽい色の紙幣が、薄茶色の紙幣に変わっていた。

「はい、こうなりましたー」

笑顔で紙幣を開き、両手で掲げるようにして見せた。

ナイジェリア中央銀行の第二代総裁（ナイジェリア人としては初代）と第三代総裁の二人の肖像画が描かれた千ナイラ紙幣だった。ナイジェリアでは最高額の紙幣だ。

（ん？　どうしたんだ……？）

紙幣を掲げながら、小林は怪訝な気持ちになる。

てっきりみんな笑って拍手をしてくれると思ったが、笑いも拍手も起きない。

（ん？　なんなんだ、この雰囲気は……？）

男たちの目が血走り、不穏な気配が漂い始めた。

次の瞬間、十ナイラ紙幣を握り締めた男たちが殺到して来た。

「チェンジ・マイ・マネー！（俺の金も変えてくれ！）」

「ユー・チェンジ・マイ・マネー！」

目を剝いた男たちが必死の形相で、手に手に十ナイラ紙幣を持って押し寄せて来た。

「チェンジ、チェンジ！」

手品というものを知らないナイジェリア人たちは、小林のことを本当に小額紙幣を高額紙幣に変えられる能力を持った男だと信じ込んでいた。

「ノー、ノー！　ディス・イズ・マジック・ショー！　ノット・ア・リアル・シング！（これは手品なんです！　本当のことじゃありません！）」

小林は身の危険を感じ、そばに駐車してあった会社のトヨタ・ハイエースのほうへと走って逃げる。

「逃げるな、ケチ野郎！」

「俺の金も変えろ！」

屈強そうな男たちは血相を変え、追いかけて来た。

あたり一帯が騒然となった。

小林は車の中に逃げ込んだが、十ナイラ紙幣を握り締めた男たちはハイエースを取り囲み、窓ガラスやドアやボンネットをバンバン叩く。

「なんで変えてくれないんだ!?」

「逃げるんじゃねえ、この野郎！」

（まずい！　ガラスが叩き割られる……）

小林が背筋に寒気を覚えたとき、護衛の私服警官ローランドが駆けつけて来た。

「ゴー！　ゴー！（どけ！　どけ！）」

ローランドがコルト銃を高々と掲げ、男たちを蹴散らす。

「アイル・シュート・ユー！（お前ら、撃つぞ！）」

ローランドに銃口を向けられた男たちは、後ずさりする。

この国では警官が絶対的な権限を持っており、撃たれて死んでも文句はいえず、補償もない。

「レッツ・ゲラウト・ヒヤ！（行きましょう！）」

ローランドは車に乗り込むと、拳銃をかざしたまま、運転手に車を発進させた。

車は市場を離れ、幹線道路に戻ると、小林の住まいのある南のイコイ地区を目指して走り始める。

「ボス、あんた誘拐されるところでしたよ」

ローランドが、やれやれといった表情でいった。

「あそこにある金を全部千ナイラ札に変えないと、帰れなかったと思いますよ」


別の機会にも、小林がよかれと思って披露した手品が、予想外の騒動を引き起こしたことがあった。

ナイジェリアで味の素と並ぶ大きな事業を行っている本田技研工業の駐在員の夫人が時々慰問に訪れているラゴス市内にある孤児院での出来事だった。

小林は銀色の燕尾服に黒い蝶ネクタイ姿で手品を始めた。目の前に、色とりどりのプラスチックの椅子に一歳から五歳くらいの子どもたち二十人ほどがすわり、その後ろには、孤児院の男女の職員たち十五人ほどが椅子にすわって見ていた。

最初に、空の皿の絵が何ページにもわたって描いてある絵本をぱらぱらめくって見せる。呪文をかけて再び本を開くと、皿に山盛りになった飴が描かれている絵に変わっており、本をかざして降ると、本物の飴玉がこぼれ落ちてくるという手品だった。

小林が子どもたちに近寄って、本の間から本物の飴玉を降らせると、それまで大人しく見ていた子どもたちは総立ちになって飴玉を掴もうとした。

室内は、節分の豆を必死で拾う人々のような大騒ぎになり、さらに、何人かの職員が後ろから突進して来て、本気で飴玉の取り合いを始めた。

騒ぎの中で、弾き飛ばされた二歳くらいの男の子が床に頭を打ち、大泣きした。

孤児院の院長からはあとで、「何もないところから物が出てくるのは、苦労しなくても物が手に入るという誤解を与えます。教育上望ましくないから手品は止めてほしい」と苦情をいわれた。


それから間もなく――

朝、小林はオフィスから七〇〇メートルほど離れた工場に行くため自分専用のトヨタ・ハイエースに乗った。運転手付きのワゴン車で、私服警官のローランドが助手席にすわった。

港湾・工業地帯であるアパパ地区の道路はいつものようにトレーラー、トラック、タンクローリー、乗用車、バイクなどで大渋滞していた。対面通行ができる片側一車線の道路だが、港に入るトレーラーの車列がいつも二列できている。

（ん、どうしたんだ？）

会社の敷地を出て一〇〇メートルほど行ったところで車が止まってしまった。

運転手がクラクションをパッパー、パッパーと鳴らす。石井正や小川智がいた頃から働いているソロモンという名の年輩の男だった。カメルーンとの国境付近に居住し、素直で実直な性格から、お手伝いや掃除人になる者が多いといわれるカラバル族の出身だ。

フロントガラスの先を見ると、茶色いコンテナを積んだ大型トレーラーが行く手を塞いでいた。

コンテナ車の車列が二列できていても、乗用車が一台通れる程度の隙間を空けておくのが暗黙のルールだが、前方のトレーラーは、トレーラーの車列の一つに入り込もうとして一般車用の隙間を塞いでいた。おかげでその後ろにも別のトレーラーやトラックの列ができていた。

「ホワイ・ドンチュー・ゴー・ナウ!? ゴー、ゴー! (何で行かないんだ!? 行けよ!)」

助手席のローランドが苛立ち、ソロモンを促す。

「無茶なこというなよ! トレーラーが道を塞いでるじゃないか。ちゃんと見てからいえよ」

ソロモンは不快感もあらわに前方のトレーラーを指さす。

(はぁー、この二人、相変わらず仲悪いわ)

後部座席の小林は悩ましげな顔つきになる。

原因はローランドにある。この国で警察官は特権階級で、かなり優秀な人間でないとなれない。ローランドは大卒で、英語も普通のナイジェリア人に比べて訛りが少なく、身体能力もすぐれている。そのせいかプライドが高く、誰に対しても居丈高だ。歩くときも胸をそらし、いからせた肩を左右に振りながら、そこのけそこのけである。もしかすると初めての警護の仕事に、どう振る舞ったらいいか分からず、緊張していたのかもしれない。ソロモンに対しては以前から「車を出せ」

「次を曲がれ」と命令口調で、反発を買っていた。

「くそっ、あの馬鹿トレーラーが！」

ローランドが憤然としてドアを開け、敏捷な動作で路上に降りて行った。

渋滞の原因になっているトレーラーの運転席のそばまで行き、猛然と文句をいい始めた。

しかし、ローランドが私服警官であることを知らないトレーラーの運転手は、売り言葉に買い言葉で、ローランドを罵る。

悪態をつかれたローランドは直ちに拳銃を抜き、それを振りかざし、警察官であることをアピールした。

（うわー、拳銃抜いちゃったよ！）

驚くトレーラーの運転手や小林を尻目に、両手で銃を構える。カチャッという音をさせ、発砲の準備を整えると、腰を低くして、引き金を引いた。

ガーンという爆発音がして、拳銃の背中から銀色の薬莢《やっきょう》が飛び出し、弾は茶色いコンテナに当たった。

トレーラーの運転手が驚愕した顔つきで後ろを振り返る。

「おい、早く発車しろ！　もう一発食らいたいか、この大馬鹿野郎！」

ローランドが浴びせかけると、トレーラーの運転手は、車の窓から顔を出し、後ろの車にバックするように合図し、後ろの車もさらに後ろの車にバックするように合図し、車列全体が少しずつバックを始めた。

三十分以上かかって、ようやく小林らの車が通れる隙間ができた。

それから間もなく——

小林はローランドとともにアブジャに出張した。

味の素の販売量が多い北部に近い場所にリパック（袋詰め）工場をつくるというアイデアがあり、候補地を視察するための出張だった。

アブジャはナイジェリアのほぼ中央に位置し、一九九一年にラゴスに代わって首都になった。市街地の中心部に金色のドームを頂いたモスクがあり、官庁・オフィス街のマスタープランは日本の建築家、丹下健三がつくった。新しい町なので、緑が多く、建物と建物の間のスペースも広く、整った印象を与える。ただし、車の運転が無秩序で荒っぽいのはラゴスと同じで、三つの中央分離帯で分けられた幅の広い通りを車がじぐざぐに走っている。

仕事が終わった日の午後、小林はローランドとともに、アブジャ支店のハイエースで空港へ向かった。空港は市内から二〇キロメートルほど西に位置している。

（混んでるなあ……。こりゃ、飛行機に間に合わないかなあ）

後部座席で、小林は腕時計に視線を落とす。道路が渋滞していて、なかなか車が進まない。

助手席にすわったローランドも時間を気にして、腕時計をちらちら見ている。生まれて初めて飛行機に乗ったので、少し怖がって、来るときは地上が見えない通路側にすわっていた。機が着陸し、乗客たちが席から立ち上がって、頭上の荷物入れから荷物を降ろし始めた途端、「俺のボスが通れないからどけ！」といって、無理やり通り道をつくろうとするので、小林が「そんなことしなくていいから」と止める一幕もあった。

二人を乗せた車がようやく空港の近くまで来たとき、ラゴス行きのアリック航空の便のチェックイン締め切りまであとわずかだったが、道は相変わらず渋滞していた。

「ローランド、もう降りて走ろう！」

小林がいい、二人は車を降り、荷物を提げて空港のターミナルビルへ走る。

アブジャ空港のターミナルビルは二〇〇二年に開業した新しい建物で、国際線ターミナルの右隣に小ぶりな国内線用ターミナルがある。

二人は息を切らせながらビルの中に入ると、急いでチェックインカウンターへと向かった。

（うわー、こりゃ駄目だ！）

カウンター前に長蛇の列ができていた。チェックイン締め切りには、到底間に合いそうにない。

（弱ったなあ！　でも遅い便があるかも……）

「ミスター小林、チケットとＩＤ（身分証）をもらえますか。チェックインしてきます」

ローランドがいった。

（えっ、どうやって？）

不思議に思いながら、航空券とプラスチック製のＷＡＳＣＯの社員証をローランドに渡した。

受け取ると、ローランドは上着の内側から拳銃を取り出した。

拳銃を右手に、小林の航空券と社員証を左手に摑み、例によって胸を反らし、邪魔な人間を蹴散らしかねない勢いで一直線に列の先頭に向かう。小林は嫌な予感がした。

「ボスが乗り遅れそうだ。順番を譲れ！」

チェックインカウンターの前まで来ると、ローランドは並んでいた人々に銃を突きつけ、強引にどかせにかかる。銃口を突きつけられた人々は驚いて後ずさる。

(げえーっ、何てことを!)

小林は髪の毛が逆立つ思い。

ローランドはカウンターの前にずいと進み出ると、係員の目の前に拳銃をどんと置き、「警察だ。急いでチェックインしてくれ」といって、小林と自分の航空券、社員証を差し出した。

驚いた係員がチェックイン手続きをし、ローランドは搭乗券を手に意気揚々と戻って来た。列に並んだ人々からは、訝しげな視線や非難するような眼差しを注がれた。


翌日、小林は会社の一室にローランドを呼んだ。

「ローランド、アブジャでは有難う。でも今後、ああいうことは二度としないでほしい」

小林は相手を諭す表情でいった。

「え、どうしてですか?」

「あなたは僕の護衛の警察官だから、ああいうことをやると、まるで僕が命令しているように見られるでしょ」

「うーん、まあ……そうかもしれないですかねえ」

警察官の権限で小林を窮地から救おうとばかり考えていたローランドは、不意打ちを食らったような表情。

「気持ちは嬉しいけれど、僕は日本人で目立つし、味の素の社員がそういうことをやらせてるって噂になると、会社の評判にも傷がつくから」

「……」

「それに、あんなところで銃を突き付けると、不測の事態が起きないとも限らないし、逆恨みされたりするかもしれないでしょ」

「……はい」

「警察官はみんなの模範で、僕だけの警察官じゃないんだから。人々の幸せを守って、ナイジェリアを守ったほうが、ずっとカッコいいよ」

「分かりました。ああいうことは、もうしません」

ローランドは神妙な表情でいった。

驚いたことに翌日からローランドはがらっと態度を改めた。

肩で風を切って歩くこともなくなり、常に笑顔で、運転手のソロモンとも喧嘩をしなくなった。

根本的に頭がよく、自己を律する力が強いことを感じさせた。

拳銃をぶっ放すこともなくなった。それまでは月に一回くらい「ボス、拳銃の弾がなくなったので、一ダース買っていいですか？」と訊いてきたが、弾丸の請求は射撃訓練のときと、年に一度弾を全部取り換えるときぐらいになった。

ただ、飛行機に乗るときはチェックインカウンターで拳銃を預ける必要があるので、列ができていてもすっ飛ばして、「これを預かって、チェックインしてくれ」とやる癖は直らなかった。飛行機に乗るときも小林を待つわけでもなく、いつも一番に搭乗した。どうやら警察官の特権だと思っているようで、苦笑しながら見ているしかなかった。小林のことは最初の頃「ボス」と呼んでいたが、そのうち皆と同じように「ケン」とファースト・ネームで呼ぶようになった。

十月上旬――

青いハウサ族の民族衣装姿の小林は、ローランドに付き添われ、北部のカノ空港からの道をワゴン車で走っていた。後ろには、ラゴスから陸路でやって来た三人の武装警察官が乗ったSUVや、WASCOのR&D部の男女の社員が乗った車がついて来ていた。

季節は雨季の終わりで、強い日差しが照り付けていた。

道路は一応舗装されているが、路肩のブロックは崩れ、野生の山羊が雑草を食《は》み、道路脇では木製の台の上に食料品、野菜、日用雑貨などを積み上げた露店が商いをし、排ガスがうっすら漂う道路では、散らばったビニール袋やごみがトラックや黄色いオート三輪に翻弄され、地表を這っていた。世界の辺境を目の当たりにするような光景だ。

小林が乗ったワゴン車は、空港から二十分ほど走ると、幹線道路から外れ、舗装されていない脇道に入った。

赤っぽい土埃を上げながら進むと、村が見えてきた。WASCOカノ支店のアミヌという名の運転手の家があるダンクアリ・ジュヤ村だ。千五百くらいの家族が住む大きな村である。

小林は、ナイジェリア各地で使われている「ダダワ」という伝統的調味料の製造法を調べにやって来た。ダダワはイナゴ豆を発酵させ、納豆のようにしたものを小ぶりの煎餅のような形に伸《の》し、乾燥したもので、ありとあらゆる料理に使われている。しかし製造に手間がかかるので、これを味の素が製品化すれば、砂なども混入せず、品質が安定し、衛生面や保存性も向上し、主婦の家事も軽減できるはずだと考えた。市場規模も、円貨換算で年間二百億円程度と、相当大きい。

埃っぽい道の両側に、日干し煉瓦を積み上げてつくった褐色の家々が建っており、粗末な屋台の店では食用油、洗剤、菓子などが商われている。道端では男たちが燃料用に乾燥したギニアコーン（高粱《コーリャン》）の茎や薪を売っている。

村のそばから遠くまでギニアコーン畑が広がっていた。ギニアコーンは、熱帯アフリカが原産地である。トウモロコシによく似た、高さが五、六メートルもある穀物で、収穫時期に差しかかっていた。

小林らは車を降り、アミヌ氏に案内され、彼の家に向かう。アミヌ氏は艶やかなコーヒー色の禿頭で、がっちりした体型。四十歳くらいで実直な人柄である。

道は埃っぽく、ギニアコーンの茎を焼く煙が漂っている。子どもたちがハウサ族の衣装姿の小林に興味津々で、わいわい騒ぎながらついて来た。皆、裸足かゴム草履ばきである。男たちは働きに出ているので、日中、村にいるのは、子ども、女、老人だ。十歳から十五歳くらいの女の子たちは、色とりどりのヒジャブ（ベール）で頭をおおい、その上にお盆や洗面器を載せ、肌に塗る化粧品、菓子、切ったサトウキビなどを売って歩いている。

アミヌ家では、他の家々と同じように、山羊、羊、鶏、七面鳥などを飼っており、家畜と一体の暮らしぶりである。山羊がしきりにメエメエ鳴いており、親山羊の声は太くてうるさく、仔山羊の声は甲高い。

（あっ、もう始めちゃってたか⁉）

日干し煉瓦づくりのアミヌ家のそばの木の下で、ヒジャブをかぶった女たちがダダワづくりの作業をしていた。

　あらかじめ、最初から順に作業を見せてほしいと頼んであったが、ラゴス本社からやって来た日本人の取締役を待たせてはいけないと作業を始めたようだ。

　しかも女たちはよそ行きのようなきれいな格好をしている。腰の後ろあたりに生後数ヶ月の子どもを括り付けた、三十代と思しいアミヌ夫人は、スカーフも裾の長いドレスも青地に赤褐色の模様が入ったきれいな布地でつくってあり、明らかに普段着ではない。

　発展途上国では約束やルール通りに物事は進まない。こういうときは流れに逆らわず、人々に合わせて動くことが大切だ。

「これは、殻《から》をとってるんですね？」

　小林は、煮たイナゴ豆を木の臼で搗《つ》く作業を指さし、かたわらに付き添っているマーティンス氏に英語で訊いた。カノ支店を中心とする地域を統括するエリアマネージャーで、鼻の下と顎に短い髭を生やし、ぎょろりとした目をしていた。

　淡いピンクのヒジャブ姿の女が長さ一メートル弱の木製の杵《きね》を両手に持って、豆を搗いていた。周囲で七、八人の女たちが見守り、二、三歳の子どもたちもいる。搗き手は時々交替する。

　気温は三十五度以上という猛暑だが、空気が乾燥しているので比較的過ごしやすい。

「そうです。搗いて、黒い殻をとっています」

　上級幹部らしい渋みのある風貌で、真っ赤な半袖シャツに黒いズボンという制服姿のマーティンス氏がいった。シャツの左胸には白い糸で味の素の社名とお椀のロゴが刺繍されている。

　女たちは摩擦で殻をとりやすくするため、少量の砂を混ぜながら搗いていた。黒と白のまだら模様の豆は、黒くて硬そうな殻がとれると、白っぽい実が姿を現す。

搗き終わると、水で丹念にゆすぎ、殻と砂を取り除く。エンドウ豆を平たくしたような豆だった。今度はそれを香り付けのために、タマネギと一緒に煮る。

小林は女たちに冗談をいったり、子どもたちに愛嬌を振りまいたりしながら、作業を手伝ったり、作業の様子をスマートフォンで撮影したりする。それを百人くらいの見物人が取り囲み、一大イベントになった。

護衛警察官のローランドや、濃緑色地に水色のまだら模様の迷彩服姿で、AK－47を手にした武装警察官たちが、少し離れた場所から見守っていた。襲撃されたりする可能性はあまりないので、リラックスして、時々村人と話したりしている。二年前に、五〇〇キロメートル強東に位置するボルノ州で、女子生徒二百七十六人を拉致し、少しでも学校教育を受けた人を皆殺しにするイスラム原理主義武装集団ボコ・ハラムは、ナイジェリア政府軍によってチャドとの国境地帯に追い込まれている。

イナゴ豆をタマネギと一緒に煮終えると、再び水を切り、ゴミや残った殻を除去し、ひょうたんの下側を半分に切ってつくった、直径四〇～五〇センチのボウルに入れる。

二人の女が小さな金属製の浅皿を使って、ボウルに入れたイナゴ豆に何やら白い粉を振りかけ、丁寧に混ぜていく。

「あの白い粉は何ですか？」

「カリウムです」

マーティンス氏がいった。

（カリウム？　要は、灰ってことか）

「何のために混ぜるんですか？」

小林が訊くと、アミヌ氏が女たちに同じ質問をする。

「豆を柔らかくするためだといってます」

「ああ、そうなんですか」

相槌を打ちながら、それだけかなあと思う。

（灰はアルカリ性物質だから、何らかの理由で豆をアルカリ性に保つ必要があるんじゃないだろうか……？）

灰を混ぜ終えると穀物か何かが入っていたと思しい化学繊維の空袋をかぶせ、作業場のそばの小さな物置小屋に入れ、発酵させるという。

「これで終わりですか？」

「はい、あとは小屋で二日ほど寝かせて、発酵させます」

（ふーん、納豆菌はどこで入れるんだろう？　ひょうたんのボウルの表面に付いているのかな？）

ナイジェリア南東部のエヌグ州では、バナナや別の木の葉にくるんで発酵させるが、それらの葉に天然の納豆菌が付着しているようだ。

この日の作業が終わりに近づいた頃、女たちがギニアコーンの茎を編んで葦簀《よしず》のようにしたものの上に、小ぶりの煎餅のようなものをたくさん載せて持って来た。

「これが完成したダダワです」

見るとイナゴ豆の形が残っていて、こげ茶色のピーナッツ煎餅のように見える。

青い民族衣装姿の小林が、その一つに手を伸ばす。

「うん、納豆に似た味だね」

味も匂いも納豆に似ているが、納豆ほど風味は強くなく、苦みがあった。

翌日――

ダダワが発酵するのを待つ間、小林らはダダワを使った地元料理のつくり方を教えてもらった。メニューは「オクラ・スープ」と「バオバブの葉のスープ」だった。しかし、村人たちが小林らに気を使って、味の素を普段より大量に入れたため、ダダワの風味は感じられなかった。

三日目――

ダダワの発酵が終わり、匂いも味も納豆そっくりになっていた。

匂いは魚の干物のような感じもする。女たちがそれを臼で搗いて、茶色い粘土の塊のようにし、蠅除けと香り付けのために表面にピーナッツ油を塗る。それを煎餅状にしたり、球形にしたりしたあと、丸一日天日干しにして、ダダワが出来上がった。

2

翌二〇一七年八月下旬――
茶色、黄色、灰色のくっきりした幾何学模様が入ったヨルバ族の民族衣装姿の小林は、にこにこしながら八リットルくらい入るプラスチック・バケツを頭に載せ、草むらの中の赤っぽい土の道を歩いていた。

上半身裸で、腰にカラフルな原色の模様が入った布を巻き付けた四、五歳の子どもたち十人ほどが、キャッキャッとはしゃぎながら、小林の周りを走り回っていた。

少し離れた森の中の水辺では、黒い肌の若い女たちが洗濯をしたり、水を汲んだりしていて、西洋絵画のアフリカ版といった感じの光景である。

フラニ族の朝の水汲み作業だった。

小林は、法政大学でフラニ族の研究をしている女性の先生のフィールドワークに同行させてもらい、フラニの人々の食事や調理方法の調査にやって来た。肝心の先生は、現地到着後、すぐマラリアに罹《かか》って高熱を出し、うんうんうなってホテルで寝ていた。

小林は警察官のローランドとともに、毎朝フラニ族の村に足を運び、仕事の手伝いをしながら、調理の様子を見せてもらっていた。本当は村に泊めてもらうつもりだったが、シャワーもないので、ローランドが「それはちょっと……」と難色を示し、近くの安ホテルから通っていた。

この頃、小林はダダワを製品化する場合、どのようなフォーメーション（材料やつくり方）にするかを考えており、ヒントを得るためにやって来た。

村の場所は、首都のアブジャから二〇〇キロメートルくらい西に行ったあたりに広がるサバンナ（草原地帯）の中だ。

フラニ族は、東は紅海沿岸のエジプトから西は大西洋沿岸のモーリタニアまで、サヘル（サハラ砂漠南縁地域）に広く分布する牧畜民族だ。現在のガンビアとセネガル付近が起源で、十一世紀頃からイスラム教に改宗し、東進して現在の分布になったといわれる。聖戦《ジハード》によって他民族を制圧し、奴隷にしたため、戦闘的な民族であると見る人が多い。一八〇四年にはカリフ制のソコト帝国を建国し、現在のナイジェリアを中心に、東はカメルーン北部、西はマリ南部、ブルキナファソあたりまで版図を拡大したが、一九〇三年に進出して来た英国に滅ぼされた。今はアフリカ全体で四千五百万から五千万人いるといわれ、ナイジェリア国内には千三百万人強がいる。同じイスラム教徒のハウサ族とは居住地域が重なり、同化も進んでいる。二〇一五年三月以来大統領を務めているムハンマド・ブハリも、北部カツィナ州のフラニ族出身者だ。

小林は、川のある場所から十五分ほど歩き、フラニ族の村に着いた。

よく掃き清められた赤っぽい土の広場のあちらこちらに、直径三、四メートルの半球形で茅葺きの住居が二十くらいあった。移動式の住居で、竹で骨組みをつくり、ビニールシートをかぶせ、その上を萱《かや》のような細い木の枝で葺いている。つくっている途中の、骨組みだけの住居もある。夫と妻子は別々に住んでおり、それぞれの住居が向き合う形でずらりと二列になっている。

いくつかの住居の出入り口から、煮炊きの青っぽい煙が立ち昇り、そばで子どもたちが遊んだり、鶏が地面の虫を啄《ついば》んだりしていた。生後三ヶ月くらいの裸の赤ん坊をあやしている女の子もいる。大人はゴム草履ばきだが、子どもたちは皆裸足である。

周囲は見晴らしがよく、サバンナが広がっている。山影はなく、淡い青色の空の下、地平線上に緑の木々がぽつりぽつり見え、百頭以上の牛や羊が草を食んでいる。牛は角が長く、こぶが一つの白い乳牛で、棒や木の枝を手にした村の若い男たちが追ったり、乳を搾ったりしている。牛は彼らにとって家族で、名前を付けて大切に育て、肉を食べることはない。死ぬと、家族が亡くなったように悲しみ、心を込めて埋葬する。サバンナには、高さ五メートルくらいの巨大なアリ塚もあった。

「どっこいしょっと」

小林は運んで来た水のバケツを一軒の家の前で下ろした。

その後、家でローランドと一緒に朝食を食べさせてもらい、午前九時頃からあちらこちらの家で始まる料理を見学させてもらった。

一軒の家の前で、頭を暗紫色のヒジャブでおおい、鮮やかな青い柄物のハワイアンドレスのような衣服を身に着けた女がしゃがんで、地面の上に置いたすり鉢と擂粉木《すりこぎ》でスパイスをすり潰していた。

そばの七輪の上の鍋では野菜などが煮込まれている。

女は煎餅のような形にして乾燥させたダダワを割り、すり鉢の中に入れる。

（うーん、やっぱりダダワを入れるんだなあ……）

ここのダダワは、ダンクアリ・ジュヤ村で見たものより色が黒ずんでいる。気温によっては二日間で発酵が終わらず、三日間かかることがあり、その場合、色が黒っぽくなる。

「これ、ちょっと味見をさせてもらえますかね？」

小林はかたわらにいたジョシュア氏に英語で訊いた。

大柄な黒人男性で、だぶっとした開襟シャツにだぶっとしたズボン、サンダル姿だった。法政大学の先生に紹介してもらったフラニ語と英語の通訳者で、年齢は六十代のようだ。

ジョシュア氏が調理をしている女に頼むと、女は小林の掌《てのひら》にすり潰した調味料を少し載せた。

「んっ、これはホット（辛い）だね」

舐めて、小林はいった。

「ペペが入っています」

ジョシュア氏がいった。

乾燥ハバネロのことだ。

「へえ、ペペが入ってるのか」

（ダダワを商品化するとき、ハバネロを入れるのも一つのアイデアかなあ……）

しかし、その後調査を続けたところ、地域ごとにペペの量が違っており、一度製品に入れるとそこから減らせないので、結局、入れないことにした。

別の家では、七輪にかけた鍋で牛乳からバターをつくったり、チーズをつくったりしていた。牛を飼う牧畜民族なので、たんぱく質は主に牛乳由来の食べ物からとっている。出来立てのチーズは、柔らかく、新鮮である。

トウモロコシを焼いたり、芋をすり潰して、丸くこねたりしている女たちもいた。女たちは原色のスカーフや顔だけ出すヒジャブで頭をおおっている。上半身裸の女もいた。

フラニ族の人々は、細面で唇が比較的薄く、男も女も整った顔立ちである。一夫多妻（最大四人）制のイスラム教徒で、この村では三人の妻を持つ男たちがいた。食事は当番の妻がつくり、夫の家に運んで行く。

妻子の家の一つに入ってみると、竹の骨組みとそれをおおうビニールシートの間に、調味料、食料品、菓子、写真、皿などがびっしりかつ規則正しく嵌め込まれ、まるで色とりどりの花が一斉に開いたようだった。

その日、小林は、一軒の家で手伝いをしながら、料理を習った。

家の中の土間の七輪の上で、炊きあがった米が湯気を立てていた。

腰まである赤いヒジャブを頭にかぶり、黄色地に赤や紺色で木の年輪のような模様が描かれた着物姿の女性が、長さ五〇センチくらいの杵で米を搗いて粘り気を出す。

女性は何度か搗くと、「じゃあ、やってみて」という感じで、小林に杵を差し出した。

ヨルバ族の民族衣装姿の小林は杵を受け取り、七輪の前に蹲踞《そんきょ》し、両手で杵を握って米を搗く。

赤いヒジャブの女性は微笑しながらその様子を見守る。

搗いた米はパウンデッド・ヤムと同様、丸めておかずに添えるもので、ハウサ語で「トゥオ・シンカファ（tuwo shinkafa＝調理された米）」と呼ばれる。

昼食はローランドと一緒に、フレッシュ・チーズをピリ辛ソースで煮込んだものに、搗いた米を付け合わせたものをふるまわれた。ほかではお目にかかれない料理で、ナイジェリアに来て初めて食べた。

「オゥ、イエス！　ゼイ・ユーズ・アジノモト（おお、この料理は、味の素を使っているね！）」

料理を一口食べて、小林が我が意を得たりという顔でうなずく。

ピリ辛ソースはカレーに似ていて、日本人の口にもよく合う味だ。ここでもダダワやマギーブイヨンとともに味の素が使われていて、付近の市場にはミナー（Minna）の町にあるWASCOの支店の営業マンたちがセールスに行っている。

昼の十二時半を過ぎて祈りの時刻が来ると、二、三歳の子どもたちも大人と一緒にメッカの方角を向いて地面の上にひれ伏し、祈りを捧げ始めた。

四日間の調査の最終日、草むらの一角で、男たちが鶏を捌いた。

フラニ族はあまり肉を食べないが、小林のための特別な料理だった。殺した鶏の羽を毟《むし》り、焚火で皮を焦がし、ばらばらに切って鍋で煮て、カレーに似たスパイスをからめて仕上げた。毎日走り回っている元気一杯の鶏だったので、筋肉ががちがちで、小林の人生で最も硬い鶏だった。

アブジャへの帰路、小林はミナー支店に立ち寄った。

訪問に際し、民族衣装ではなく、左胸に社名とお椀のロゴが白で入ったＷＡＳＣＯの真っ赤な半袖シャツを着用した。

ミナーはナイジャ州の州都で人口は三十万人強。主要産業は農業で、綿花、ギニアコーン、生姜、ヤムイモなどを生産している。牛の取引、醸造、シアバター生産、金採掘なども行われている。

ＷＡＳＣＯのミナー支店は、石井・小川時代の二〇〇三年一月に開設された。社員数は十八人、営業は五チームで、本社からのチェックもほとんど入らない小規模支店だ。

支店側は、事前連絡なしの本社取締役の訪問に驚いた様子だったが、大きなホワイトボードにはチームごとの目標に対する進捗状況が、黒、赤、青の三色のマジックペンで漏れや抜け落ちもなく、びっしりと書き込まれていて、真摯に業務を遂行していることが見て取れた。小林は、念のため日報やインボイスも見せるよう求め、目を通してみたが、その際も支店長らに動揺はなく、書類をきちんと出してきた。社員たちは明るく、モチベーション高く仕事をしており、小林は感心した。

それから間もなく――

ＷＡＳＣＯ社長の仁木純一は、社長室のデスクで、販売兼マーケティング部長の佐藤崇《たかし》と話をした。

五十二歳の仁木は、小林健一と同じ一九六五年生まれで、子ども時代に米国で約十年間過ごした。慶應義塾大学卒で、入社後、大阪、名古屋、東京で家庭用食品や広域量販店担当の営業を経験し、四十代でポーランド味の素社の社長を務めた。ＷＡＳＣＯには昨年七月に赴任し、この年七月に社長になった。

「……ナイジェリアには二億の人口がいるけれど、俺たちはまだその半分しか相手にしてないんだよな。これ、本当にもったいないよな」

細身で細面の仁木が、悔しさを漂わせていった。

ナイジェリアにおける味の素の販売量は北部が圧倒的に多く、南部では、ネスレのマギーブイヨンが市場を握っている。南部の開拓は、前任社長和田見《わだみ》大作からの申し送り事項でもあった。

「はい、是非とも何とかしたいですね」

仁木のデスクの前の椅子にすわった佐藤崇も強い思いを滲ませる。額が広く、眼鏡をかけ、骨格のがっちりしたエネルギッシュな風貌である。

四十歳の佐藤は初めての海外勤務で、去る七月に着任した。二十代後半で味の素に転職し、本社スポーツニュートリション部時代はアミノ酸サプリメント「アミノバイタル」の売上げを大きく伸ばした。

「ただ南部の風評被害には参るよな。体調不良で医者に行ったら『昨日、味の素食べましたか？』なんて訊かれるらしいし、知識層からして科学的根拠のないデマを信じてるんだから」

長年ＷＡＳＣＯの営業マンたちは、ライバル社が「味の素は洗剤で、料理に使うと下痢をする」というデマをまき散らしていると歯ぎしりしてきた。

二〇〇〇年代にＷＡＳＣＯに勤務した石井滋樹は、ナイジェリア南東部出身のイボ族で、米国のオー・ヘンリー賞も受賞した女性作家チママンダ・ンゴズィ・アディーチェの短編小説『Ｙｏｕ ｉｎ Ａｍｅｒｉｃａ』（邦題『アメリカにいる、きみ』）を読んで、主人公のイボ族の女性と付き合っている米国人男性が「ＭＳＧ（味の素など、うま味調味料の主原料であるグルタミン酸ナトリウム）には発がん性がある」と話す箇所を目にしたりもした。

「やはりＫＯＬ《ケーオーエル》に正しい情報を発信してもらうのが一番だと思います。早急に実現するようにします」

仁木同様、ノーネクタイのスマートカジュアル姿の佐藤が決意を滲ませていった。

ＫＯＬは、「キー・オピニオン・リーダー」のことで、佐藤はスポーツニュートリション部時代に、トップアスリートにアミノバイタルの効果を語ってもらい、それをメディアに記事にしてもらって、売上げを伸ばした。南部市場攻略に関しては、①南部の主要民族であるヨルバ族やイボ族の支持者が多いＳＮＳの発信者や、②医療関係者あたりをＫＯＬとして想定していた。

「ところで、フランシスカからヨルバ族の王様との謁見に挑戦してみたいっていう提案があるんですが」

佐藤がいった。フランシスカは広報担当の女性社員だ。

「ヨルバの王様？」

「はい、オオニ・オブ・イフェといって、イフェ（Ife）にいるそうです」

ラゴスからは、オヨ州の州都イバダン（人口約三百三十八万人）を経由し、約二〇七キロメートルの距離のところにあるオスン州の都市だ。

そこに、ハウサ族（ナイジェリアの人口の約二五パーセント）、イボ族（同二〇・五パーセント）とともに、国の主要三民族の一つであるヨルバ族（同二一パーセント）の王が住んでいるという。

「うーん、それは影響力はすごいんだろうけど……しかし、そんな偉い人に謁見なんてできるもんなの？」

「フランシスカはいろんなツテを持ってますからね。時間はかかるかもしれませんが、アポが取れるかもしれません」


翌二〇一八年五月――

仁木は、小林、佐藤、販売・マーケティング部課長の畠山猛、渉外や営業の現地社員らとともにラゴスの北東にあるイフェに車で向かった。

ヨルバ族のオオニ（王）とのアポイントメントが取れたのだった。

フロントガラスの先に、道幅のあるハイウェーが延び、道路脇に赤茶色の屋根の建物、ビル、工場などが現れては消え、彼方には密林が広がっている。雨季の始まりで、分厚い綿雲が青空に浮かんでいた。

ヨルバ族の神話では、オドゥドゥワという名の王がイフェに降り立ち、初代のオオニとなり、その子孫が各地に散らばってヨルバ諸国が誕生したとされる。現在のオオニであるオバ・オジャジャ二世は五十一代目で、三年前の十月に即位した。ラゴスを中心に国の南部から中部にかけて住む約四千万人のヨルバ族に対し、大きな影響力を持つ人物だ。

やがてWASCOの一行は、イフェに到着した。

古い町で、歴史上、存在が確認できるのは、西暦七〇〇年から九〇〇年以降である。人口は約五十万人。あちらこちらにヤシの木が生え、道路がひどく渋滞しているのはラゴスと同じだが、くたびれた赤茶色の亜鉛鋼板葺きの家々がひしめいている風景は、アジアの下町的な匂いもする。

王宮は市街地の東寄りにあった。立派な鉄柵の門があり、二つの門柱の上に金色の王と戦士らしい人物の像が立っている。三角屋根を持つ白亜の二階建てが三棟連なっている外観は、米国のホワイトハウスを思わせる。

仁木らは、天井から煌びやかな照明が降り注ぐ、ホテルの大宴会場のような広間に案内された。床には鮮やかな紫色のカーペットが敷き詰められ、中央にヨルバの神様らしい像や、二本の立派な象牙で支えられた台座、牙を剝いた二頭の豹の剝製などが置かれている。背もたれとひじ掛けのついた立派な椅子が、壁にそって三列横隊でぎっしり並べられているのは、日本の国会の委員会室のようだ。

広間に入ったのは午後二時だったが、まだ誰も来ておらず、がらんとしていた。

皆で記念写真を撮ったりしながら待ったが、午後三時を過ぎても、王は一向に現れない。

「ジェントルメン、アイドゥ・ライク・トゥ・インヴァイト・ユー・トゥ・ア・スペシャル・プレイス（皆さん、特別な場所にご案内したいと思います）」

白いゆったりとした衣装をまとった王宮の案内係の男性が味の素の一行にいった。

「プリーズ・カム・ディス・ウェイ（こちらへどうぞ）」

(特別な場所って、何だろう？　王様がなかなか来ないから、気をつかってくれてるのかな？)

薄茶色の頭巾ふうの帽子をかぶり、胸元に模様が入った丸首の白シャツに白いズボンというヨルバ族の民族衣装姿の小林は怪訝に思いながらついて行く。

一行は、王宮の横にある小さな庭園のような場所に案内された。

茶色い石のアーチ型の門があり、案内係の男性が門の鉄柵をギイーッと開ける。

緑の芝生の中に小道が延びており、その先に白い石造りの井戸があった。

「ここは神聖な場所ですから、皆さん、靴を脱いで下さい。それから写真撮影は禁止です」

案内係の男性の指示にしたがって一同は靴を脱ぐ。

「ウェルカム・バック（お帰りなさい）」

案内係の男性がいった。

「こちらがイェイェモル（Yeyemolu）の井戸です。ここから全人類が発祥したのです。ですから訪問された方々には『お帰りなさい』といってお迎えします」

二段の丸い台座の上に直径が五〇センチメートルくらいの井戸があった。

ヨルバ族は自分たちを世界最古の民族で、全人類の始祖であると考えている。

「イェイェモルは、最初のオオニ（王）の妻でありました。また、姿は見えませんが、それ以降のすべてのオオニの第一の妻でもあります」

WASCOのナイジェリア人社員たちは、この井戸のことを聞いたことがあるらしく、感じ入った表情である。

「ここの水は聖水中の聖水です。飲むと永遠の命が授けられるといわれております」

オオニに関する儀式で水を必要とするものには、すべてこの井戸の水が使われているという。

（そ、そうなの？　これが……？）

小林が井戸の中を覗き込むと、何やら不純物がうようよと浮いていた。

「今日は特別に、皆さんに井戸の水をお飲み頂けます」

（げっ、ほんと⁉）

「では、どうぞ」

案内係の男性が小ぶりのバケツを井戸の中に落とし、水を汲んでコップに注ぐ。

渡されたコップはかなりの容量があった。コップ自体にも藻が付着しており、水の中に不純物がたくさん漂っていた。

（こ、これは、相当な健康リスクがあるのでは……⁉）

小林らの背筋を冷たい汗が流れ落ちる。

ナイジェリア人社員たちのほうを見ると、一見感激しているようだが、実は怯えているような気配も漂っていた。

飲みたくはないが、到底断れない状況である。

（南無三《なむさん》！）

一同は覚悟を決め、一気に水を喉に流し込んだ。

味は不味《まず》かった。

その後も王は現れず、仕方がないので、ＷＡＳＣＯの一行は街を散策したり、王宮の隣にある国立博物館を観たりして時間をつぶし、午後四時半頃王宮に戻り、一緒に連れて来たテレビ局のクルーのインタビューを受けたりした。

この頃になると広間には王に謁見する人々が集まって来ていて、壁際の椅子にすわったり、カーペットの上にすわり込んだりして、がやがや話をしていた。ざっと見て、全部で二百人くらいいた。

午後六時過ぎ、広間の左手の壁にある扉が開き、ジャンジャンジャンジャン、カンカンカンカン、プパパパパパパーッという、鉦《かね》や太鼓や管楽器の賑やかな音楽とともに、白い衣装姿の楽隊の男たち三十人ほどが入場して来た。そのあとに、お付きの人々に取り囲まれた王がのっしのっしと歩いて来た。

王は大柄で、プロレスラーのように体格がよい。きらきら光る灰色の帽子をかぶり、朱色の珊瑚の首飾りとブレスレットを着け、左手に帽子と同じデザインのきらきら光る長い杖を持っていた。

王は、正面奥の一段高いところにある白く大きなソファーにすわった。

「順番が来るまで、もう少しお待ち下さい」

案内係の男性が仁木らにいった。

人々が謁見を始めた。王の前に歩み出ると、身体を前に倒すようにして両手を床につけ、両脚を後ろに投げ出して頭を下げる。その後、カーペットの上に畏《かしこ》まって正座し、お互いにマイクを使って王と話し、それが終わると、贈り物をしたり、王の肖像画を囲んで一緒に記念撮影をしたりする。

王の肖像画を持参するのがここの慣《なら》わしで、WASCOの一行も縦横一メートル二〇センチくらいある肖像画を用意していた。

三十分ほど経ち、WASCOの一行に順番が回ってきた。純白のゆったりとした衣装をまとった恰幅のよい係の男性に案内され、広間にいる人々の注目を浴びながら、王の前に進み出て、腕立て伏せのような恰好で頭を下げる。腕立て伏せの場合はつま先を曲げ、左右十本の足の指で身体を支えられるが、ここではつま先は曲げず、両足の甲を床に着けなくてはならない。かなり苦しいが、最初は王を見てはいけないということなので、我慢するしかない。

やがて顔を上げるのを許されると、王は三、四メートル先の段の上のソファーにリラックスしてすわっていた。周囲には白くゆったりとした衣装を着たお付きの男たち数人が控えている。

オバ・オジャジャ二世は四十三歳。王族の家に生まれ、イバダンの高等職業訓練校で会計士の資格を得ており、ナイジェリア公認会計士協会の会員でもある。王になる前は、住宅や工場の建設プロジェクトに従事し、現在も不動産専門銀行の役員を務めている。ヨルバの王は、王位継承順ではなく、王族の中から特に優秀な人間が選ばれる。昨年は、ナイジェリアの有力な王の一人として、夫婦でバッキンガム宮殿に招かれ、チャールズ皇太子（現・国王）、カミラ夫人と面会している。

「ユア・インペリアル・マジェスティ（王様）、本日はお目通りをお許し下さり、誠に有難うございます」

茶色い柄物のヨルバの民族衣装姿の仁木が膝立ちになり、マイクを使って英語で話しかけた。

仁木の左隣に小林、その隣に謁見をお膳立てした広報担当のフランシスカ、右隣には赤い味の素シャツを着たイバダン支店長や畠山が控えていた。

「わたしどもは科学的根拠にもとづき、味の素を百年以上にわたって販売して参りました。世界のどこの国においても、味の素の安全性は認められております。ＮＡＦＤＡＣ《ナフダック》も認めております」

ＮＡＦＤＡＣ（National Agency for Food and Drug Administration and Control）はナイジェリアの食品医薬品管理局である。

発言する仁木を、一緒にやって来たテレビクルーが撮影していた。

「わたしどもは、今後も安全で美味しい商品をナイジェリアの消費者の皆様にお届けし、国民の健康と国家の発展に寄与したいと存じております」

王様は仁木の言葉をうなずきながら聞く。ビジネス事情にも詳しい頭脳明晰な人物なので、WASCO一行の訪問の意図は十分に理解していた。

「今日はよく来てくれた。あなたがたを歓迎する」

白いソファーにゆったりとすわったオバ・オジャジャ二世がマイクを手に英語で話し始めた。拝謁者たちと距離があるので、いつもマイクを使っているようだ。

「あなたがたの商品が安全であることは、わたしもよく理解している。貴社の活動はわたしもサポートするので、今後も現地社会に貢献するよう、努力を続けてほしい」

「サンキュー、ユア・インペリアル・マジェスティ」

仁木がお礼を述べ、話は終わった。

味の素の一行が持参したオバ・オジャジャ二世の大きな肖像画を当の本人を中心に皆で囲み、なごやかに記念撮影をした。

その後、仁木、小林、イバダン支店長らがその場でテレビのインタビューを受け、味の素が安全であること、健康に悪いという噂はデマであること、料理に入れると美味しさを倍加させることなどを話した。

後日、仁木らの会見の様子や王の発言が味の素の商品とともに政府系の放送局、NTA（Nigerian

Television Authority）などのニュースで放映され、風評の打ち消しに寄与した。幸い、井戸水で腹をこわした人間はいなかった。

仁木らは、南部のアナンブラ州のオニチャにいるイボ族の王（Obi of Onitsha）にも同じように会いに行き、王のお墨付きの言葉をニュースで放映してもらった。

翌年夏、仁木がタンザニアのザンジバルに一人旅をし、ラゴスに戻ったとき、空港で偶然、ヨルバ族の王に再会した。ジャンジャンジャンジャン、カンカンカンカン、プパパパパパパーッという賑やかな音楽が聞こえたので、視線を向けると王と目が合い、仁木を憶えていたらしく「ハウ・アー・ユー？」と話しかけられた。仁木が「元気でやっております。有難うございます」と英語で答えると、王は包容力を感じさせる笑みを浮かべ、去って行った。

ＷＡＳＣＯは、王様への訪問とタイミングを合わせ、ＫＯＬと考えられる人々を招いてセミナーも実施し、味の素の宣伝や風評の打ち消しに努めた。

仁木はまた、南部の都市を訪問するたびにラジオにも出演し、情報拡散を図った。カメルーンとの国境寄りのイモ州のオウェリ市で公共ラジオに出演したときは、うま味、ＭＳＧ、味の素などについて話し、一般リスナーと電話受付によるＱ＆Ａを行なった。リスナーのほとんどが「祖母や母親は味の素やＭＳＧを使っていたが、いつの間にか使わなくなり、今は悪い噂しかない」と話すので、南部の風評被害の深刻さを実感させられた。

七月中旬――

小林健一は、アナニという名のＷＡＳＣＯのＲ＆Ｄ部の男性研究員と一緒に、マリ共和国の首都バマコに出張した。ダダワを商品化することをほぼ決めたが、マリの調味料メーカーが、すでにダダワの粉末を商品として販売しているという情報があり、もし使えるものなら原料として輸入しようと考えた。マリではダダワではなく「スンバラ(soumbala)」と呼ばれ、周辺のガンビア、ブルキナファソ、トーゴなどでも広く使われているという。

マリは、「幻の黄金郷」トンブクトゥで有名な西アフリカの国で、この地に興亡した歴代の帝国の交易都市として栄え、一九六〇年にフランスから独立した。北はアルジェリア、東はニジェール、西はモーリタニアやセネガル、南はギニアやコートジボワールなどと接する内陸国だ。国土の約六五パーセントはサハラ砂漠で、年間を通して一日の平均最高気温が三十度を下回る月がない炎暑の地である。国の中北部は「イスラム・マグレブ諸国のアルカイダ(AQIM)」などのイスラム過激派が支配し、これに対してフランスが軍事介入しており、テロや誘拐も多発している。

ラゴスからは、コートジボワールのアビジャン経由で五時間強のフライトだった。

首都のバマコは、地元のマンディンゴ族の言葉で「ワニの湿地」を意味する。アフリカ第三の大河ニジェール川が東西に貫流しており、人口は約二百四十五万人。緑が多く、そこそこ近代的な佇まいで、川沿いに巨大な土の塔のようなBCEAO(西アフリカ諸国中央銀行)の地上八〇メートルのビルが聳えている。

庶民が住む下町は、住宅や商店や屋台の食べ物屋などがごちゃごちゃと集まっており、水はけの悪い道路にはいつも赤い土埃とごみが舞っている。道端の露店では丸めたスンバラが売られ、Airbnbで予約した民宿の若い主婦も料理にスンバラを使っていた。

「……んー、これは会社がある雰囲気じゃないなあ。いったい、どうなってるんだ？」

「これ、自動車の修理工場ですよね」

小林とアナニは、スンバラの粉末調味料を製造、販売しているというバラムッソ（Bara Musso）社の住所にやって来たが、そこにあったのは自動車の修理工場だった。

バラムッソ社は約三十年の歴史があり、マリでナンバーワンの調味料メーカーだ。国内だけでなく西アフリカのフランス語圏で手広く展開している。

しかし、電話をかけてもなかなか繋がらず、首尾よく繋がっても会話がフランス語なので、まごまごしているとガチャンと切られてしまう。仕方がないので、アポイントメントなしで現地にやって来て、商品のパッケージに書かれた住所を訪ねてみたのだった。

「困ったなあ。どうやって捜そうか？」

「うーん……」

小林に訊かれ、アナニも首をかしげる。

イボ族出身の三十代後半の男性で、働きながら週に二日大学に通っており、仕事もできて人柄もよいので、小林が工場の製造管理部門からR＆D担当に抜擢した。

二人でタクシーに乗って街の中を懸命に捜していると、バラムッソ社の派手な黄色い看板を掲げた小売店があった。コンビニふうの小型店舗で、壁に色とりどりのサシェをぶら下げ、棚にはプラスチック容器入りの商品をずらりと並べていた。粉末のスンバラ、魚や鶏味のだし調味料、カレー粉、タマネギやオクラやセロリのパウダー、ニンニクやトマトのペーストなどだった。トウガラシ入りのスンバラもあった。

「エクスキューズ・ミー、ドゥ・ユー・ノウ・ジ・アドレス・オブ・ザ・マニュファクチャラー・オブ・ディーズ・プロダクツ？（すいませんが、これらの商品をつくっている会社はどこにあるか、ご存じですか？）」

小林とアナニは店内の商品を指さし、店員に英語で訊いた。

「つくってる会社の本社に行きたいと思ってるんですけど」

何度かやり取りをしたあと、相手は意味を理解したらしく、小さな紙切れに住所を書いてくれた。

小林らが商品のパッケージから知った住所とはまったく違う場所だった。

（いったい、どうなってるんだ!?）

二人は訝りながら、タクシーで教えられた住所に向かった。

市内中心部の道は碁盤の目のように整備されており、黄色いベンツのタクシーやオートバイがのんびり走っていた。大渋滞、無秩序、逆走が当たり前のラゴスとは別世界で、アフリカの大きな田舎町といった風情である。途中、黄色い看板を掲げたバラムッソ社の店舗もいくつか見かけた。韓国企業が進出しているようで、ヒュンダイの家電製品や大宇自動車の看板もあった。

ニジェール川にかかる大きな橋を渡り、市街地と空港の中間あたりにある本社に行ってみると、外壁を目立つ黄色に塗った倉庫のような二階建てのビルで、目の前の通りは赤土だった。商品を販売する店舗とガレージが併設され、配送用の黄色いトラックが停まっていた。

「ハロー、エクスキューズ・ミー……。日本の味の素という食品会社から来た者なんですが」

小林は自分の名刺を差し出し、社員の一人に自己紹介をした。

本社で働いているのは、せいぜい五人くらいのようだ。

「ハウ・キャナイ・ヘルプ・ユー？（どういったご用件ですか？）」

オフィスから社長秘書だという中年女性が出てきた。

鮮やかな青のスカーフで頭をおおい、青と黒の落ち着いた花柄模様のハワイアンドレスふうの服装をしていた。マリアム・アカという名前で、ガーナ大学を出ており、教師を経て今年入社したという。肌は薄めのコーヒー色である。

二人は社長室に案内された。大きな部屋ではないがエアコンが利き、淡い焦げ茶のカーペットが敷かれ、奥に社長のデスクと黒い革張りのチェアーが置かれ、艶やかな木製のガラス・キャビネットに自社製品が陳列されている。何かの表彰を受けたときの社長の写真を見ると、目つきが鋭く、エネルギッシュな感じの四十代くらいの男性だった。

「社長は、今、サウジアラビアのメッカに巡礼に出ているんです」

応接用のソファーで、秘書の女性がいった。

マリは人口の九割がイスラム教徒だ。

「バマコに結構お店がありますね」

小林がいった。

「市内にはうちの直営ショップが十一あって、そのほか、うちの製品だけを扱うディストリビューター（卸問屋）も多数あります」

「スンバラはどこでつくってるんですか？」

「ミニサットという名前の村です」

バマコの北西二五キロメートルほどのディアゴという町から奥に入ったところにある村で、原料はネレの実だという。ネレはマメ科の植物で、長い鞘の中に黒い実が入っている。

「スンバラをつくる女性たちは、みんなうちの社員にして、作業方法も指導して、衛生的にやらせています。発酵させて、乾燥するところまで村でやります」

ネレの実も発酵させるとダダワ同様、強烈な納豆臭がする。ナイジェリアから大西洋岸のセネガルやガンビアにいたる西アフリカ一帯は、ダダワやスンバラを日常的に使う、「納豆ベルト地帯」だ。セネガルでは、人口の四割が話すウォロフ語で奇しくも「ネテトゥ」と呼ばれる。

「工場はバマコの郊外のコディアラニという町にあって、乾燥したスンバラをそこに運んで、パウダー状にして袋詰めしています」

袋詰めの機械や包材は中国やイタリア製だという。

「なるほど、そんなふうにやってるんですね」

二人はメモをとりながら相槌を打つ。

「うちは御社と契約して、月に二トンくらい購入したいと思っています。それと工場を拝見させてほしいんですが」

商品用に購入するには、サプライヤー・オーディット（納入業者監査）が必要である。

「ああ、そうですか。うちはバルク（まとまった量）では売ったことがないので、ちょっと社長に訊いてみましょう」

秘書の女性はスマートフォンを取り出し、サウジアラビアにいるという社長に電話をかける。

「アロゥ」

スマートフォンを耳にあて、現地語で話し始めた。

多民族国家のマリには代表的な現地語が四つあり、首都バマコでは主にバンバラ語が使われている。

最初に状況を話しているようで、「味の素」という語が会話に入っていた。その後、社長から何やら色々と指示が出され始めたらしく、女性はどこか厳しい顔つきに変わり、何度も相槌を打つ。

会話を終え、スマートフォンを切った。

「それで、いつ工場を見せてもらえますかね？」

小林が訊いた。

「うーん、工場はねえ……」

秘書の女性は一転して、はぐらかすような感じ。

「僕らは、今日でも、明日でも、明後日でもいいんですが」

「うーん……ちょっと難しいわねえ」

（あれっ、どうしたんだ？）

先ほどまでのフレンドリーな態度ががらりと変わり、急によそよそしくなった。

「今回はサンプルを購入させてもらって、少なくとも契約前に工場を見せてもらいたいと思ってるんですが」

「ちょっと、わたしにはそういうことは分からないですねえ」

その言葉に、小林とアナニは顔を見合わせる。

（こりゃ、社長に何かいわれたな……）

あとで推測してみると、社長は日本の会社が自分たちの会社を買収しようとやって来たのではないかと恐れたのかもしれなかった。

「僕らは、ただ御社の製品を買わせてもらいたいと思ってるだけなんですけど」

その後、色々話し合い、今回はサンプルとして五〇キログラム購入し、品質分析書と生産工程のフローシートをもらえることになった。しかし、工場見学はやはり駄目だという。

「それじゃあ、ちょっと待って下さい」

秘書の女性は再びスマートフォンを手にとり、話し始める。

今度は社長ではないようで、かなり気軽な感じで話している。

「じゃあ、工場で五〇キロお売りします。代金はキャッシュで払って下さい」

電話を終え、二人にいった。

「分かりました。工場に行けばいいですか？」

「工場に行くのは駄目です。近くの場所で待ってもらいます」

（はー、ずいぶん警戒されたもんだなあ！）


二人はタクシーでバラムッソ社の車のうしろについて三十分ほど走り、工場まであと十分ほどの場所で待機するよう告げられた。炎天下の路上で三十分ほど待ち、大きな袋に入った粉末のスンバラ五〇キログラムを受け取り、現金で十一万三千五百ＣＦＡ《セーファー》フラン（約二万三千円）を支払った。

ラゴスに戻り、空港に到着すると、検疫の検査官にスーツケースを開けられ、「これは持ち込めない。豆は駄目だ」といわれた。小林は「生きている種なら駄目だというのは分かるけれど、加工品なら法律上持ち込み制限はないはず」と反論したが、埒が明かないので、ＷＡＳＣＯのナイジェリア人総務部長に連絡し、直接電話で交渉してもらった。結局、八〇ドル払えば持ち込めるということになった。しかし、法律的には何の問題もなく、本当に検疫上問題があるのなら、金を払えば持ち込めるというのもおかしな話で、間違いなく賄賂のための金銭要求だった。

数日後――

ＷＡＳＣＯの味の素のリパック工場は、いつものように休みなく稼働していた。

袋詰めされる味の素は、ブラジル味の素社がサトウキビの糖蜜から製造したもので、九五〇キログラム入りの丈夫な紙のバッグで輸入され、クレーンで吊り上げられ、リパック機に投入される。

工場には、エアシャワー室を通ってから入る。緑色の床に、サシェのサイズごとに分けられたリパックのラインが五列並び、ベルトコンベヤーのジーンという音の中、タンッ、タンッ、タンッ、タンッというシール（包装）機の規則正しい音や、ベルトコンベヤーのジーンという音の中、全身を白いヘアキャップ、制服、手袋、マスクで包んだオペレーターたちが作業にあたっている。包材はシンガポールのグループ会社が製造したものだ。

サシェにリパックされた味の素はベルトコンベヤーで壁の向こうの箱詰めゾーンに送られ、黄色い制服で全身をおおったオペレーターたちが箱詰め作業をし、詰め終わった段ボール箱は、さらにベルトコンベヤーで倉庫に送られ、動物の檻のような大きな銀色のカートに積み上げられていく。

工場には、社員と派遣社員合わせて約三百五十人が所属している。勤務は、朝七時から夜七時、夜七時から朝七時まで（それぞれ途中一時間休憩）の二交代制である。出来上がったサシェは、一時間ごとに抽出検査されている。

その日、同じ建物の一階（日本でいう二階）にあるR&Dのラボで、白衣姿の小林とアナニが、話し合っていた。

ラボは元々製造管理部長の部屋で、小林が来てR&D部を立ち上げたとき、ラボに改造した。広さは二十平米ほどで、中央に調理台にも使える大きなテーブルと棚、壁沿いにテーブルや流し台が配置され、トースター、電子レンジ、ミートプロセッサー、皮剝《かわむ》き機、近赤外水分計、安息角・かさ密度測定器、冷蔵庫など、様々な機器や調理道具が備え付けられている。

賞味期限の試験に使う孵卵器は加速試験ができるよう、摂氏二十七度、三十七度、四十七度の三種類に設定できるようになっている。

部屋の中央の棚には、プラスチックの容器に入った様々なフレーバーの粉が並んでおり、大きな窓からは味の素のリパック工場の作業状況を見下ろせる。

「うわー、こりゃ駄目だ！」

恒温槽で二十四時間培養したバラムッソ社のスンバラの水溶液の試験管群を見て、小林は顔をしかめた。同社のスンバラの分析をしているところだった。

「うーん、大腸菌……！　これは駄目ですねえ」

そばにいた白衣姿のアナニも表情を曇らせる。

スンバラから大腸菌が検出されたのだった。

さらに検査すると、製品一グラム中百個以上あった。

「人糞か動物の糞か分からないけれど、糞便からコンタミ（汚染）するような環境でつくってるっってことでしょうねえ」

アナニがいった。

「うん。村にはヤギとか鶏とか、色んな動物がいっぱいいるだろうから、その糞にハエがとまって、つくってる最中のスンバラに飛んで行くと、すぐコンタミしちゃうだろうね」

小林は念のため外部の分析機関にも分析を依頼したが、やはりかなりの量の大腸菌が検出され、結局、バラムッソ社のスンバラを使うアイデアは放棄せざるを得なかった。

3

小林は、WASCOのR&Dのラボで、ダダワの商品化の作業に取りかかった。

目指す商品は、清潔な工程でつくったダダワを主体にした粉末調味料で、一〇グラム程度のサシェに小分けして販売しようと考えていた。

最初の作業は、最適なレシピを策定するための試作である。まず少ない量でつくり、それで上手くいけば、徐々に量を増やしていく。

工程は、イナゴ豆を選別し、殻を剥かずに水を吸わせるところから始まる。しかし、殻が簡単にとれず、処理の仕方がなかなか見つからなかった。

（ダンクアリ・ジュヤ村では、三時間煮て、殻をやわらかくしてから、砂を少し入れて、臼で搗いてたなあ……）

白衣姿の小林は、村で撮った写真をスマートフォンで見ながら考える。

臼で搗いたあと、村の女たちは砂を取り除いていたが、それでも少し残り、食べるとじゃりじゃりした。しかし、味の素の商品に砂が交じっているのは許されない。

（どうやったら、効率よく殻を除去できるんだろう……？）

スマートフォンの写真を何度も見ながら考える。

殻の問題と同時並行で、発酵と乾燥についても条件を色々変えて試し、最適のレシピを探った。

試作品の発酵は、殻を剝いたイナゴ豆に納豆菌を振りかけ、日本製の電気釜サイズのヨーグルト製造器で行う。このとき、納豆菌の濃度や振りかけ方、発酵の温度と時間について何通りも条件を変えて試す。また発酵後の乾燥時間についても、最適の条件を見つけなくてはならない。

「ん？　カビが生えてる！」

発酵器の青いプラスチック製の蓋を取り、小林が驚きの表情を浮かべた。二日間かけて発酵させたイナゴ豆の表面に白いカビが大量に生えていた。

「確かに、生えてますねえ」

白衣姿のアナニも艶々したコーヒー色の顔を曇らせる。

「村で発酵させたときは、カビなんてまったくなかったよね」

「ええ、なかったです」

ダンクアリ・ジュヤ村のアミヌ家では、家の裏手の物置でイナゴ豆を発酵させていた。発酵した豆は表面温度が五十二度で、ねばねばと糸を引き、納豆そっくりに発酵していたが、カビは一切生えていなかった。

いつかない。

「いったい何が起きたんだ……？」

小林は、発酵に関するデータを記載した紙をめくり、考えを巡らせる。しかし、すぐに原因は思いつかない。

十月――

Ｒ＆Ｄ部とマーケティング部の社員らが新製品の名前のアイデアを十くらい出し、販売兼マーケティング部長の佐藤崇が既に商標登録されていないのを確認した上で、「デリダワ」という商品名を決めた。そして計画が外部に漏れないよう「ＧＡＩＡプロジェクト」というコード名を付け、開発を進めた。

新製品の工場建設も始まった。

場所は、味の素のリパック工場の端で、更衣室、シャワー室、トイレをつぶし、改築する。ヘルメット、マスクに安全管理のための黄色い蛍光色のジャケットを着た労働者たちが、ハンマーなどでガンガン壁や天井を壊し、更衣室のロッカーや便座を取り外し、いったん廃墟のような状態にした。その後、設計図にもとづいて電気の配線や空調のダクトを設置し直し、壁の一部を煉瓦で補強し、天井に蛍光灯や換気扇を設置し、真新しいドアを設置し、壁を白く塗り上げていった。

地上階、一階ともに広さは約五十平米で、一階で豆の選別、洗浄、浸漬《しんせき》（水に浸けること）、滅菌、発酵、乾燥、粉砕を行い、地上階に下ろして、味の素、塩、植物蛋白加水分解物（ＨＶＰ）、三種類のフレーバーなど他の原料と混合し、機械で袋詰めする。

一階には発酵室を設け、スプレーで豆に納豆菌を散布し、温度や湿度をデジタル表示で管理する。

乾燥室は、本来であれば、ボイラーでつくった蒸気をパイプで部屋の中に通し、ヒーターにする。この場合、建設費用が一千万円くらいかかる。しかし、建設費や機器代を含めたすべての投資を二千五百万円以内に抑えるという計画のため、サウナ用のヒーターで代用することにした。市販のステンレス製の製品で、上に砕いた石が載っている、日本でもよく見かけるタイプだ。値段は六十万円ほどだったが、効果は十分で、しかも壊れにくいというメリットがあった。

小林らは毎日のように工事現場を訪れ、設計図を見ながら進捗状況を確認し、現場監督の質問に答えたり、工事に関する注文を出したりした。やがて徐々に、食品工場にふさわしい清潔な空間が出来上がってきた。

十一月二日、小林らはナイジェリア南東部のエヌグで、同二十三日には北部のカノで、出来上がったレシピにもとづき、デリダワの消費者テストを行った。カビの問題はまだ克服できていなかったが、カビは発生するときとしないときがあり、試作品には発生しなかったときのものを使った。

現地に出向いたのは小林、佐藤崇、アナニ、R&Dの三人の女性社員、マーケティング担当の女性社員、両都市をカバーしているエリアマネージャーや営業マンである。

一行は、テスト会場にしたホテルの厨房を借り、三種類の野菜スープ（煮込み料理）をつくった。マギー・キューブだけでつくったもの、一般のダダワとマギー・キューブでつくったもの、WASCOが新たに開発したデリダワの粉末とマギー・キューブでつくったものの三種類である。

それぞれの会場で、五十人の一般消費者を招き、三種類の野菜スープを食べ比べてもらった。

その結果、デリダワを使ったものが、他の二つのスープに比べて圧倒的に高い評価を獲得した。

小林らはそれにもとづき、最終レシピを決定した。

また試作品の一〇グラムのサシェを示し、いくらぐらいなら購入してもよいと思うかという購買意向も調査した。その結果、一袋三十ナイラ（約九円三十三銭）なら、八割以上の人が購入を希望することが分かった。

WASCOの社員たちは、エヌグにもカノにも来たことがなかった者が多かったので、何度も来ている小林が、市場の視察も兼ね、彼らを案内し、市場、博物館、観光スポットなど、町のあちらこちらを見て回り、地元のレストランで食事をした。日本人がナイジェリア人を案内してナイジェリアを紹介するという一風変わった視察になった。

翌二〇一九年一月下旬――

正午近く、小林は自分のデスクで仕事をしていた。席は工場の製造管理部門の正面奥にあり、教室のようにすわった三十人ほどの社員たちと向き合っている。

技術担当取締役の仕事は、R&Dだけでなく、製造全般に及ぶ。リパック工場に関する経費や予算を承認したり、様々な問題ごとの相談に乗る。また品質保証に関する仕事も比重が大きく、NAFDACが新たな規制を定める前に素案《そあん》をキャッチし、WASCOに不利益にならないよう働きかけたりする。

仕事が一段落すると小林は立ち上がり、近くにすわっているアナニの席にぶらりと立ち寄った。

「どう、クラッシング・マシン（粉砕機）は見つかりそう？」

アナニのそばに立って小林が訊いた。

「いやあ、サプライヤー（供給者）に関する情報がなかなか手に入らなくて」

額の広い聡明そうな面立ちで、がっちりした体型のアナニが小林を見上げ、顔を曇らせる。

発酵後に乾燥させたイナゴ豆を粉にする粉砕機を探しているところだった。日本から持ってくれば簡単だが、予算の都合上、現地で調達しようとトライしていた。

「うーん、そうなの……。こないだラゴス島のマーケットを歩いてたら、工業製品とかを専門に売ってるような一角があったけど、あそこにないかな？」

小林がいった。

「えっ、それはどのあたりですか？」

「橋を渡ってわりとすぐの、バスターミナルの近くの大きなマーケットだったと思うけど」

アナニはスマートフォンを取り出し、場所を調べる。

「ケン、それはジャンカラ・マーケットですね。ラゴスで最大級のマーケットです。確かにあそこなら何か売ってるかもしれません」

「じゃあ、行って見ようよ、今から」

「えっ、今から!?　でもあそこは危なくて、外国人が行くような場所じゃないですよ。それに領収証もちゃんと出してくれるかどうか分からないし」

「大丈夫、大丈夫。ローランドも一緒に行くから。行こ、行こ」

午後、小林とアナニはジャンカラ市場に出かけた。

WASCOの工場があるアパパ地区とはラグーンを挟んだ対岸である。コンクリートで塗り固められた敷地はほうぼうが陥没したり、水溜まりができたりしており、木造の商店、掘っ立て小屋、パラソルを立てた店、野ざらしの露店など、様々な形態の店舗がひしめき、日用雑貨、衣料品、布、装飾品、鞄、時計、家電製品、機械類、手工芸品、ひょうたん、工具、部品類、食器、石炭など、ありとあらゆる物が商われ、商品や段ボール箱などを頭の上に載せて運ぶ男女の買い物客や店員などでごった返している。付近の道路からは自動車やバイクのピピーッ、ビーッというセミの鳴き声のような警笛音が盛んに響き、紫や緑色などの揃いの制服の小中高生がリュックを背負って人や車の間を縫うようにして通り過ぎる。

「……うーん、これも鉄製だなあ」

小林とアナニは、機械類や、ポリタンク入りの燃料を雑然と陳列している一軒の店先で、ナイジェリア製の粉砕機を見ながらいった。

何軒か当たってみたが、豆類を粉砕する円盤部分だけはステンレス製のものもあったが、それ以外は鉄製の機械ばかりだった。値段は日本円換算で一台約五万円という、考えられないほどの安さだったが、鉄は錆びると異物混入の原因になるので食品の製造には使えない。

「とにかく鉄製は駄目なんだよね」

小林はナイジェリア人店主にいった。

「大丈夫、大丈夫。これみんな、食品に使ってるから」

店主は平然と勧めてくるが、小林にとっては論外だ。

しかも仕上げもいたって雑で、素人が日曜大工でつくったような代物だった。

「アナニ、とにかく鉄じゃなくて、ステンレス製のものがないか訊いてくれないか」

アナニがうなずき、店主に現地語で説明する。

別の男がやって来て、アナニに話しかけた。

「ケン、別の店にステンレス製の粉砕機があるそうです」

「えっ、ほんと!?」

「カム・ディス・ウェイ（こっちです）」

男はアナニと小林を案内するように歩き出す。

（ひゃーっ、こんな狭いところを！）

建物と建物の間の、人がやっとすれ違える路地だった。

そんな狭い空間にも店が並び、中古のスピーカーを並べて売っていたり、テレビの修理作業をしていたり、男がスマホで話しながら通り過ぎたりする。

路地を抜けると広場で、店がたくさん並んでいた。

案内された店は、釘が剝き出しでひしゃげた赤茶色のトタン屋根の下に、家電製品や機械や段ボール箱入りの商品を積み上げていた。

店主はアナニにカラー刷りのカタログを見せ、商品の説明を始める。

アナニはカタログを見ながら耳を傾ける。

「この粉砕機とモーターをくっつけて使うんだそうです。値段は十二万ナイラ（約三万六千円）です」

アナニが小林に、目の前の青い逆円錐台形（上の投入口が大きく、下がすぼまっている）の機械と段ボール箱に入ったモーターを示していった。

「十二万ナイラは安くていいけど、これ、鉄じゃないかなあ」

きれいな青色に塗装された機械は、質感から何となく鉄のように見える。

「中国製のステンレスのものは倉庫にあるけど、高いよ」

店主の男がいった。

「えっ、ステンレス製があるの!?」

「うん。これが写真だ、ほら」

店主はスマートフォンの画像を二人に示す。

投入部分は逆円錐台形の似たようなつくりの機械で、やはり全体が青く塗装されていた。

「これは燃料エンジンで回すやつだけど、電気モーターでもできるよ」

「これ、実物を見て確かめないと、ステンレス製かどうか分からないね」

小林がアナニにいった。

倉庫の場所を訊くと、アナニの住まいの近くなので、翌日、出勤前にアナニが見てくることにした。


翌朝――

小林が会社に出勤して間もなく、アナニから電話がかかってきた。

「ケン、例の粉砕機を見てきましたけど、あのおやじがいってたのは嘘八百で、中国製でもステンレス製でもありませんでした」

「ああ、そう。まあ、よくあることだよね」

スマホを耳に当て、小林は苦笑する。

「でもその近くの別の店に、中国製のステンレス製のマシンがありました！」

アナニが興奮気味にいった。

「えっ、本当にステンレス？」

「イエッサー！　しっかりした感じのマシンです」

「値段はいくら？」

「結構高くて、五十万ナイラです」

しかし、日本円に換算すれば十五万円ちょうどで、日本製に比べればべらぼうに安い。

「何台あるの？」

「この一台だけです」

「アナニ、それすぐ買って来て」

「えっ、今ですか？」

「そう、今。タクシーに積んで、会社に直行して」

「わ、分かりました」

（イナゴ豆も油分があって難しいだろうけど……まあ、えいや！　だな）

通話を終え、小林は思う。

豆が含む油分が粉砕時に障害になることがある。

イナゴ豆は大豆と似た組成で、一五〜二〇パーセントの油分がある。

（もし使えなかったらほかに転用したりもできるだろうし、十五万円だから、まあいいだろ）

午後——

小林らは頭に白いヘアキャップをかぶり、防護服のような白い作業服姿で、あと二ヶ月ほどで完成するデリダワの工場に赴き、アナニが買って来た中国製粉砕機を試した。

粉砕機はビニールで覆われた木箱に入っていて、箱には「五谷杂粮磨粉机」（全粒穀物粉砕機）と黒いインクで漢字が書かれていた。

箱を分解し、中から機械を取り出す。

（おお、これは確かにステンレス製だ！）

ピカピカのステンレス製の機械だった。

家庭用電子レンジより一回り大きいくらいの箱型で、側面に円盤型の粉砕機が付いており、漏斗《ろうと》型の投入部を上に取り付けるようになっていた。

期待で胸を膨らませながら配線をし、投入部から発酵・乾燥したイナゴ豆を流し込み、スイッチを入れた。

ガァーッという派手な音がして、投入部の穴に豆が吸い込まれてゆき、豆が粉砕された茶色い粉が、業務用のコーヒーミルのようにどんどん吐き出される。

一見強力なパワーで、出だしは好調だったが、三十秒もしないうちに出てくる粉の量が減った。落ちてきた粉に手で触れると、かなりの高温になっており、焦げ始めている。

「あー、これはまずいな……。ちょっと止めて。開けて見よう」

機械のスイッチをいったん切り、円盤部分のカバーを開け、手前の円盤を取り外して中を見る。

「うわ、こりゃ駄目だ！」

小林が懸念したとおり、油分が豆から分離し、モーターで粉砕用の円盤が回り続けたため、摩擦熱で温度が上がり、焦げた粉が中にびっしりとこびりついていた。

「これじゃもう使えないね」

アナニらが厳しい表情でうなずく。

小林らは、モーターの回転数を変えたり、投入する豆の量を加減したりしながら、何とか調整しようとしたが、豆や粉が機械の中でべっとりとこびりつくのを防げなかった。

結局、粉砕機については、摩擦熱で温度が上がらないタイプの中古機を日本から取り寄せるしかなかった。


四月五日――

WASCOは、年に一度開催される全国規模の営業会議の場で、新商品「デリダワ」のプレゼンテーションを行なった。

会場はアパパ地区にある大型の四つ星ホテル「ロックビュー・ホテル」である。二階まで吹き抜けの大広間に縦二列に会議用のテーブルが並べられ、全国の三十二の支店長とエリアマネージャーが着席した。経営陣からは社長の仁木純一、小林、販売兼マーケティング部長の佐藤崇が出席した。

出席者は経営陣を含め、全員が赤い半袖シャツの制服姿である。

デリダワの説明は、パワーポイントで作成したプレゼン用資料を大型スクリーンに映し出し、アナニが行なった。

「……ダダワに代表される豆発酵調味料は、ナイジェリア料理に汎用的に使われ、特に喫食頻度が週五・七回と非常に高いスープ（煮込み）、シチューによく使われています。ネイティブ・フレーバーと呼ばれる独特の風味を持ち、他の調味料で代替することができない唯一無二の風味として生活者に認識されています」

皆と同じ赤い半袖シャツ姿のアナニは、マイクを手に大きな身振りで説明を始める。

「一方で、小石や砂などの異物の混入、刺激臭の強さ、衛生面や保存性といった面に消費者は不満を抱えています。我々は、厳選したナイジェリア産イナゴ豆を衛生的な管理下で発酵させ、塩やうま味成分を配合してバランスのとれた味に仕上げ、豆発酵調味料を衛生的かつ手軽に楽しむことができるようにしました。新製品『デリダワ』は保存性にも優れており……」

（うん、力の入ったプレゼンだ。その調子だ）

普段は物静かなアナニがやや甲高い声を振り絞り、熱弁をふるうのを小林は満足そうな表情で見守る。

「豆発酵調味料は、ネスレなどの競合メーカーからは発売されておらず、デリダワはその嚆矢《こうし》となる、きわめて画期的な商品です」

続いてデリダワの試食会が行われた。

「これから三種類のベジタブル・スープを食べてもらいます」

マーケティング担当のオリビアという中年の女性社員がマイクを手にいい、会場の壁際に料理が運び込まれた。

「どれにデリダワを使っているかは秘密です。食べたら、一番いいと思ったものを選んで、回答用紙に記入して下さい」

参加者たちは並んで、長テーブルの上に並べられた三つの器から自分のプラスチック容器に少しずつ取り、試食をする。その後、回答用紙に記入し、オリビアがすわっている丸テーブルに用紙を持参する。

「それでは、アンケートの結果を発表します！」

試食が終わると、いかにもしっかり者という雰囲気のオリビアがマイクを手にいった。

「Aの料理が美味しいと思った人の数は……」

オリビアはアンケートの集計結果を読み上げていく。

テーブルについたエリアマネージャーや支店長らが興味深げに耳を傾ける。

「……以上のとおり、約九割の人が、デリダワを使ったものが一番美味しいと評価しました！」

オリビアがアンケート用紙の束を片手で高々と掲げると、大きな拍手と歓声が湧いた。

あとでアンケートの結果を精査してみると、新製品を使った料理を選ばなかったのは、普段からダダワを使わないスープを食べている人たちだった。

「一言発言させて下さい！」

参加者の一人が手を挙げた。

「デリダワを使った料理は本当に美味しかった。こういう商品を待っていました！　是非力いっぱい売りたいと思います」

立ち上がって感激の面持ちでいうと、再び拍手喝采が起こった。

続いてオリビアがスクリーンにプレゼン資料を映し出し、マーケティング戦略を説明した。

「価格については、一〇グラムのサシェを三〇ナイラ（約九円）としました」

オリビアが、大きめのフレームの眼鏡の視線を手にした資料に落としながらいった。

「これは消費者にとって受け入れ可能な価格水準ということで、調査で分かったもので、同じメニューを調理するのに使われるダダワと同価格です」

テーブルについた人々は、話を聞きながらうなずく。

「当初の販売は、ラゴス、カノ、ソコト、オニチャの四支店・二十三チームが行い、好評であれば、全国発売に向け増産体制をつくっていきます」

続いて、①小売店に対して景品付き特売を実施し、取扱店を拡大する、②販売対象地域でテレビ、ラジオ、インターネット動画のCMを流す、③アンバサダーを活用したディスプレイ・キットを展開し、視認性を強化する、といった施策を説明した。

「それでは、アンバサダーの皆さんをご紹介します！」

オリビアがいうと、男一人、女二人が入場して来た。

「オオーッ！」

「ワァー！」

「ヒューッ！」

大きな歓声と拍手が湧き、スマートフォンで撮影する手がいくつも上がる。

海老茶色の丸首シャツと同色のズボンを身に着けたすらりと背の高い男性は、テレビなどで有名な二十六歳の新鋭シェフ、ミヨンセ・アモス。創作料理を次々と発表し、味の素の使い方と安全性について発信している。

襟周りに派手な白い毛の飾りが付いたオフホワイトのきらきら光るドレス姿の、どこかとぼけた感じのする女性は、ナイジェリア人なら誰でも知っているコメディエンヌでマルチタレントのヘレン・ポール。日本でいうと全盛時代の山田邦子のような存在で、年齢は三十七歳。インスタグラムのフォロワー数は二百八十四万人に上る。

大胆な格子柄の青地に大きな赤いケシの花をプリントした布で頭を覆い、細身に同じ布地のドレスを着た上品な中年女性は、ハウサ映画で有名な女優、マリアム・アダム・ブース。デリダワのテレビCMに元女優の実母と一緒に出演する予定である。

三人は紹介されたあと、それぞれ挨拶とスピーチをした。ミヨンセは真面目に味の素を使った美味しさについて話し、ヘレンは皆を笑わせて盛り上げ、マリアムは北部支店のメンバーらが大騒ぎする中、物静かに女優らしく語りかけた。

参加者たちは大興奮で、代わる代わる三人と一緒に記念写真を撮った。

六月十一日――

「デリダワ」について審査をするため、NAFDAC《ナフダック》（食品医薬品管理局）の検査官たちがやって来た。

ナイジェリアで加工食品を販売するためには、NAFDACの審査をパスし、登録番号をパッケージに表示しなくてはならない。審査のポイントは、①認可されていない原材料が使われていないか、②衛生的でオペレーター（作業員）にとって安全な設備で製造されているか、③製造工程において危害要因を監視（管理）するためのポイント（CCP＝critical control point）が設定されているか、④試験にもとづいて賞味期限が設定されているか、である。

この日の検査に備えるため、小林、アナニ、R&Dの三人の女性社員は、前日、デリダワの一〇グラムのサシェを二百袋作成した。まだ包装用の機械が稼働していないため、すべて手作業だった。粉の重さを量って一袋一袋サシェに入れ、小型のシール機で封をし、印刷された商品用のラベルを貼り付けていった。途中、予期せぬ停電が起き、建物の中が真っ暗になったりして、ようやく二百個が完成したのは深夜だった。

その日、やって来たNAFDACの検査官は男三人、女一人。全員がスーツないしはジャケット姿で、大卒の役人らしく、すっきりとした顔立ちをしていた。

最初に会議室で、商品の概略、製造工程、CCP、製品規格と検査項目の確認などを行なった。WASCO側からは、アナニ、工場長のカリスタス（男）、第一製造部長のジュード（男）、クオリティ・アシュアランス（品質保証）の技術者ケイト（女）ら現地社員六人が出席し、小林はそれを横から見守る形ですわった。主に説明するのはアナニで、事前に小林と念入りに打ち合わせてあった。

「このデリダワというのは、どういう商品なんですか？」

男性検査官の一人が英語で訊いた。

「はい、ダダワという調味料はご存じでしょうか？　ラゴスでは『イル』と呼んだりもしますが」

当局の検査官を前に、アナニはガチガチに緊張しており、声も小さい。

「当社は、ダダワを自分たちでつくり、これを主な原料としてデリダワを開発しました」

「ほう、ダダワの加工食品というのは見たことがないですね！　それを商品化したわけですか？」

「はい、カノの村で四日間かけてつくり方を調べまして、これを工業的に生産できないものかと、何度も試行錯誤を繰り返して、商品化しました」

「ほーう」

検査官たちは感心し、身を乗り出してくるような感じになる。

ダダワについては当然知っているが、どうやってつくるかはまったく知らないようだ。

「市場で買って来たイナゴ豆は鞘とか茎とか異物が多いので、工程は豆の選別から始めます。そのあと、豆を浸漬《しんせき》して水を十分に吸わせ、雑菌を死滅させてから発酵させます」

「そうそう、イナゴ豆は煮てほうっておくと、発酵してダダワになるのよ」

女性検査官がいった。腰のあたりまである黒髪を後頭部で結わえ、真っ赤なスーツを着ていた。

正確には、イナゴ豆を入れるひょうたんの器などに納豆菌が付着しており、それによって発酵する。納豆菌は田や畑、枯れ草といった身近な場所に存在し、特に稲藁に多く生息している。日本で納豆を手づくりするとき、稲藁に包むのはそのためだ。

「そうです。イナゴ豆を発酵させてダダワをつくります。よくご存じですね！」

アナニが相手を持ち上げるようにいった。少し緊張がほぐれてきたようだ。

「いい発酵をさせるためには、ちゃんと滅菌することが重要なんです。そこがCCPなので、滅菌作業の温度と時間はしっかり記録を取ります」

「でしょ！　イナゴ豆とか大豆とか、豆類は煮てほったらかしておくと、発酵するのよ」

女性検査官は得意げに皆を見回し、男性検査官たちがうなずく。

「豆を洗浄する工程があるから、もうそれで豆はきれいになってるのでは？」

男性検査官が訊いた。

（無菌の水で洗浄するならともかく、普通の水で洗ったって菌は取れないでしょ）

小林は、初歩的な質問に内心苦笑した。

「ええ、そうですね。でも当社は、念には念を入れて、滅菌プロセスを設けています。これは『オートクレーブ』という高圧蒸気滅菌用の機械で行います」

四角い金属製の箱にドーム型の蓋が付いた機械で、高圧釜になっているので、蒸気を入れると中の温度が百二十〜百三十度に上昇する。

質問した検査官は、「何てすごいことをやるんだ。信じられない！」とでもいいたげな表情。

「ええと、その先ですが、発酵が終わった豆の乾燥が、もう一つのＣＣＰになっています」

アナニが説明を続ける。

「乾燥を徹底し、ウォーター・アクティビティ（水分活性）を十分に下げ、すべての菌が増殖できないようにします。これによってカビなどの発生を防ぎ、二年間の賞味期限を確実にします」

ウォーター・アクティビティは大学の食品化学の授業で一度は出てくるが、ナイジェリアの多くの会社ではこれを管理しておらず、用語そのものを知らない検査官たちはますます感心した表情になる。

会議室での説明は好印象を与え、検査官たちは、どうやってつくるんだろうと、興味津々の顔つきで工場へと向かった。

デリダワの工場は一階で豆の選別、浸漬、滅菌、発酵、乾燥などを行う。発酵室はサウナのような部屋で、湿度や温度がデジタル管理されている。発酵後の乾燥室も別の部屋として設けられている。

乾燥が終わると、豆を粉砕して地上階に下ろし、塩や味の素と一緒にミキサーで攪拌し、包装用の大型の機械（シール機）でサシェに袋詰めする。

ヘアキャップ、手袋、白の上下の作業服姿のオペレーターたちが手順にしたがって生産訓練を行なっていた。

「あ、すみません。ここからは土足厳禁です」

検査官たちが、一階にある納豆菌を振りかける部屋に入ろうとしたとき、品質保証の技術者のケイトという大卒の女性社員がいった。黒縁眼鏡の三十代のイボ族の女性で、一般に体格のよいナイジェリア人の中では珍しくほっそりしていて、顔もどことなく日本人ふうである。

「向こう側に入ると、人間が持ち込む菌がコンタミするので、この窓から中を見て下さい」

ケイトが、オートクレーブが三台並んだ部屋の窓を示していった。

「そうそう、わたしたちが汚染させたら大変よ。皆さん、こちらから見ましょう」

すっかりWASCOびいきになった女性検査官がいった。


七月四日、WASCOは、デリダワに関するNAFDACの認証を無事に取得した。

それから間もなく――
小林ら数人は、デリダワに使う塩の納入業者であるロイヤル・ソルト社のサプライヤー・オーディット（納入業者監査）に出かけた。

同社の工場は、WASCOの西五キロメートルほどのところにあるが、途中の幹線道路の状態があまりにも酷《ひど》く、コンテナがトレーラーから落ちて道に荷物が散乱していたり、乗用車が穴に嵌《は》まって出られなくなったりしている。そのため小林らは、普段は会社で使用が禁止されているバイクタクシーに分乗し、現場に向かった。なおロイヤル・ソルト社は、原料の搬入や製品の出荷には運河を使っている。

ロイヤル・ソルト社の工場の敷地は灰色のコンクリート塀に取り囲まれ、有刺鉄線が張り巡らされていた。亜鉛鉄板屋根の大きな建物が何棟もあり、大型のトラックが出入りしている。

同社は、オーストラリアから精製前の塩を輸入し、それを製品化している。小林らがもらった製造プロセスはA４判の紙きれ一枚で、原料受領、精製、粉砕、ヨウ素添加、乾燥、異物除去、袋詰めといった工程がフローチャートになっていた。

監査の最大のポイントは、異物を除去し、それをチェックする工程がしっかりしているかだ。ナイジェリアでは先進国レベルのきれいな塩を入手するのは不可能で、ネスレもクノールもこの工場を騙し騙し使っている。

小林はアナニとケイトに異物混入を防ぐポイントを教え、それを彼らがチェックできるかどうかという教育的視点でオーディットを行なった。約三十項目のチェックリストをつくり、それができているかどうかを確認し、百点満点で評価し、この工場の塩の使用の可否を判断する。

工場に入ると、ゴミで黒っぽく汚れた塩が置かれていた。

「ほら、こういうのがあるでしょ」

小林は、アナニとケイトに汚れた塩を示す。

「こういうのが混じらないように、この工場ではどうやっているか確認してくれるかな」

「分かりました」

二人は、工場の担当者に一生懸命質問を始めた。

工場内を見て歩いていると、低所から四メートルくらいの高さに向かって斜めに設けられたベルトコンベヤーが音を立てて動いていた。精製された塩がコンベヤーで運ばれ、先端にある大きな金属製の箱型の機械の中に落ちていく。

「ほら、アナニ、見てみな。あそこから落ちてるのが最終製品で、そのまま袋詰めされて出荷されるんだよ。どんなリスクがあると思う？」

小林が、ベルトコンベヤーを指さして訊いた。

「イエッサー。天井のゴミとか錆が落ちてきたら、そのまま製品に混入してしまいます」

裾の長い民族衣装ふうの茶色いシャツに、同色のズボンという服装のアナニが答える。

「そうだね。じゃあ、どうしようか？」

アナニはコンベヤーをじっと見つめて考える。

「コンベヤーの上に屋根を付けるのはどうでしょう？」

「そう！　いいね、それだよ。すぐケイトと共有して」

アナニがケイトに問題点と改善策を伝えると、ケイトが先方の責任者と交渉し、次回の監査までに、コンベヤーの上一メートルくらいのところに細長い屋根を取り付けることを約束させた。

（小汚い工場だけど、ここしかないから、どうやって使いこなすかに専念するしかないんだよなあ）

黒いロングスカート姿で、先方の責任者と話すケイトを見ながら小林は思う。

ＷＡＳＣＯの一行は、チェックリストの項目ごとに、工場内を入念に見て回った。また、ロイヤル・ソルト社が定めた出荷前の検査項目と、実際に検査しているかの証拠なども帳簿でチェックした。

チェックリストの合計点は、ぎりぎり使用可能という判定になった。

4

それから間もなく——

デリダワの工場で、五月下旬から開始されたオペレーターたちを使っての実生産現場実験が進んでいた。

ラボでの試作段階で直面した、イナゴ豆の硬い殻をどう剝くかの問題は、ある方法で解決できていた。

工場の一階にある蒸し暑い発酵室で、社員食堂の食器返却棚のような十数段のステンレス製の棚で発酵させたイナゴ豆を小林健一が厳しい表情で見つめていた。

（どうしてカビが生えるんだ……？）

頭を半透明のヘアキャップで覆い、全身を防護服のような工場用の白い制服で包んだ小林は、ステンレス製の浅いザルに入れて発酵させたイナゴ豆を凝視していた。

白いカビが大量に発生していた。

（これも……これもか⁉）

別のザルのイナゴ豆にも、やはりカビが発生していた。

カビはラボでの試作段階から小林を悩ませてきた問題だ。出ないときはまったく出ないが、出始めると止まらない。

（オペレーターが服にカビの胞子を付けて持ち込んでいるのか？　それともオートクレーブで熱のかかり方にまだばらつきがあって、カビの胞子が死んでいないのか……？）

通常、食品の滅菌には、直径一・五メートル、長さ三メートルくらいある筒型のレトルト釜（蒸気レトルト殺菌装置）を使う。これに対してオートクレーブ（高圧蒸気滅菌機）は腰の高さぐらいの小型の機械で、本来、微生物実験室で菌を測定する培地を滅菌するのに使う。しかし、小林は、建設予算が限られていて、予定している当初の生産量からいって、オートクレーブで代用することは可能だと考えた。

滅菌作業は、発酵前のイナゴ豆を浅いステンレス製のザルに盛り、八段重ねにして機械の中に入れ、百二十一度で二十分間加熱する。これで完全滅菌し、そこに納豆菌だけを振りかけ、発酵させる。

当初は失敗の連続で、機械の表示は百二十一度で二十分だったが、ザルの中の豆の中心部分はその温度に達しておらず、他の雑菌が繁殖したりした。小林らは、ザルに盛るのはどれくらいが適量か、滅菌を何度で何分に設定すればよいかなど、試行錯誤を繰り返し、ようやく適正なやり方を探り当てた。

ところが白いカビの発生が止まらない。

（ダンクアリ・ジュヤ村では、カビは発生していなかった。違いは何なんだ……？）

村では、衛生管理も微生物管理もしていないにもかかわらず、カビはまったく発生していなかった。

「これはもう使えないから、全部廃棄して下さい」

オペレーターたちに命じ、小林は蒸し暑い発酵室を出た。

オフィスの自分の席に戻ると、スマートフォンを取り出し、村でのダダワ製造の様子を収めた写真や動画を一つ一つ検《あらた》めていく。

（ここに何かヒントが隠されているんじゃないか……？）

夏の終わり——

デリダワ工場の地上階にあるシール（包装）機のそばで、小林らが厳しい表情で顔を見合わせていた。

目の前の台の上にシール機から取り外したシューター部分が置かれ、ＷＡＳＣＯ技術部長の前田真児や同副部長の佐藤和弘らが、代わる代わる顔を近づけ、凝視していた。

「やっぱりくっ付きますねえ……」

長さ約五センチ、幅五、六ミリという横長の漏斗《ろうと》型のシューターが六つ並んだステンレス製の部品を見て、佐藤がいった。そこからデリダワの粉末が下に落ちてくる部品である。

佐藤は頭に半透明のヘアキャップをかぶり、黒縁眼鏡をかけ、顔を不織布マスクで覆い、左胸に赤でＷＡＳＣＯとＡＪＩＮＯＭＯＴＯの文字が入った工場用の白い制服を着ていた。口数の少ない五十歳の包装の専門家で、三十三歳で味の素グループの製品の包装を手がける味の素パッケージング株式会社に入社し、ＷＡＳＣＯには去年一月に着任した。

「うーん……」

ヘアキャップをかぶり、工場用の制服を着た小林が悩ましげな表情になる。

シューターの内側に原料の粉末が付着し、出口が狭くなって、一〇グラムずつ包装できない問題が起きた。

原因は、原料の一つに、熱が加わると吸湿しやすく、ベタベタするものがあることだ。サシェの包材の一番内側はポリエチレンで、九十度くらいで柔らかくなり、百二十度くらいで溶ける。その性質を利用し、百四十度程度に熱したバー（横棒）でサシェを押さえ、シール（封印）する。ところがシューターの真下に熱源があるので、その影響でシューターが徐々に温かくなり、熱に弱い原料がシューターにこびり付いてしまうのだった。

「しかし、これはいったい、どうしたらいいものか……」

前田が深いため息をつく。

四十三歳の技術者で、主に川崎工場生産統括センターで包装や工務系の経験を積み、ＷＡＳＣＯには二年前の一月に着任した。白髪交じりの頭髪で細いフレームの眼鏡をかけ、いつもゆったりと微笑をたたえているので、よく社長に間違われる。

「うーん、参ったなあ……」

小林も途方に暮れた顔つき。

粉混合の理論では、吸湿性の高い原料がある場合、その微粉をあらかじめ他の粉に付着させた上で混合する。小林らは、そのやり方で何度もトライしたが上手くいかず、この二週間、頭を悩ませていた。

「あのう、こういうやり方でやってみるのはどうでしょう？」

アナニが切り出し、自分のアイデアの説明を始めた。

一同はそれに耳を傾ける。

「……えっ⁉　いやいやいや、それはいくら何でも無理でしょ」

前田がいい、小林も佐藤も同意する表情。

アナニのアイデアは、この種の問題に関する理論や技術とは逆のやり方だった。

アナニは、以前はリパック工場の生産管理部門の社員で、しっかりした感じなのを見込んで小林がR＆Dの仕事に抜擢したが、食品製造の理論や技術を知っているわけではない。

「いえ、でも、このようにやればですね、粉はくっ付かないんじゃないかと思うんです……」

アナニはシューターを手に取り、関連部分を示しながら一生懸命説明する。

しばらく話を聞いたあと、小林がいった。

「じゃあ、一回、それでやってみようか」

上手くいくとは思えなかったが、一回やってみれば、本人も納得するだろうと思った。問題解決のためというよりは、アナニのモチベーション維持のためだった。

一同はシューターに付着した原料の粉を落とし、再びシール機に取り付ける。

アナニのアイデアにしたがって粉末投入の準備をし、シール機を作動させた。

カッシャン、カッシャン、カッシャンという規則正しい音がして、銀色のシューターが上下し、デリダワの粉を落としていく。そのすぐ下で、サシェの裏と表のフィルムを送り出して封印する二つのローラーが回転し、粉末を一〇グラムずつサシェに詰めていく。

（ん？　何か順調そうに見えるなあ）

機械の横に取り付けられたガラス窓から、シューターとその下のシール部分を覗き込んでいた小林は怪訝な表情になる。

（そろそろくっ付き始めるはずだけど……）

シール機はカッシャン、カッシャン、カッシャンという規則正しい音を立て、横六列でデリダワのサシェのカレンダーを吐き出し続ける。

サシェは目立つ黄色で、ＤｅｌｉＤａｗａの文字、ダダワの写真、カラフルな民族衣装の主婦の絵、調理の例としてエビ、肉、野菜の煮込み料理の写真が配置されている。ナイジェリア人好みの絵柄や色で、地元の広告代理店がデザインした。

（これ、ちゃんと一〇グラムずつ入ってるように見えるけど……）

機械から流れるように出て来るサシェを見ながら、前田と佐藤も怪訝そうな顔つきだった。

「オーケー、ちょっと止めて」

小林がいい、シール機が停止された。

出て来たサシェをデジタル式の秤《はかり》でチェックすると、ちゃんと一〇グラムずつ詰められていた。

小林がシューター部分を取り外して検める。

「これ、全然粉がくっ付いてないよ！」

驚きながら、両手で持った銀色の部品を示す。

前田と佐藤は出てきたサシェのカレンダーを手に取り、顔に近づけ、信じられないといった表情で一つ一つをたぐるようにして検める。

アナニだけがにっこりしていた。

「いや、そんな……そんなはずは！」

前田がなおも納得がいかないといった顔つきで、シューターを凝視し、シール機のあちらこちらを検める。

しかし、目の前の事実は、アナニの考えの正しさを厳然と示していた。

粉末がシューターに付着する問題が解決したあとも、別の問題が生じた。今度は、サシェにピンホール（針でつついたほどの微細な穴）が空くことだった。

粉末を詰めたサシェは、ピンホールがないかを確かめるため、「水没試験」を行う。これは日本から持って来た、透明なアクリル樹脂製の四角い検査機の中に水を張り、サシェを沈め、減圧する。もしピンホールがあれば、サシェの中の空気が漏れ、水が入る。シール機は横六列でサシェを製造するので、一時間ごとに各列から十袋のサンプルを取り出し、試験を行う。

水没試験をやってみると、ピンホールが空いたサシェが出てきた。原因はデリダワに入れる硬い塩などの結晶や縦になった粒があると、ポリエチレンの内膜の外の薄いアルミの包装まで突き破ってしまうことだ。あるいはシール機の周囲で舞っているデリダワの微粉がシール部分に付着し、それを熱したバーで押さえると、シール不良が起きる。

ピンホールはシューターの問題より深刻だった。色々工夫しても、人の目に見えないピンホールはなかなかなくならなかった。夜十時半まで水没試験を続け、最後の一袋で不良品が出て、全員ががっくり肩を落としたこともあった。

詰める量を八グラムにすればサシェの膨らみは小さくなり、バーで押さえてもピンホールはできない。そのため、当初予定の一〇グラムではなく、八グラムにすることも検討し始めた。ただその場合、NAFDACの承認は一〇グラムの商品に対するものなので、審査がやり直しになり、発売が数ヶ月遅れる。

小林らは、やはり何とか一〇グラムの商品にしたいと、知恵を絞り続けた。原料の粉砕度を上げて結晶などをなくし、同じ一〇グラムでも体積が数パーセント小さくなるようにして、サシェによれができないようにした。そのほか、様々な試行錯誤を繰り返し、二ヶ月かかって問題を克服した。

これ以外にも、オートクレーブの制御盤が故障したり、ナイジェリア製のミキシングマシーン（混合機）が壊れたりして、その都度、修理や対応に追われた。

カビに関しては、生産工程を徹底的に洗い直し、ようやく原因を突き止めた。

この頃、デリダワの開発とは別の問題で、小林は社長の仁木と話し合いをした。

WASCOにとって最大の市場であるカノとその周辺で、中国製のうま味調味料の「おひねり」（違法なリパック物）が出回っている問題だった。

ナイジェリアではNAFDACの承認を得て、登録番号をパッケージに印刷しないと加工食品は販売できない。しかし、何者かが、中国からバルクで輸入したうま味調味料を小分けし、NAFDACの番号なしで販売していた。WASCOは先日来、NAFDACに対し、犯人を摘発してくれるよう申し入れていた。

「……えっ、警察がこんな経費を払えっていうの!?」

社長用のデスクにすわった仁木が、手書きの英文のメモを凝視し、驚いた顔になった。

「はい。マジかよ!?　ですよね」

仁木のデスクの前にすわった小林が苦笑する。

手書きのメモは、NAFDACとの窓口になっている品質保証部の課長のピーターという現地スタッフが聞き取って書いたもので、違法な「おひねり」を販売している犯人を逮捕、起訴するための警察の経費の内訳だった。これをWASCOに払ってほしいという。

具体的には、ラゴスの警官がカノに出張するための飛行機代などの交通費、宿泊費、食費などの日当、犯人をカノからラゴスに移送するための交通費、犯人に付き添ってラゴスまでやって来るカノの警官の交通費、宿泊費、日当などだった。

「これが、この国の警察の実態かねえ……」

仁木がため息交じりでいった。

そもそもラゴス警察の警官の約四割がレンタル警官として、外国企業などの身辺警護に貸し出されていて、先進国の警察とはだいぶ趣が違う。

「しかし、こんな経費、まともに払うわけにはいかないだろ?」

「そうですね。本当に警察がそんなことをいっているかどうかも分かりませんし」

警察を口実に、NAFDACの担当者が金儲けをたくらんでいる可能性も否定できない。

「いずれにせよ、ピーターとトベにNAFDACと交渉するようにいいます」

トベというのは、ピーターの部下の女性マネージャーである。

その後、ピーターらが懸命に交渉し、最終的に犯人も逮捕された。しかし、あくまで氷山の一角であり、違法な「おひねり」との戦いは、今も続いている。

5

十一月二十七日——

デリダワ工場では、担当スタッフ総出で朝八時から製造が始まった。

この日、商品の完成を最終確認するための、一連の試験が行われる。

前田真児と佐藤和弘が、横六列でシール機から続々と吐き出されるカレンダーの上に屈み込むようにして目を凝らし、サンプルとなるカレンダーを選び出していく。

二人はカレンダーを手に取り、数珠送りのようにして一袋一袋の表裏を入念に目視検査する。

続いてオペレーターたちが重さを量り、その後、品質保証担当のケイトが中心になって、水没試験が行われた。

水没試験の結果は、製造時刻を縦軸に、横六列の各列を横軸にした表のマス目に記入していく。十袋とも問題がなければ「P（パス）」の文字、一袋でも穴が空いて中に水が入っていれば「F（フェイル）」の文字を書き込んでいく。

日没を過ぎた頃、午後六時に製造された最後の六カレンダー（六十袋）のサンプルが検査室に持ち込まれた。地上階にあるリパック工場の隣にあり、味の素の水没試験も行われる部屋である。七、八人の男女のオペレーター、小林、前田、佐藤、アナニら関係者十数人が狭い室内に詰めかけた。全員が頭をヘアネットや帽子で覆い、白い上下の制服姿で、マスクも着けているので原発の作業員のようにも見える。

薄いゴム手袋をはめたオペレーターたちが、サシェを一袋一袋鋏《はさみ》で開け、中に水が入っていないかを確認し、中身をステンレスのボウルの中に落としてゆく。

その結果を、別のオペレーターが表に記入し、かたわらでケイトが見守る。

水が入って粉末が湿った袋は見つからず、検査は順調に進んでいった。

「ラスト・ツー！（あと二つ！）」

残るサシェが二袋になったとき、ケイトがサシェを片手で掲げた。

「ラスト・ツー？」

小林が場を盛り上げるように訊き返し、前田と佐藤はうなずき合いながら言葉を交わす。

「パァース！（合格！）」

ケイトが開封したサシェを高く掲げ、皆に示す。

水は入っておらず、乾いた粉末もきれいにボウルに落とされ、銀色の袋の内側が見えていた。

「ワーッ！」

何人かが嬉しそうな叫び声を上げる。

「ラスト・ワン！（最後の一つ！）」

ケイトがいった。

「ラスト・ワン！」

小林が皆に伝わるよう、繰り返す。

オペレーターの一人がサシェを鋏で開封し、粉末をボウルの中に落としたあと、ケイトに渡した。

黒縁眼鏡をかけたケイトが、微笑を浮かべてサシェを確認する。

「パァースッ！」

ケイトが、万歳のような恰好で両手を高々と上げ、最後のサシェを皆に見せた。

「オーッ！」

「ワーッ！」

「ヒューッ！」

歓声が上がり、拍手が湧く。

「デリ！」

壁際のアナニが、呼びかけるようにいった。

「ダワ！」

全員が叫ぶ。

ケイトが両手の親指を立て、高く掲げる。

前田がこれまでの苦労を嚙みしめるような表情で一瞬うつむき、再び顔を上げると、佐藤と一緒に拍手をした。

ダンクアリ・ジュヤ村での調査に始まる、三年あまりにわたった開発プロセスがついに完了した。

二週間後の十二月十二日――

「デリダワ」の初出荷日がやって来た。

最初に、工場の管理棟の大会議室にR&D、製造管理、品質管理、営業企画などの社員たち百人弱が集まり、小林が制作した『デリダワ・デベロップメント・ヒストリー』という動画を視聴した。

三年あまり前のダンクアリ・ジュヤ村での調査の模様の映像から始まり、レシピ開発、工場建設、消費者テスト、NAFDACの審査、ロイヤル・ソルト社のオーディット、製造過程での様々な問題の発生と克服、最後の水没試験のクリアまで、商品開発のハイライトを、二〇一〇年南アフリカで開催されたサッカー・ワールドカップの公式ソング『ワカ・ワカ』などに乗せ、十三分半のドラマチックな動画に仕上げたものだった。

前田真児、佐藤和弘、佐藤崇らも現地社員たちと一緒に晴れやかな笑顔で視聴した。途中、何度も拍手や歓声が湧き起こり、普段無口な佐藤和弘が涙をぬぐった。それを見て、小林ももらい泣きしそうになった。

その後、工場の搬出口からトラックまで、全員が一列に並び、『マイファミリー「味の素」』を歌いながら、デリダワを詰めた段ボール箱を一つ一つリレーし、軽トラックに積んでいった。段ボールにはサシェ十袋からなるカレンダーが二十四本入っており、包材を合わせた重さは三キログラム弱である。

「〽イーツーデモー、ドーコデモー、ワスレーナーイ、アノーコーロー」

皆、生まれたばかりの新商品を愛おしむような表情で歌い、小ぶりの段ボール箱を踊るように掲げながらリレーしていく。クリスマス前なので、赤いサンタの帽子をかぶっている社員もいた。

「アーシーターモ、カワァラナァーイ、マイファーミリー、アジノーモトー」

やがて何百個もの段ボール箱の積み込みが終わり、軽トラックの後部のコンテナの白い扉が閉じられる。

続いて、皆で集まって新商品の成功を祈るイスラム教とキリスト教の祈りを捧げたあと、テープカットになった。

袖のない省エネスーツにネクタイ姿の小林が鋏を手に中央に立ち、左右に前田、佐藤、アナニ、ナイジェリア人の工場長らが並び、テープカットが行われた。

それが終わると、色とりどりの風船やテープで飾り付けられたトラックが、デリダワのポスターでつくったアーチをくぐり、社員たちがスマホで撮影する中、拍手と歓声を浴びて市場へ向かって出発して行った。

新製品デリダワは、当初の計画通り、翌二〇二〇年一月七日からラゴス、カノ、ソコト、オニチャの四支店で発売され、順調に売れていった。

ナイジェリアのような発展途上国では、味の素の行商・直販スタイルが新製品の売り出しに威力を発揮する。店頭に商品をぶら下げるだけでは誰も手に取らないが、店主や消費者に直接薦めると興味を持ってくれて、いい商品だと分かれば、口コミでどんどん伝わっていく。

ラゴスの市場では、舐めた人が「是非買いたい！」といって、周囲一帯が大騒ぎになった。

発売の数日後に小林がカノのレストランを訪れた際には、オーナーの年輩の女性が「デリダワは毎日使っている。風味がよく、砕いて粉末にする必要がなく、砂なども入っておらず、衛生的で値段も安い」と絶賛し、狙いが的中した手応えを実感した。

翌二〇二〇年三月下旬の週末——

イコイ地区にある住まいのリビングルームのテーブルで、小林は、スマートフォンの音声チャットのアプリを使い、日本にいる社長の仁木と話し合いをした。

外光がふんだんに入る広々とした部屋にはソファーセットやテレビが置かれ、部屋の一角にある籠の中には灰色の大きなヨウム（大型インコ）が飼われている。

「……ナイジェリア政府が、月曜の夜中の十二時からすべての空港の国際線の発着を禁止すると発表しまして」

Tシャツ姿の小林がテーブルの上のスマホに向かっていった。

「えっ、国境を閉鎖するってこと!?」

スマホから、東京にいる仁木の声が流れてきた。

仁木は一週間ほど前に休暇で日本に一時帰国し、今は東京の自宅にいる。

「そうです。当面一ヶ月間閉鎖だそうです」

「うーん、コロナの状況がひどくなってるわけ？」

二月頃から降って湧いたような新型コロナ禍が世界を揺るがしていた。

WASCOも一昨日、取締役の小林と田中俊徳（総務担当）、販売部長の佐藤崇だけが残り、それ以外の日本人社員はいったん帰国させた。

「ナイジェリア自体は、まだ全然大変な感じじゃないですね。昨日十人感染者が出て、累計で二十二人です」

小林がいった。

「ただ、ナイジェリアへの経由地の英、仏、イタリアなんかで感染者が急増してるんで、早めに国境を閉めて、感染源を断とうってことだと思います」

累計の感染者数は英国が約四千五百人、フランスが約一万三千人、イタリアが約五万三千人である。

「一つ嫌なのは、外国人が下手に感染すると、どんな隔離をされるか分かったもんじゃないってことなんですよ」

小林がいった。

「イタリア人の感染者がナイジェリアの西部の施設に入れられたらしいんですけど、エアコンもなくて、蚊もものすごくて、これじゃマラリアに罹ってしまうっていうんで脱走して、イタリア大使館が謝って、大使館の責任でちゃんと隔離するってことにしたらしいんです」

「うーん、ナイジェリアではありそうな話だなあ」

「それとこの先、ロックダウン（都市封鎖）になると、家にずっといることになるんで、コロナにはまあ罹りにくくなっていいんですが、治安が急速に悪化して、強盗なんかが確実に多くなると思うんです」

ナイジェリアではその日暮らしの人たちが多く、もしロックダウンで仕事を失うと、食料も買えなくなってしまい、あとは盗むしかない。ペルーやブラジルに駐在し、似たような人々に接してきた小林にとり、自明の理だった。

「なるほどなあ……。やっぱり一度ちょっと（国外に）出といたほうがいいかな？」

「そうですね。色々なことがクリアになるまで、いったん出たほうがいいように思います」

「うん。日本だとなかなかそっちの状況は分かりづらいから、現地の判断ってことで、いいんじゃないかな」


三月二十三日——

午後十一時十五分発のロンドン行きのブリティッシュ・エアウェイズの便に乗るため、小林、田中、佐藤は夜のラゴス空港に到着した。

「じゃあ、ローランド、行って来るよ」

空港ビルの出入り口前で、スーツケースを引っ張った小林は、護衛の警官のローランドにいった。たぶん二、三週間のうちには戻って来られるはずだと思っていた。住んでいるアパートもそのままで、いつもの日本出張と変わらない旅支度だった。

「オーケー、ケン。テイク・ケア（気を付けて）」

ローランドも、小林がすぐ帰って来るものと思っていて、笑顔で見送った。

空路が閉鎖される直前のラゴス空港は閑散としていた。元々照明も少なく、華やぎのない建物である。

小林らを乗せたブリティッシュ・エアウェイズのジャンボ機は定刻から三十分遅れ、午後十一時四十五分にラゴスの夜空へと離陸した。空路閉鎖の十五分前だったので、一同ははらはらした。

翌朝午前五時十五分頃、機はロンドン・ヒースロー空港に到着した。英国は前夜からロックダウンに入っており、空港内の店も、各航空会社のラウンジもすべて閉鎖されていた。三人は何も食べられず、日本行きの便までの乗り継ぎ時間六、七時間を空腹のまま過ごした。

さらに羽田行きのブリティッシュ・エアウェイズの便でもまともな食事が出ず、ビジネスクラスだったにもかかわらず、出たのはパンケーキカステラ一個だけだった。

三月三十日――

ナイジェリア政府は、首都アブジャを中心とする連邦首都圏区、ラゴス州、ラゴス州の北に隣接するオグン州の三地域でロックダウンを宣言した。

小林が予想したとおり、日雇い労働者が現金を得られず、食べ物が手に入らなくなったので、住宅地を襲撃したりして、治安が一気に悪化。強盗、性犯罪、ギャング同士の抗争が急増し、ラゴス警察はロックダウン開始後に百三十人以上を逮捕した。しかし、警察の対応が犯罪の増加に追い付かないので、住民は自警団を組織し、昼夜を問わず自衛するようになった。

食品会社の活動はロックダウンの対象から除外されたので、WASCOでは現地社員たちが営業を続けた。除外を知らない警官が社員を逮捕したときは総務の担当者が警察署に出向き、事情を話して釈放してもらった。この出来事以降、社員たちは食品会社の社員であることが分かるよう、通勤時も制服を着るようになった。またバスが運行されなくなったので、会社がバスを手配し、従業員の送迎を行なった。

ナイジェリアの空路は約五ヶ月間閉鎖され、医療の状況にも不安があったため、WASCOの日本人社員たちが現地に戻れるまで八ヶ月強を要し、ようやく十一月二十八日、ラゴスに向け、全員で日本を発った。

この間、仁木らは日々チャットアプリなどを使って現地と連絡をとり、コロナ禍で営業活動が一定の制約を受けたにもかかわらず、WASCOは四〜十二月の累計で、前年比一三一パーセントの売上げを達成した。

エピローグ

二〇二二年七月——

宇治弘晃は、ガーナの首都アクラから東のトーゴ方面に、車で一時間半ほど行ったエイダ・イースト（Ada East）郡を訪れていた。

野外教室のように壁がなく、屋根が波型プラスチック製の集会所に、乳児を抱いたり、背中に括り付けたりした母親たちがやって来ていた。

集会所の一角に、高さ二メートル弱の木製の二本の支柱の上に横木を渡したものが設置され、バネ式の秤がぶら下がっていた。秤はユニセフ（国連児童基金）が無償で配布している乳児用の体重計で、GHS（Ghana Health Service＝ガーナ保健局）の看護師が乳児を秤に乗せ、体重を量っていた。

この時期は雨季で比較的涼しい。集会所の周囲では、放し飼いの鶏が虫をついばんだり、羊が草を食《は》んだりしており、その向こうに畑や草原が広がっている。

この日行われていたのは月に一度の乳児の定期健診だ。身長、体重の計測のほか、ポリオなどのワクチン接種も行われ、日本のものより大きな母子手帳に記録される。会場では注射された乳児が、大泣きしたりしていた。

集会所の木製のベンチにすわった母親たちに、GHSの男女の看護師が様々な指導をしたり、「ココプラス（KOKO Plus）」の使用を勧めたりしていた。資料などを入れた鞄を肩から下げた宇治は、その様子を見ながら、気づいたことをメモ帳に細かく書き込んでいく。

ガーナは一九五七年まで英国の植民地だったこともあり、広く英語が通じる。看護師と母親たちの会話はガーナ南部の言語であるチュイ語と英語のちゃんぽんだが、何を話しているかは外国人にもだいたい分かる。

ガーナでは、「ココ」と呼ばれる、発酵コーンに砂糖を加えた粥《かゆ》が離乳食として与えられる。しかし、エネルギー、タンパク質、微量栄養素などが不足しているため、発育不全や知能の発達遅れ、場合によっては死亡したりする「隠れた飢餓」の原因になっている。

そこで味の素グループが、自社の食品科学とアミノ酸技術を活用し、ココに添加するココプラスを開発した。ガーナ産の大豆、砂糖、パーム油を原料に、リジン、微量栄養素プレミックスを加えた栄養補助食品だ。リジンは味の素がつくっている必須アミノ酸である。長年の商品開発のノウハウを生かし、乳児たちが美味しいと感じる味に仕上げた。

プロジェクトは味の素の創業百周年である二〇〇九年から始まった。当初は社会貢献のための寄付が検討されたが、単なる寄付ではなく、自社の技術を生かし、かつ持続可能な栄養改善の仕組みを発展途上国でつくるほうが有意義ではないかということになった。

実施国にガーナを選んだのは、政治が安定しているのが一つの理由だった。また国連機関やNGOが社会開発のために積極的に活動しているので、それら機関とも協力しながら、ソーシャルビジネスをつくるのにふさわしい場所だと考えられた。

ココプラス・プロジェクトの推進母体は公益財団法人の味の素ファンデーションである。現地での実施主体として、ガーナに「ココプラス・ファンデーション」というNGOを設立し、アクラ市内の空港に近いビルに事務所を設けた。中心メンバーとして、味の素から高橋裕典《ゆうすけ》、荒英輝《あらひでき》という二人の中堅・若手社員が出向し、博士号を持つガーナ人技術者を雇った。そこに味の素、WFP（国連世界食糧計画）、JICA（国際協力機構）、USAID（米国国際開発庁）、ガーナ大学などが、資金提供や技術協力を行なっている。これら諸機関と太いパイプを持っているのが高橋だ。元々は発酵の技術者で、九州工場時代にはシシリアンライスブームを仕掛けた。

ココプラス・プロジェクトは、二〇一一年から一三年にかけ、地元の食品会社、Yedent社との協働で行うココプラスの生産体制づくりや、GHSやガーナ大学の協力のもと、栄養学的効果の確認を行い、二〇一四年から本格的な普及・販売活動を開始した。

現在、鮮やかな黄色の袋に入った一五グラムのものが、一つ六十ペセワ（〇・六セディ＝約八円）で小売りされている。販売は、味の素が世界各国で行なっている行商方式だが、卸問屋も使っている。独特なのは、GHSの看護師たちが仕事の中で普及・啓蒙活動を行なっている点だ。

前年の十二月に六十歳の誕生日を迎え、味の素を定年退職した宇治は、味の素ファンデーションの職員となった。同財団は、参加型料理教室を通じた東北復興応援事業や、アフリカやアジアでの栄養改善事業への助成を行なっている。宇治の肩書はシニアアドバイザーで、手始めにココプラスの販売指導を行うことになった。

この日、宇治は、高橋、荒、ココプラス・ファンデーションのGHS担当セールスチームのミリアムという女性スタッフと一緒に、看護師を通じた普及・啓蒙活動を行なった。

看護師たちが母親たちにココプラスを薦める様子をかたわらで見守り、看護師たちにこうしたほうがいいと思う、とアドバイスをしたり、母親が赤ん坊を抱いて、ココプラスのカレンダー（十袋が縦につながったもの）を手にした姿をチェキで写真に撮り、母子手帳に貼ってやったりしていた。ガーナでは、カメラを持っている人は少ないので、写真は喜ばれ、ココプラスの宣伝にもなる。ココプラス・ファンデーションがGHSと協働でつくったココプラスのメリットなどを書いた冊子を使っていない看護師には、ミリアムが、使ったほうがいいと思いますとアドバイスした。

集会所で一時間ほど看護師への働きかけなどをしたあと、ココプラス・ファンデーションの一行は、車で二十五分ほどかけ、アジザニヤ（Azizanya）地区に移動した。途中は畑や草原の中を通る赤土の道で、雨で陥没して迂回を余儀なくされる場所もあった。

アジザニヤは農村で、乳児の定期健診は日干し煉瓦でつくられた一軒の家の軒先で行われていた。地元に住んでいると思しい女性看護師たちは、クーラーボックスとともにバイクでやって来ていた。ボックスの中には保冷剤が敷かれ、ポリオなどのワクチンの小瓶が入っている。

先ほどの集会所と同じように、軒先にユニセフが寄贈した体重計が吊るされ、身体測定やワクチン接種が行われていた。乳児を抱いた母親たちは、地面に置かれた椅子にすわり、ココプラスの色鮮やかな黄色いポロシャツを着た女性看護師たちから健康指導を受けていた。

健診が一段落すると、荒が二人の看護師と向き合ってすわり、あらかじめ用意してきた質問をした。

頭髪を短かめに刈り、色白ですっきりとした風貌の荒は、日清食品から転職して来た三十代前半の若手で、システム関係に強い。アフリカには昔から関心を持っており、青山学院大学時代に、トーゴ、セネガルなど、アフリカ諸国に約一年間滞在したこともある。

「ココプラス・プロジェクトを、どのように知りましたか？」

「あなたが、この活動を続けている動機は何ですか？」

「ココプラスについてのオリエンテーション（説明会）の数ヶ月後に、多くの看護師たちが、ココプラスを推奨しなくなった理由は何だったのでしょうか？」

「そうした看護師たちと、あなたの違いは何でしょうか？」

「ココプラスに限らず、どのようなときに働く喜びを感じますか？」

看護師たちのココプラス普及へのモチベーションを高め、プロジェクト改善のヒントを得るための質問だった。

説明会の数ヶ月後に多くの看護師がココプラスを推奨しなくなったというのは、看護師たちがココプラスのことを忘れてしまったことや、説明会に参加しなかった看護師たちの影響によるものだった。この問題への対策として、保健所での集合説明会に代え、この日のような現場での「訪問型オリエンテーション」や、数ヶ月後にもう一度オリエンテーションを実施して知識を定着させる「リフレッシュメント」を導入した。

ココプラス・ファンデーションの一行は、アジザニヤで一時間弱活動したあと、再び田舎道や悪路を車で三十分ほど走り、ディカニヤ（Dikanya）地区に移動した。

アジザニヤと似たような農村で、乳児の定期健診は、緑の細い葉を豊かに茂らせたニームの木の下で行われていた。ガーナでは昔から涼しい木の下で集会を行う習慣がある。ニームは、インドで釈迦が亡くなったとき、葉を柩の中に入れたと伝えられる木である。

ここでは、ミリアムが女性看護師に荒がしたのと同じ質問をした。

荒とミリアムの質問に対し、看護師たちから、「ココプラスを薦めても、近所の店で売っていないことがある」という問題点が指摘された。また「モチベーション維持のために、何かアワード（褒美）があったほうがいい」という発言もあった。褒美というのは、金銭ではなく、ココプラスのポロシャツ、帽子、鞄などだった。ガーナ人は奥ゆかしく、ダメもとで何でも要求してくるような民族ではないので、宇治は、これは掛け値なしの本音なんだろうなと思った。

宇治がガーナを訪れたのは初めてだったが、色々なところでガーナ人の奥ゆかしさや規律正しさを感じた。

たとえば誰も余計な車のクラクションを鳴らさず、交通渋滞の際、片側二車線の真ん中に突っ込んだり、路肩を走ったり、対向車線に出て追い越したりする車がない。飛行機が着陸したときも、シートベルト着用サインが消え、アナウンスがあるまで誰も席を立たない。また、ココプラスのセールスマンの「消費期限が残り二ヶ月しかない商品ですが、来月来たときにもし売れ残っていたら、新しいものと交換します」という言葉を信じて、店主が仕入れ代金を支払ったり、シアバター（シアの木の油脂で、美容などに使われる高級保湿剤）の在庫が少ない小さな店に一見で行った宇治が「来週土曜に来るから二十個仕入れといて」と頼むと、本当に二十個仕入れたりする。

翌日——
アクラ市内の三ツ星ホテルで目覚めた宇治は、日本にいる家族から送られてきたラインのメッセージを見て愕然となった。

〈今日、奈良市内で参院選の応援演説中の安倍元首相が銃撃されました。心肺停止状態で、たぶん助からないようです〉

(何ということだ……！)

宇治は、カイロ駐在時代に日本人会会長として安倍元首相に会った。握手をしたときマシュマロのように柔らかい手をしていたので、「この人は生まれてこのかた、力仕事や水仕事とは無縁の人生を送ってきたんだろうなあ」と思った。

朝食をとるためホテルの食堂に行くと、テレビのBBCニュースが安倍元首相銃撃事件をトップニュースで報じていた。

午前中、ココプラス・ファンデーションがマーケティングに関するアドバイスを受けている、南アフリカのマーケティング・コンサルタント会社、ESM社との月次ミーティングが持たれた。場所は、先方のアクラ市内のオフィスで、宇治は、高橋、荒とともに出席した。

同社のガーナの代表はアジズという名のイスラム教徒のガーナ人で、背が高く、眼光鋭く、顎鬚をたくわえた、五十代半ばと思しい男性だ。冒頭、同氏から「プリーズ・アクセプト・アワ・ディープ・コンドーレンシズ」と安倍氏死去に関するお悔やみの言葉があった。

その日のミーティングは、前日に行なったようなGHSの看護師への巡回説明が主なテーマだった。ESM社からは、前日の午後十時頃に月次の数値と資料が送られてきたので、高橋と荒はそれを事前に読み込んでミーティングに出ており、かなりのハードワークだった。

午後は、ココプラス・ファンデーションのセールス・マネージャーのダニエル、セールスマンのフランク、荒とともに、アクラ周辺の小売店へのセールスの様子をチェックした。

店は一ヶ所に集まっているわけではなく、商店街にあったり、畑のそばにあったり、住宅地の一角にあったりとまちまちで、車で二分くらい走って、停まって数分間セールスをし、また車で二分くらい走って、ということの繰り返しだった。

いくつかの店で、安倍元首相死去のお悔やみをいわれた。車を停め、「あなたは日本人か？　アイアム・ソー・ソーリー・フォー・ミスター・アベ」という人もいた。

セールスは行商方式で、挨拶、陳列改善、商談、集金、陳列、雑談、取引データのインプットというステップで行われていた。行商スタイルは、ココプラスの販売開始にあたって、上杉高志が導入した。上杉はWASCOやタイで行商に携わった経験があり、高橋の前任者としてガーナに四年間駐在した。現在は、味の素ファンデーションの事務局長として、引き続きプロジェクトを推進している。

セールスでは、インボイスを切るのに代え、小売店向け受注管理システムの「SENRI」というスマホアプリで受注と決済をすることもできるようになっており、他の国々での行商にはない画期的なシステムだった。

ココプラスの販促物であるカレンダーを掛けて陳列する紙のハンガーに他社の製品を掛けていた店では、セールスマンが店主と和《なご》やかに話し合って解決した。

（しかし、手ぶらで店に入って行くのは、いただけないな……）

細かくメモをとりながら、宇治は思う。

フランクが手ぶらで店に入って行き、注文があるとダニエルが車に商品を取りに行っていた。そのため、一店につき一分半くらい時間のロスをしていた。

「ミスター・フランク、ちょっと聞いて下さい」

宇治は英語でいった。

「あなたの仕事のやり方を見ていると、トークしかしていない。これだと売上げが伸びにくいと思います」

細めの長身で黒いキャップに眼鏡、ココプラスの黄色い半そでポロシャツにジーンズを身に着けたダニエルは、多少不思議そうな顔つきで話を聞く。

「トーク、ショウ、タッチの順で、買ってくれる可能性が高くなっていくんです。次の店で僕がやって見せるから参考にして下さい」

宇治は、次の店で自ら店主に売り込んだ。メモ帳には、「エティセーイ？（ご機嫌いかがですか）」、「オブロニ・カム・フロム・ジャパン（白い人が日本から来ました）」といった、チュイ語、またはチュイ語まじりの英語の表現が数多く書かれていて、それを使って店主との距離を縮め、ショウ、タッチへとつなげていった。成果は顕著で、この日は二時間強で十九の店（うち薬局が五軒）を訪問し、八つの店で受注した。そのうち三軒がトーク、ショウ、タッチの実践によるものだった。

その日、宇治はホテルに戻ると、セールスマンたちへのプレゼンテーション資料の作成に取りかかった。ＥＳＭ社のアジズ社長の了承をとった上で、翌週、セールスマンたちにセールス活動改善のための説明を行おうと考えた。

プレゼン資料は、自己紹介、ココプラス・プロジェクトのミッション、なぜインボイスの枚数が大切か、セールスの基本、サジェッションズ（提案）などからなる。ガーナで写した写真や、世界各地の味の素の行商の写真をふんだんに使い、視覚的に分かりやすく訴える。

セールスの基本の項目では、服装の見本としてナイジェリア味の素食品社の営業マンの写真を使った。同じ黒人なので、親近感をもって理解できるだろうと配慮した。また、トーク、ショウ、タッチを実践しているフランクの写真も使った。

二十二ページのプレゼン資料をパワーポイントでつくるのは三十時間以上かかる大仕事だ。

宇治はその週末、ホテルの部屋にこもって資料作成に専念した。

目標は、一日も早くココプラス・プロジェクトを自走できるようにすることだ。その先には、同プロジェクトを他の西アフリカ諸国へと広げる夢がある。

宇治は、一心にパナソニックの銀色のノートパソコン「レッツ ノート」のキーボードを叩き続けた。

完

（註）

・本作品はノンフィクションで、登場人物、組織、商品名等はすべて実名です。

・為替の換算レートは、それぞれの時点での実勢レートを使用しています。

・初出　「中央公論」二〇二一年二月号〜二〇二三年三月号

主要参考文献

『アメリカにいる、きみ』チママンダ・ンゴズィ・アディーチェ著、河出書房新社、二〇〇七年九月

『嵐を呼ぶ男!? 商社駐在員として駆け抜けたイラクのクウェート侵攻からアラブの春まで』師平治著、風詠社、二〇一五年一月

『エジプト革命』鈴木恵美著、中公新書、二〇一三年十月

『オマージュ Hommage 古関啓一追悼集』古関マリ子編集・発行、二〇一七年三月

『変わるエジプト、変わらないエジプト』師岡カリーマ・エルサムニー著、白水社、二〇一三年十一月

『時代に挑んだ経営者 道面豊信「もう一人の白洲次郎」経済版』辻知秀著、創英社、二〇一三年六月

『シニアでもまだまだ海外で働ける 南天竺通信――インド・チェンナイでの2年間』箱崎作次著、イズミヤ出版、二〇一九年二月

『地球の歩き方 D01 中国2006~2007年版』「地球の歩き方」編集室著作編集、ダイヤモンド・ビッグ社、二〇〇六年三月

『地球の歩き方 D28 インド2011～2012年版』「地球の歩き方」編集室著作編集、ダイヤモンド・ビッグ社、二〇一一年七月
『中東民衆革命の真実』田原牧著、集英社新書、二〇一一年七月
『ナイジェリア駐在の思い出――西アフリカの超大国に暮らして』今井和彦著、近代文藝社、二〇一五年一月
『謎のアジア納豆 そして帰ってきた〈日本納豆〉』高野秀行著、新潮文庫、二〇二〇年六月
『盗まれたエジプト文明』篠田航一著、文春新書、二〇二〇年八月
『フルベ族とわたし 西アフリカ民話の世界』江口一久著、日本放送出版協会、一九七五年十月
『別冊宝島WT ベトナム沸騰読本』石井慎二編集、宝島社、一九九五年十一月
『ペルー日系人の20世紀――100の人生 100の肖像』柳田利夫・文、義井豊・写真、芙蓉書房出版、一九九九年九月
『炎の人 ペルー日系人加藤マヌエル神父』大塚文平著、クレアリー寛子編集、揺籃社、二〇二〇年十一月
『幻のアフリカ納豆を追え！ そして現れた〈サピエンス納豆〉』高野秀行著、新潮社、二〇二〇年八月
『物語 ナイジェリアの歴史』島田周平著、中公新書、二〇一九年五月
『リマの日系人』柳田利夫編著、明石書店、一九九七年三月
『ワールドガイド インド』丑山孝枝編集、JTBパブリッシング、二〇〇七年十月

その他、西村昭司氏の手記「上海の思い出」「私の友人——囲碁の先生の思い出」、宇治弘晃氏のベトナムとエジプト駐在時代の日記、小林健一氏のブログ「ペルーなんじゃこりゃ日記」、同氏のｎｏｔｅ記事「幻のアフリカ納豆を追え！ アナザーストーリー」、味の素株式会社ホームページ、ペルー味の素社50年記念誌、各種論文、新聞・雑誌・インターネットサイトの記事・動画などを参考にしました。

装幀／森 裕昌（森デザイン室）

カバー写真
表／ベトナム北部、少数民族が多い市場で台
車を曳く宇治弘晃氏（撮影：木村聡）
裏／ナイジェリア北部のカノ空港に到着した
小林健一氏と護衛の警察官ローランド氏

黒木 亮（くろき・りょう）

1957年北海道生まれ。早稲田大学法学部卒、カイロ・アメリカン大学大学院修士（中東研究科）。都市銀行、証券会社、総合商社勤務をへて、2000年、国際協調融資を巡る攻防を描いた『トップ・レフト』で作家デビュー。主な作品に『巨大投資銀行』『鉄のあけぼの』『法服の王国』『アパレル興亡』『メイク・バンカブル！ イギリス国際金融浪漫』など。大学時代は箱根駅伝に2度出場し、20kmで道路北海道記録を塗り替えた。ランナーとしての半生は『冬の喝采』に綴られている。1988年からロンドン在住。

地球行商人《ちきゅうぎょうしょうにん》

——味《あじ》の素《もと》グリーンベレー

2023年10月10日 初版発行
2023年12月15日 再版発行

著　者　黒《くろ》木《き》亮《りょう》

発行者　安部順一

発行所　中央公論新社

〒100-8152 東京都千代田区大手町1-7-1
電話 販売 03-5299-1730 編集 03-5299-1740
URL https://www.chuko.co.jp/

DTP　今井明子
印　刷　大日本印刷
製　本　小泉製本

Published by CHUOKORON-SHINSHA, INC.
Printed in Japan ISBN978-4-12-005698-7 C0036